Lehrstuhl für
Werkzeugmaschinen und Betriebswissenschaften
der Technischen Universität München

Systematische Planung

anwendungsspezifischer Materialflußsteuerungen

Vesna Nedeljkovic-Groha

Vollständiger Abdruck der von der Fakultät für Maschinenwesen der Technischen Universität München zur Erlangung des akademischen Grades eines

Doktor-Ingenieurs (Dr.-Ing.)

genehmigten Dissertation.

Vorsitzender: Univ.-Prof. Dr.-Ing. J. Heinzl

Prüfer der Dissertation:

1.   Univ.-Prof. Dr.-Ing. G. Reinhart

2.   Univ.-Prof. Dr.-Ing. H.-P. Wiendahl

3.   Univ.-Prof. Dr.-Ing. J. Milberg

Die Dissertation wurde am 21.06.1994 bei der Technischen Universität München eingereicht und durch die Fakultät für Maschinenwesen am 04.10.1994 angenommen.

Forschungsberichte

Band 86

*Berichte aus dem
Institut für Werkzeugmaschinen
und Betriebswissenschaften
der Technischen Universität
München*

Herausgeber:
Prof. Dr.-Ing. G. Reinhart
Prof. Dr.-Ing. J. Milberg

Springer-Verlag

Springer-Verlag

Vesna Nedeljkovic-Groha

Systematische Planung anwendungsspezifischer Materialflußsteuerungen

Mit 94 Abbildungen

Springer-Verlag
Berlin Heidelberg New York London Paris
Tokyo Hong Kong Barcelona Budapest 1995

Dipl.-Ing. Vesna Nedeljkovic-Groha
Institut für Werkzeugmaschinen und Betriebswissenschaften (iwb), München

Univ.-Prof. Dr.-Ing. G. Reinhart
o. Professor an der Technischen Universität München
Institut für Werkzeugmaschinen und Betriebswissenschaften (iwb), München

Univ.-Prof. Dr.-Ing. J. Milberg
o. Professor an der Technischen Universität München
Institut für Werkzeugmaschinen und Betriebswissenschaften (iwb), München

D 91

ISBN 3-540-58953-8   Springer-Verlag   Berlin   Heidelberg   New York

Geleitwort der Herausgeber

Die Produktionstechnik ist für die Weiterentwicklung unserer Industriegesellschaft von zentraler Bedeutung. Denn die Leistungsfähigkeit eines Industriebetriebes hängt entscheidend von den eingesetzten Produktionsmitteln, den angewandten Produktionsverfahren und der eingeführten Produktionsorganisation ab. Erst das optimale Zusammenspiel von Mensch, Organisation und Technik erlaubt es, alle Potentiale für den Unternehmenserfolg auszuschöpfen.

Um in dem Spannungsfeld Komplexität, Kosten, Zeit und Qualität bestehen zu können, müssen Produktionsstrukturen ständig neu überdacht und weiterentwickelt werden. Dabei ist es notwendig, die Komplexität von Produkten,Produktionsabläufen und -systemen einerseits zu verringern und andererseits besser zu beherrschen.

Ziel der Forschungsarbeiten des *iwb* ist die ständige Verbesserung von Produktentwicklungs- und Planungssystemen, von Herstellverfahren und Produktionsanlagen. Betriebsorganisation, Produktions- und Arbeitsstrukturen und Systeme zur Auftragsabwicklung im Unternehmen werden unter besonderer Berücksichtigung mitarbeiterorientierter Anforderungen entwickelt. Die dabei notwendige Steigerung des Automatisierungsgrades darf jedoch nicht zu einer Verfestigung arbeitsteiliger Strukturen führen. Fragen der optimalen Einbindung des Menschen in den Produktentstehungsprozeß spielen deshalb eine sehr wichtige Rolle.

Die im Rahmen dieser Buchreihe erscheinenden Bände stammen thematisch aus den Forschungsbereichen des *iwb*. Diese reichen von der Produktentwicklung über die Planung von Produktionssystemen hin zu den Bereichen Fertigung und Montage. Steuerung und Betrieb von Produktionssystemen, Qualitätssicherung, Verfügbarkeit und Autonomie sind Querschnittsthemen hierfür. In den *iwb*-Forschungsberichten werden neue Ergebnisse und Erkenntnisse aus der praxisnahen Forschung des *iwb* veröffentlicht. Diese Buchreihe soll dazu beitragen, den Wissenstransfer zwischen dem Hochschulbereich und dem Anwender in der Praxis zu verbessern.

Joachim Milberg   *Gunther Reinhart*

Vorwort

Die vorliegende Dissertation entstand während meiner Tätigkeit als wissenschaftliche Mitarbeiterin am Institut für Werkzeugmaschinen und Betriebswissenschaften (iwb) der Technischen Universität München.

Herrn Prof. Dr.-Ing. G. Reinhart und Herrn Prof. Dr.-Ing. J. Milberg, den Leitern dieses Instituts, gilt mein besonderer Dank für die wohlwollende Förderung und großzügige Unterstützung meiner Arbeit.

Herrn Prof. Dr.-Ing., Dr.-Ing.e.h. H.-P. Wiendahl, dem Leiter des Instituts für Fabrikanlagen der Universität Hannover, danke ich für die Übernahme des Korreferates und die aufmerksame Durchsicht der Arbeit.

Darüberhinaus möchte ich allen Mitarbeiterinnen und Mitarbeitern des Instituts und allen Studenten meinen herzlichen Dank für die Unterstützung bei der Anfertigung der Arbeit und das kooperative Arbeitsklima aussprechen.

Schließlich gilt mein Dank aber auch meinem Mann für die Unterstützung und kritische Durchsicht meiner Arbeit sowie meinen Eltern, die mich stets motiviert haben.

München, im November 1994   *Vesna Nedeljkovic-Groha*

Inhaltsverzeichnis

Formelzeichen

Große Buchstaben

Zeichen	Dimension	Bedeutung
A	[-]	Zielgewichtung
B	[-]	Zielgewichtung
FLG	[-]	Fertigungslosgröße
MLZ	[min]	Materialliegezeit
MWZ	[min]	Maschinenwartezeit
Schicht	[min]	Schichtdauer
TLG	[-]	Transportlosgröße
T_{BLZ}	[min]	Durchschnittliche Belegungszeit
T_{Durch_Ist}	[min]	Durchschnittliche Ist-Versorgezeit
T_{Max_Ist}	[min]	Maximale Ist-Versorgezeit
T_{Min_Ist}	[min]	Minimale Ist-Versorgezeit
T_{Soll_Vz}	[min]	Durchschnittliche Soll-Versorgezeit
T_{Tz}	[min]	Transportzeit
$T_{ü}$	[min]	Lastwechselzeit

Kleine Buchstaben

n	[-]	Anzahl der Segmente, Anzahl der Zellen
n_{FA}	[-]	Anzahl der Fertigungsaufträge
n_{FZ}	[-]	Anzahl der im Fertigungssegment zusammengefaßten Zellen

Formelzeichen

n_N	[-]	Durchschnittlicher Nutzungsgrad
n_{RA}	[-]	Anzahl der Rüstaufträge
n_{TA}	[-]	Anzahl der Transportaufträge
n_{TM}	[-]	Anzahl der Transportmittel

Griechische Buchstaben

β	[-]	Statischer Maschinengewichtungsfaktor
ε	[-]	Gewichtungsfaktor
ρ	[-]	Versorgeanteil

1 Einleitung

1.1 Ausgangssituation

Umkämpfte Märkte mit steigendem Konkurrenzdruck zwingen die Unternehmen, zur Sicherung oder Stärkung ihrer Marktposition zusätzliche Wettbewerbsvorteile durch Verbesserung ihres Leistungsangebots zu erlangen. Neben der Kundenorientierung und einer hohen Produktqualität gewinnt hierfür die *Qualität logistischer Leistungen* stark an Bedeutung [WIEN93]. Diese ist primär durch kurze Liefer- und Auftragsdurchlaufzeiten sowie die Einhaltung von zugesagten Lieferterminen und die Flexibilität gegenüber der Änderung der Kundenanforderungen gekennzeichnet [MILB91a] (Bild 1.1). Dabei spielen aber auch die durch die Kapazitätsauslastung und den Bestand geprägte Wirtschaftlichkeit des Produktionsprozesses und damit ein akzeptables Kostenniveau der Produkte eine wesentliche Rolle [GLÄß91] (s. Bild 1.1).

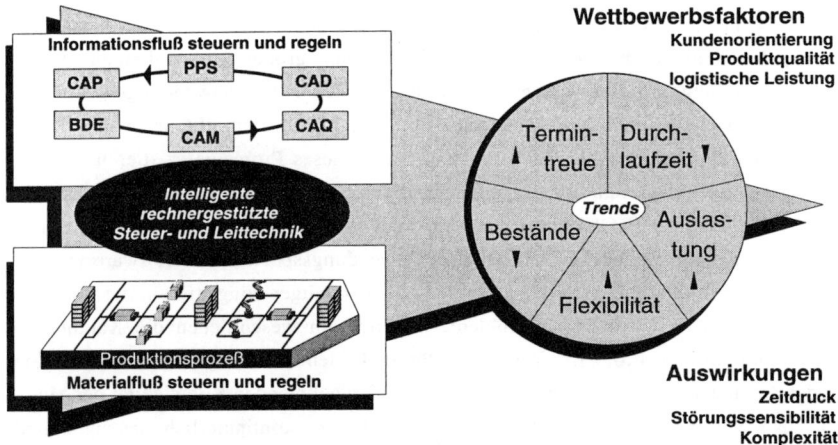

Bild 1.1:   Weg zum Erlangen von Wettbewerbsvorteilen (nach [BURG92])

Die Bemühungen, die Qualität der logistischen Leistungen zu erhöhen, erfordern die Ausschöpfung aller Rationalisierungsreserven innerhalb der Produktion. Hierzu stand lange Zeit die Verbesserung der Fertigungstechnologie im Vordergrund, so daß die Fertigungsmaschinen heute bereits ein hohes Produktivitätsniveau erreicht haben [NABE 91, SCHU91], während es unbeachtet blieb, daß die heute noch häufig stockenden Material- und Informationsflüsse über einen wesentlich größeren Einfluß verfügen

[BURG92]. So machen z.B. die davon beeinflußten Transport-, Liege- und Wartezeiten bei der Einzel- und Kleinserienfertigung mehr als 75% der Werkstückdurchlaufzeiten aus [DOLL87]. Deswegen hat sich als entscheidende Voraussetzung zur Erschließung von logistischen Rationalisierungspotentialen einerseits die Automatisierung der Materialflußprozesse [MILB91a, NABE91, SCHÖ92] und andererseits der Einsatz intelligenter, rechnergestützter Steuer- und Leittechnik [WECK92] ergeben, da nur sie einen optimalen Produktionsablauf für das gesamte Produktionssystem sicherstellen können (s. Bild 1.1). In diesem Feld muß der Materialflußsteuerung erhöhte Aufmerksamkeit gewidmet werden, da sie in der innerbetrieblichen Logistikkette entscheidend dazu beitragen kann, die Durchlaufzeiten, die organisatorisch bedingten Stillstandszeiten und die Materialbestände zu reduzieren [VDI 89].

Um der geforderten hohen Qualität der logistischen Leistung zu genügen, muß die *Materialfluß-Steuerungssoftware*, die die umfangreichen Aufgaben zur Steuerung und Überwachung der Materialflußsysteme bewältigen soll, so ausgelegt sein, daß *die jeweiligen, speziellen Ausprägungen einzelner Produktionssysteme berücksichtigt* werden [REIS91], insbesondere im Hinblick auf die angewandten Steuerungsstrategien. Da es dafür jedoch kaum Standardlösungen gibt, die sich ohne großen Aufwand an eine beliebige Anwendung anpassen lassen, muß in den meisten Fällen anwendungsspezifische Software erstellt werden. Daß dabei eine optimale Lösung entsteht, ist in der Regel selten der Fall, da keine Leitfäden für die Lösung dieses Problems existieren und der Softwareentwicklung somit oft ein unvollständiges oder gar fehlerhaftes Anforderungsprofil zugrunde liegt [KOHE86]. Eine, wenn auch kleine, Änderung der Anforderungen zu einem späteren Zeitpunkt kann bei einer anwendungsspezifischen Software weitreichende Strukturänderungen verursachen und zu aufwendigen Eingriffen in die Software führen. Die dabei auftretenden Probleme betreffen im wesentlichen die Kalkulation und Einhaltung von Projektlaufzeiten und Projektkosten. Die Folge davon ist - analog zu der durch den steigenden Automatisierungsgrad zunehmenden Komplexität der Materialfluß-Steuerungssoftware -, daß die *Softwarekosten* kontinuierlich ansteigen und einen immer größeren Anteil an den Investitionen bilden (Bild 1.2) [KOHE90].

Die beschriebene Situation führt zur Forderung nach einer *systematischen Planung der Materialflußsteuerung*, die eine erhebliche *Reduzierung des eigentlichen Planungszeitraums* als auch eine deutliche *Verbesserung der Planungsqualität* mit sich bringt [HEIN86, WARN87]. Diese beiden sich teilweise widersprechenden Ziele lassen sich nur durch die Abkehr von traditionellen Vorgehensweisen und den Einsatz neuer Planungsmethoden erreichen, die auf einer durchgehenden Rechnerunterstützung für den gesamten Planungsablauf basieren [WARN87]. Damit kann einerseits der Planungs-

aufwand reduziert werden, indem der Planer von Routinetätigkeiten und allen algorith-
mierbaren Aufgaben befreit wird, andererseits läßt sich die Planungsqualität erhöhen,
da durch eine systematische und strukturierte Vorgehensweise alle relevanten Kriterien
berücksichtigt werden, das gesamte vorhandene Planungs-Know-how zur Verfügung
gestellt wird, und durch den Einsatz leistungsfähiger Rechner schnell Lösungsvarianten
erzeugt und bewertet werden können. Die höhere Planungsqualität führt wiederum zu
kürzeren Anlaufzeiten für neue Systeme bei höherer Planungssicherheit und damit sin-
kenden Kosten für die Inbetriebnahme [WARN87].

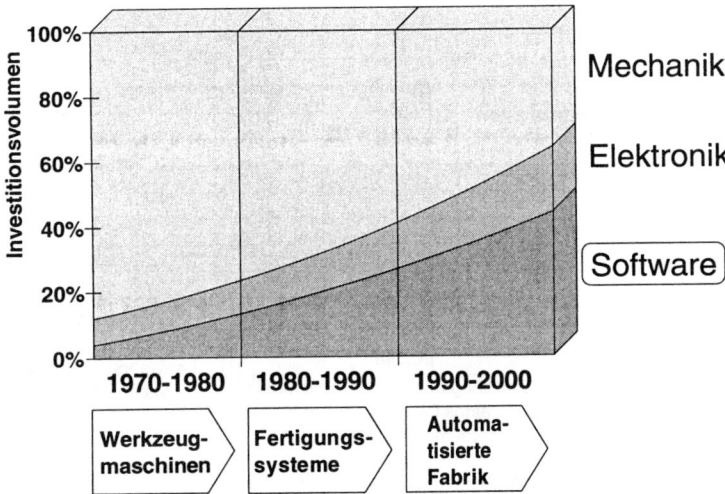

Bild 1.2:   Verteilung von Hard- und Softwarekosten (nach [KOHE90])

1.2   Zielsetzung der Arbeit

Das Ziel dieser Arbeit ist, der Forderung nach einer *systematischen Planung der*
anwendungsspezifischen Materialflußsteuerung Rechnung zu tragen (Bild 1.3). Diese
Planung ist als Teil der Gesamtplanung einer Produktionsanlage und des dazugehörigen
Material- und Informationsflusses zu sehen und im Hinblick auf ein optimales Pla-
nungsergebnis unerläßlich.

Angestrebt wird die Entwicklung eines *rechnergestützten Planungswerkzeugs*, das auf
der Basis einer zu erarbeitenden methodischen Vorgehensweise den Aufbau individueller
Materialfluß-Steuerungssoftware ermöglicht, der den konkurrierenden Zielen, *geringer*
Softwareaufwand und Anwendungsorientierung (s. Kapitel 1.1), gerecht wird. Das

methodische Arbeiten hat den Vorteil, daß mit hoher Wahrscheinlichkeit die unter den gegebenen Randbedingungen *am besten geeigneten* Lösungen für die *Materialfluß-Steuerungssoftware und* im besonderen die *-Steuerungsstrategie* abgeleitet werden können, die einen *optimierten Materialfluß in der Produktion* gewährleisten.

Da durch die in Kapitel 1.1 beschriebene Situation besonders die Werkstatt- und Gruppenfertigung gekennzeichnet sind, werden in der vorliegenden Arbeit lediglich diese beiden Fertigungsprinzipien einer systematischen Vorgehensweise zur Bestimmung von optimalen Konzepten der Materialflußsteuerung unterzogen. Die zu ermittelnde Planungsvorgehensweise soll aber so konzipiert werden, daß sie auch auf die anderen Fertigungsprinzipien übertragbar ist.

1.3 Vorgehensweise

Aus der Zielsetzung wird die Vorgehensweise für die vorliegende Arbeit abgeleitet (s. Bild 1.3).

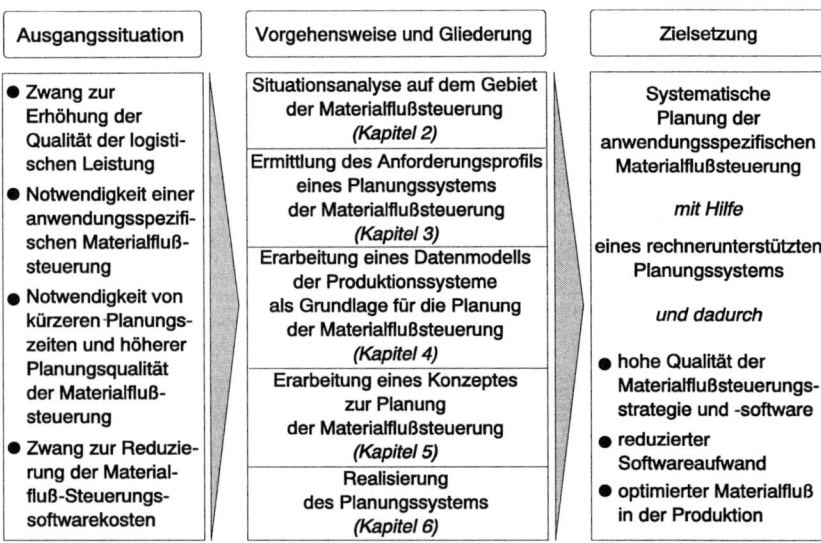

Bild 1.3:   *Vorgehensweise und Aufbau der Arbeit*

In *Kapitel 2* wird die Ist-Situation auf dem Gebiet der Materialflußsteuerung analysiert. Mit dem Ziel, die Ursachen der mangelhaften Konzeption der Materialflußsteuerung in Unternehmen sowie der ungenügenden Rechnerunterstützung bei deren Planung und

Entwicklung herauszuarbeiten, werden dabei neuere Entwicklungen sowohl im Bereich der rechnerunterstützten Materialfluß-Steuerungssysteme als auch im Bereich der Planungs- und Entwicklungsmethoden sowie der dazu eingesetzten rechnergestützten Hilfsmittel untersucht.

Auf dieser Basis werden in *Kapitel 3* die Anforderungen an ein Planungssystem für die Materialflußsteuerung ermittelt.

Darauf aufbauend wird in *Kapitel 4* als Grundlage für die Planung ein allgemeines Datenmodell der Produktionssysteme, in denen eine Materialflußsteuerung eingesetzt werden soll, entwickelt.

In *Kapitel 5* wird ein Konzept zur rechnergestützten, systematischen Planung der Materialflußsteuerung vorgestellt, das den in Kapitel 3 gestellten Anforderungen gerecht wird und sich auf das in Kapitel 4 beschriebene Datenmodell stützt.

In *Kapitel 6* erfolgt eine Beschreibung des auf der Basis der Überlegungen in Kapitel 3, 4 und 5 realisierten Planungssystems und seiner beispielhaften Anwendung bei der Erstellung eines Konzeptes der Materialflußsteuerung für ein konkretes Maschinenbauunternehmen.

Abschließend werden in *Kapitel 7* die durchgeführten Arbeiten zusammengefaßt und bewertet sowie ein Ausblick auf mögliche Weiterentwicklungen gegeben.

2 Situationsanalyse auf dem Gebiet der Materialflußsteuerung

In diesem Kapitel soll die Ist-Situation auf dem Gebiet der Materialflußsteuerung untersucht werden. Basierend auf ihrer Einordnung in der rechnerintegrierten Produktion, werden die in Industrie und Forschung bestehenden Konzepte der Aufbau- und der Ablauforganisation der Materialflußsteuerung analysiert und bewertet. Da die Bewertung auf eine fehlende Systematik bei der Konzeption der Materialflußsteuerung hindeutet, werden die hierzu angewandten Planungs- und Entwicklungsmethoden sowie rechnergestützten Hilfsmittel durchleuchtet.

2.1 Materialflußsteuerung in der rechnerintegrierten Produktion

2.1.1 Begriffsdefinitionen

Gemäß VDI-Richtlinie 2411 wird der *Materialfluß* als Verkettung aller Vorgänge beim Gewinnen, Be- oder Verarbeiten sowie bei der Verteilung von Gütern innerhalb festgelegter Materialflußebenen definiert (Bild 2.1) [VDI 70]. Neben dem Werkstückfluß wird darunter auch der Betriebsmittelfluß (Werkzeug- und Vorrichtungsfluß sowie Handhabungs-, Prüf- und Meßmittelfluß) verstanden.

Gegenstand der Betrachtungen der vorliegenden Arbeit ist der für die Qualität der logistischen Leistungen in der Produktion entscheidende *innerbetriebliche Materialfluß*, d.h. der Materialfluß zwischen Produktionsbereichen bzw. zwischen Arbeitsplätzen. Der innerbetriebliche Materialfluß ist Bestandteil des Produktionsprozesses, er verbindet die einzelnen Fertigungs- und Montagestufen sowie die Lager miteinander, wobei die Bereiche durch geeignete Transportmittel verkettet werden.

Eine integrierte Vorgehensweise bei der Betrachtung des Produktionsprozesses und des dazugehörigen Materialflusses ist entscheidend für die Erzielung optimaler Ergebnisse im Unternehmensbereich Produktion [VDI 91a]. Optimale Ergebnisse beinhalten dabei die bedarfs-, zeit-, orts-, kosten- und qualitätsgerechte Erstellung aller Güter in Fertigung und Montage sowie in den vor- und nachgeschalteten Lagern, womit sie direkte Auswirkungen auf das Betriebsergebnis haben. Dabei spielt die vollständige Integration von Informations- und Materialfluß eine erhebliche Rolle [VDI 91a]. Diese wird in einer rechnerintegrierten Produktion durch die Produktions- und die Materialflußsteuerung unterstützt.

Nach REFA besteht die *Steuerung* im Veranlassen, Überwachen und Sichern der Aufgabendurchführung hinsichtlich Menge, Termin, Qualität, Kosten und Arbeitsbedingungen [REFA91]. Während die *Produktionssteuerung* die organisatorische Planung, Steuerung und Überwachung der Produktionsabläufe unter Mengen-, Termin- und Kapazitätsaspekten zum Ziel hat [AWF 85], hat die *Materialflußsteuerung* das Ziel, auf der Basis einer Synchronisation von Informations- und Materialfluß, die an der Produktion beteiligten Materialien und Betriebsmittel zur rechten Zeit am richtigen Ort in richtiger Qualität und Menge bereitzustellen [VDI 89]. Nach VDI [VDI 91a] bezieht sich die innerbetriebliche Materialflußsteuerung auf die Bereiche Transport, Umschlag und Pufferung. Der Transport übernimmt die Bewegung von Transportobjekten (Material und Betriebsmitteln) zwischen verschiedenen Arbeitsplätzen und Lagern im Unternehmen. Der Umschlag umfaßt die Gesamtheit der Transport- und Lagervorgänge beim Übergang der Transportobjekte auf und von einem Transportmittel sowie zwischen verschiedenen Transportmitteln. In Puffern verweilen die Transportobjekte, die sich zwar im Fluß befinden, für die aber eine kurzfristige Entkopplung zwischen Erzeugungs- und Verbrauchszeitpunkt notwendig ist.

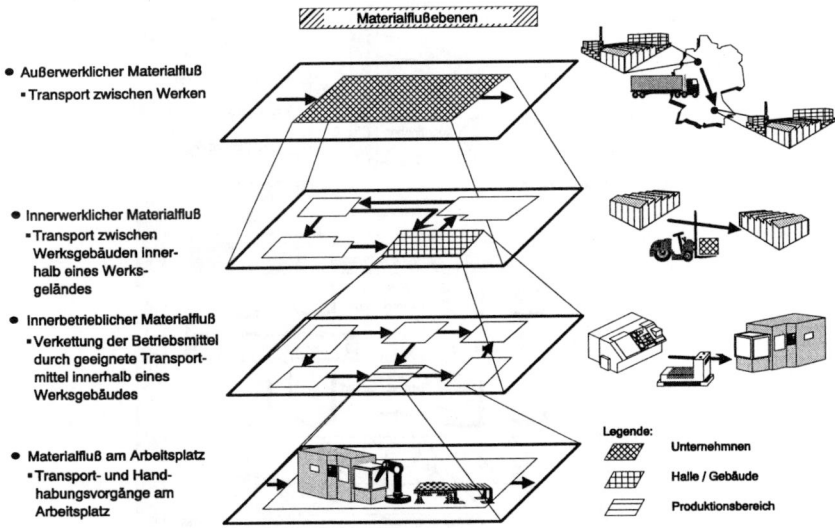

Bild 2.1: Abgrenzung von Materialflußebenen (nach [BARG91])

- 7 -

2.1.2 Stellung der Materialflußsteuerung in der rechnerintegrierten Produktion

Steht bei der Produktionssteuerung neben der Durchlaufzeitreduzierung, der Verbesserung der Termintreue und der Optimierung der Kapazitätsauslastung das bestandsarme Unternehmen im Vordergrund, so soll bei einer Materialflußsteuerung die dazu notwendige Optimierung des Materialflusses erreicht werden. Das kann nur einerseits mit einem bedarfsorientierten Materialfluß und andererseits mit einer logistikgerechten Materialflußsteuerung angestrebt werden, die nicht nur die Materialflußmittel, sondern auch die Produktionsmittel logistikgerecht in den Steuerungsprozeß einbezieht [JÜNE 89]. Die logistikgerechte Materialflußsteuerung verfolgt das Ziel, nicht mehr einzelne Bestandteile, sondern die gesamte Wertschöpfungskette für einen Auftrag zu optimieren und damit unabgestimmte Maschinenkapazitäten, störanfällige Prozesse und hohe Rüstzeit in der Produktion zu vermeiden [JÜNE89, VDI 91a]. Eine entsprechende Überwachung der gesamten logistischen Leistungen wird damit erst durch den Aufbau eines entsprechenden Materialflußsteuer- und -regelkreises für die Produktion möglich.

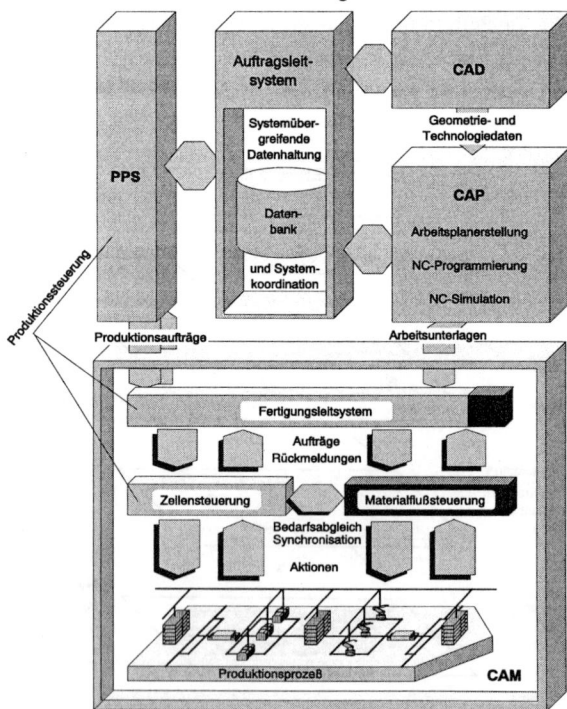

Bild 2.2:   Stellung der Materialflußsteuerung in der rechnerintegrierten Produktion

Dazu wird innerhalb der rechnerintegrierten Produktion die innerbetriebliche Material-flußsteuerung in den CAM-Bereich angesiedelt [VDI 91a] (Bild 2.2). Unter CAM (Computer Automated Manufacturing) wird die Rechnerunterstützung zur technischen Steuerung und Überwachung der Betriebsmittel bei der Herstellung der Objekte im Produktionsprozeß verstanden [AWF 85]. Durch ihre Stellung im CAM-Bereich über-nimmt die Materialflußsteuerung alle planenden und steuernden, auf das gesamte Pro-duktionssystem bezogenen Aktivitäten, um auf den Materialfluß einzuwirken. Hierfür müssen sowohl Schnittstellen zu Werkstattsteuerungssystemen (Fertigungsleitssystem, Zellensteuerung) als auch zu den eingesetzten Transportsystemen vorhanden sein.

Die Aktivitäten der Materialflußsteuerung lassen sich nach VDI [VDI 91a] grob in admi-nistrative, dispositive und operative Funktionen gliedern (Bild 2.3). Die Steuerung und Überwachung der Materialflußabläufe ist die primäre Aufgabe der *Administration*, die durch die Kommunikation mit benachbarten und übergeordneten Systemen neue Aufträge in das Materialflußsystem einbringt. Die Aufgaben der *Disposition* umfassen im wesentli-chen die Koordination von Materialbedarf und -angebot einzelner Arbeitsplätze, die Syn-chronisation beim Einsatz gemeinsamer und auftragsgebundener Betriebsmittel, die Zer-legung und Verteilung der Materialflußaufträge an einzelne Transportsysteme und -mittel sowie die Optimierung der Auftragsreihenfolge. Dabei werden unter gemeinsamen Be-triebsmitteln permanent - z.B. mobile Roboter - oder temporär - z.B. Palettenstände, Re-gale - arbeitsplatzübergreifend eingesetzte Betriebsmittel verstanden [GROH88, KLIP88, PIEP90], während auftragsgebunden die Betriebsmittel sind, die in einer reduzierten Zahl vorhanden und für die Dauer eines ganzen Auftrags von anderen Arbeitsplätzen aus nicht zugreifbar sind, z.B. Werkzeuge, Greifer [GROH88, WECK91b, ZIPP92]. Im Rahmen der *operativen Steuerung* wird das Umsetzen von Materialver- und Entsorgungsanforde-rungen in Transportaufträge, das Zuteilen von Transporthilfsmitteln sowie die Einlastung der Transportaufträge in das Transportsystem und deren Überwachung durchgeführt.

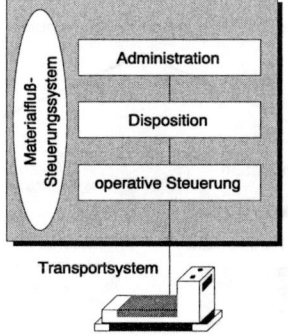

Bild 2.3:   Aufgabengliederung der Materialflußsteuerung [VDI 91a]

2.2 Aufbau- und Ablauforganisation einer Materialfluß- steuerung

2.2.1 Begriffsdefinitionen

Wird unter *Organisation* die integrative Strukturierung von Ganzheiten als Tätigkeit und zugleich als Ergebnis verstanden, dann ist die *Aufbauorganisation* auf die Bildung funktionsfähiger Teileinheiten innerhalb einer integrativen Aufbaustruktur und deren Koordination ausgerichtet [GROC80]. Hierbei erfolgt die Zusammenfassung der analytisch gebildeten Teilaufgaben zu Stellen und deren Zuordnung auf Aufgabenträger. Während bei der Aufbauorganisation die Aufgabe als Zielsetzung im Mittelpunkt der Betrachtungen steht, ist in der *Ablauforganisation* die Gestaltung der Arbeitsprozesse zur Zielerreichung im Vordergrund, da sie auf die raum-zeitliche Strukturierung der zur Aufgabenerfüllung erforderlichen Arbeitsprozesse ausgerichtet ist [GROC80]. Die Aufbau- und Ablauforganisation bedingen sich gegenseitig - sie sind Ergebnis einer gedanklich isolierten Abstraktion und ermöglichen ein stufenweises Vorgehen bei der organisatorischen Strukturierung.

Ausgehend von diesen allgemeinen Definitionen läßt sich auch die Organisation einer Materialflußsteuerung in die Aufbau- und Ablauforganisation aufteilen (Bild 2.4). Unter der *Aufbauorganisation einer Materialflußsteuerung* ist zum einen ihre Einbindung in die Unternehmenshierarchie, repräsentiert durch die Informationssystemstruktur, und zum anderen die Strukturierung der relevanten Aufgaben- und Verantwortungsbereiche - der Funktionalität - der Materialflußsteuerung in hierarchischer und fachlicher Hinsicht zu verstehen (s. Bild 2.4). Die *Ablauforganisation der Materialflußsteuerung* legt die Strategien zur Planung und Steuerung der Materialflußabläufe und damit das Materialflußsteuerungsprinzip sowie die Optimierungsstrategien fest (s. Bild 2.4).

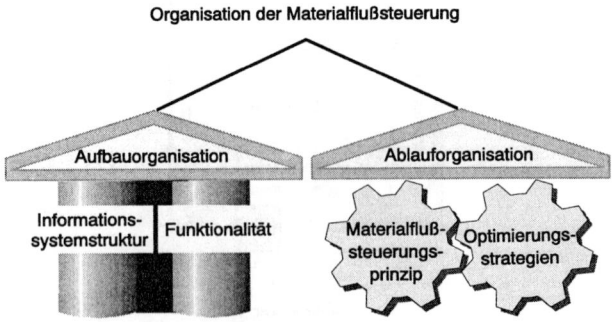

Bild 2.4: *Aufbau- und Ablauforganisation der Materialflußsteuerung*

2.2.2 Aufbauorganisation einer Materialflußsteuerung

2.2.2.1 Informationssystemstruktur einer Materialflußsteuerung innerhalb der Unternehmenshierarchie

Die Ausrichtung der Unternehmen auf den Zeitwettbewerb macht es erforderlich, neben der Automatisierung der Produktions- und Materialflußprozesse verschiedene Automatisierungsbausteine informationstechnisch zu integrieren; denn letztlich stellt erst der durchgängige Informationsfluß die Nutzung des Rationalisierungspotentials sicher [MILB91a]. Dies erfordert wiederum einen flexiblen Organisationsaufbau und flexible Steuerungskonzepte, die durch den Einsatz rechnergestützter Hilfsmittel schneller und besser zu gestalten sind. Rechnersysteme können innerhalb der Produktion die Koordination und Steuerung der automatisierten Produktionsprozesse, des verbindenden Materialflusses und des notwendigen Informationsflusses durchführen. Um die Komplexität und Variabilität dieser Aufgaben zu reduzieren, ist eine hierarchische Aufteilung der informationsverarbeitenden Systeme in der Produktion in funktionale Ebenen notwendig. Das Modell nach ISO unterscheidet in dieser Hinsicht zwischen fünf Hierarchieebenen, die sich am organisatorischen Aufbau der Produktion orientieren: Planungs-, Leit-, Prozeßführungs-(Zellen-), Steuerungs- und Aktor-/Sensorebene, wobei von oben nach unten, also von der Planungs- zur Aktor-/Sensorebene, die steuernden Aufgaben zu- und die dispositiven Aufgaben abnehmen (Bild 2.5) [OTTA86].

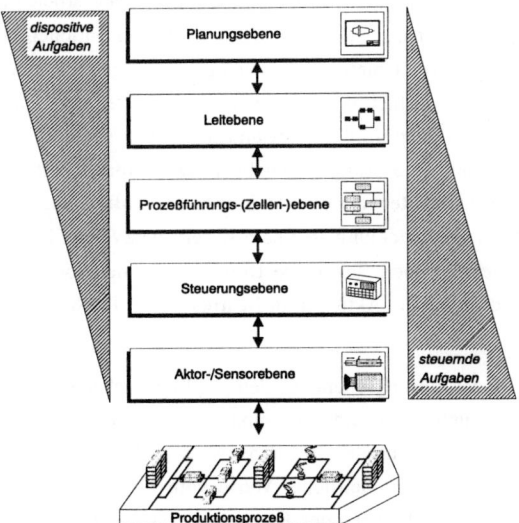

Bild 2.5: Ebenenmodell nach ISO (nach [OTTA86])

Durch diese Untergliederung und die damit verbundene Dezentralisierung von Aufgaben ergibt sich eine Systementkopplung, die im Störungsfall zeitweise weiteres Arbeiten auf der nächst unteren Ebene und damit eine hohe Verfügbarkeit des Gesamtsystems ermöglicht [GROH88, GUNS82]. Ebenso wirken kurzfristige Änderungen einer Ebene nicht sofort auf die darüberliegende Ebene, womit das Gesamtsystem überschaubar bleibt [WALK88]. Daneben läßt sich eine Erleichterung beim Test, bei der Inbetriebnahme, bei Anpassungen und Erweiterungen des Systems sowie bei der Wartung und Instandhaltung erreichen [GROH88]. Ein weiterer Vorteil des Ebenenmodells besteht in der Zuteilung der Aufgaben sowie der Daten und relevanten Informationen mit gleichem Zeithorizont zu der jeweiligen Ebene [MILB90, WECK90]. Dadurch soll in bezug auf die Datenhaltung und -verarbeitung eine starke Hierarchisierung und De-zentralisierung erreicht werden, womit eine Informationsüberlastung der Ebenen aufgrund der Daten anderer Ebenen vermieden [WECK90] sowie die Transparenz der Produktion erhöht [GROH88] werden kann.

Die *Planungsebene* ist sowohl zeitlich als auch räumlich vom Produktionsprozeß entkoppelt. Sie beinhaltet Aufgaben, die produktionsübergreifende Ziele betreffen, z.B. die Produktionsplanung oder die Konstruktion, und erzeugt alle Vorgabedaten, die zur Durchführung von Produktionsaufträgen notwendig sind. Die Aufgabe der *Leitebene* ist die optimale Planung und Steuerung des Auftragsdurchlaufs in der Produktion unter Berücksichtigung vorgegebener Randbedingungen (z.B. Ecktermine) und der Material- und Betriebsmittelverfügbarkeit. Dabei agiert die Leitebene arbeitsplatz-(zellen-)übergreifend. In der *Prozeßführungs-(Zellen-)ebene* einer konventionellen Produktion führt der Werker an einem Arbeitsplatz die erhaltenen Aufträge aus, indem er sie in einer bestimmten Reihenfolge ordnet, das Beschicken und Rüsten der Bearbeitungsmaschine vornimmt, den Produktionsprozeß steuert und überwacht sowie das erzielte Arbeitsergebnis kontrolliert und die Störungen behebt. In der automatisierten, rechnergeführten Produktion übernimmt ein Rechner die Steuerungs-, Koordinations- und Überwachungsfunktionen zur Auftragsabwicklung an einem Arbeitsplatz / einer Zelle. Die *Steuerungs-* und *Aktor-/Sensorebene* übernehmen die Durchsetzung der Vorgaben von der Prozeßführungsebene und setzen die Aktionen in Bearbeitungs-, Handhabungs- und Transportsequenzen um.

In der Leit- und Prozeßführungsebene werden alle logistischen Funktionen der Werkstatt wahrgenommen, wo neben der reinen Produktion die Organisation und Ausführung des Materialflusses zu einer zentralen Aufgabe wird [N.N.91b]. Der arbeitsplatzinterne Materialfluß wird dabei in einheitlicher Weise vom für die Auftragsdurchführung am Arbeitsplatz zuständigen Werker oder Rechner gesteuert, überwacht und mit anderen

Komponenten der Arbeitsstation koordiniert [IWB 91, N.N.85, OBSC85, PRIT91, SAP 91]. Für die Steuerung des arbeitsplatzübergreifenden Materialflusses existieren jedoch verschiedenste anwender- oder anlagenherstellerspezifische Konzepte, die in Kapiteln 2.2.2.2 und 2.2.2.3 vorgestellt werden. Sie können im Zusammenhang mit der Informationssystemstruktur in zentrale und dezentrale Lösungen unterteilt werden [KUNT92].

Als *zentrale Lösung* wird hier eine vollständig integrierte Lösung verstanden, bei der die Materialflußsteuerung meist von einem Fertigungsleitsystem (Leitebene) mit übernommen wird. Diese Lösung bietet den Vorteil, daß das gesamte Fertigungsgeschehen zentral steuer- und überschaubar ist und Koordinierungsprobleme, die im Zusammenspiel einzelner Planungsbereiche begründet liegen, nicht auftreten können [BLEY92]. Es sind dabei wenige Schnittstellen notwendig, womit eine preisgünstigere Rechnerlösung möglich ist. Der Nachteil dieser Lösung ist, daß die Komplexität der Planungsaufgabe selbst beim nur leichten Anstieg der Anzahl der Aufträge und damit der einzuplanenden Materialflußvorgänge sehr stark anwächst. Dies führt bei größerer Anzahl von Aufträgen dazu, daß Umplanungen bei gleicher Rechnerleistung im Vergleich zur dezentralen Lösung lange Rechenzeit in Anspruch nehmen und man deshalb dazu übergeht, möglichst lange bis zum nächsten Planungsvorgang zu warten. Das hat wiederum zur Folge, daß sich Plan und Realität im Fertigungsgeschehen nur selten in allen Einzelheiten decken [BLEY92]. Dieses Zeitproblem kommt ebenfalls zum Tragen, sobald eine Störung eintritt, wobei eine vollständige Neuplanung aller Arbeitsvorgänge notwendig ist. Ein weiterer Nachteil der zentralen Lösung ist das mit ihr verbundene Ausfallrisiko, da vom Ausfall des Leitsystems die gesamte Fertigung betroffen ist [BLEY92, GROH88].

Die *dezentrale Lösung* basiert auf der Entkopplung zwischen den Fertigungs- und Materialflußaufgaben, wobei ein dem Leitsystem untergeordneter, dezidierter Materialflußrechner oder Rechnersystem die Steuerung des Materialflusses übernimmt. Hier ist grundsätzlich eine schnelle Planung mit nahezu optimalem Ergebnis möglich. Um- oder Neuplanungsvorgänge sind in kurzer Zeit durchgeführt, da der Materialflußrechner eine Umplanung vornehmen kann, ohne daß das Leitsystem dadurch belastet wird, was eine hohe Deckungsrate zwischen Plan und Fertigungsrealität zur Folge hat. Auch verursacht der Ausfall des Leitsystems zunächst keine allzu großen Probleme. Durch diese Verlagerung von Entscheidungskompetenzen werden kleinere Regelkreise geschaffen, die eine weitaus bessere Transparenz des Fertigungsgeschehens gewährleisten [N.N.91g, ZELL91]. Dadurch werden auch die Flexibilität und die Modifizierbarkeit des Steuerungssystems im Vergleich zur zentralen Lösung erhöht. Allerdings verursacht diese Lösung höhere Kosten und verlangt eine Koordinierung zwischen dem Leitsystem und dem Materialflußrechner.

2.2.2.2 Funktionalität einer zentralen Materialflußsteuerung in den Leitsystemen

Konzeptionell umfaßt der Aufgabenbereich eines Leitsystems, neben dem kurzfristigen Feinplanen und Steuern von Aufträgen mit dem Ziel, sie termingetreu mit der vereinbarten Qualität zu minimalen Kosten und bei der Optimierung der Maschinenbelegung zu bearbeiten, die Steuerung des Materialflusses zur Bereitstellung der erforderlichen Ressourcen (Werkstücke und Betriebsmittel) [BEIE90, BERG90, DANG91a, EVER90, FRIE87, JAES92, MERT91, N.N.91c, N.N.91d, N.N.91e, PRIT91, SAP 91, SCHM90a, TORM91, WECK90]. Sie fehlt allerdings oft in der Realität. Aufgrund einer im Rahmen der vorliegenden Arbeit durchgeführten Markterhebung hat sich herausgestellt, daß die meisten der 30 analysierten Leitsysteme nur Teilbereiche des vom Anwender gewünschten Materialflußsteuerungs-Funktionsspektrums abdecken (Bild 2.6) [IWB 92]. Auch eine durch Roland Berger Forschungsinstitut im Jahr 1991 durchgeführte Untersuchung der in stückgutproduzierenden Unternehmen eingesetzten Leitsysteme hat ergeben, daß diese nur in 17% der Fälle die Materialflußsteuerungsfunktionen abdecken [WZL 91]. Gründe hierfür können die schwierig zu realisierende, jedoch für eine Materialflußsteuerung unentbehrliche, genaue Nachbildung des Produktionssystems einschließlich seines Informations- und Materialflusses [KUPE91] oder aber die in der Regel bestehende Einschränkung der Arbeitspläne zur Teilefertigung auf nur in der Hauptzeit stattfindende Arbeitsvorgänge [REFA75a] sein. In einem Arbeitsplan sind die Materialbewegungen im Verlauf der Produktion zwar durch Angabe der zur Durchführung eines Arbeitsvorgangs notwendigen Betriebsmittel/Materialien determiniert [REFA75a], die explizite Beschreibung des dazu erforderlichen, in der Nebenzeit stattfindenden Materialflusses fehlt jedoch.

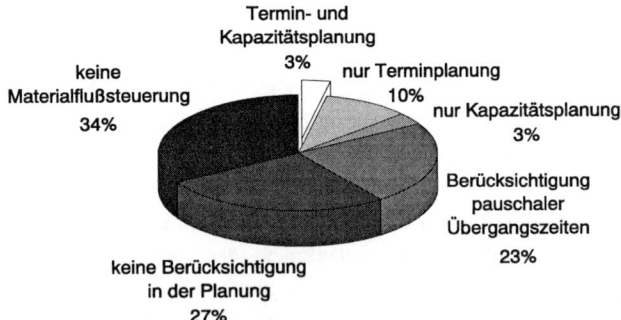

Bild 2.6: Materialflußplanung in Leitsystemen [IWB 92]

Aufgrund ihrer Materialflußsteuerungsfunktionalität können die bestehenden Leitsysteme in zwei Klassen unterteilt werden [N.N.91c]:

Zur *ersten Klasse* gehören die sogenannten Leitstände, die die Fertigung nach dem Werkstattprinzip, jedoch keinen Materialfluß funktional unterstützen. Da sie heute meistens nur eine Art der zur Durchführung eines Arbeitsvorgangs benötigten Ressourcen (Personal, Maschinen, Betriebs- und Transportmittel, Material), in der Regel Maschinen oder Werker, verplanen, werden die anderen Ressourcen in der Planung, wenn überhaupt, nur in Form von Verfügbarkeitsprüfungen berücksichtigt [ADEL91, BULL92, EVER91, IWB 92, N.N.91d]. Der Materialfluß wird auch nicht gesteuert, sondern es wird davon ausgegangen, daß Material und Betriebsmittel manuell vor Bearbeitung eines Arbeitsvorgangs rechtzeitig an den Arbeitsplatz gebracht werden [IWB 92].

In der *zweiten Klasse* steht die Steuerung von Produktionszellen in flexiblen Produktionsinseln und -systemen im Vordergrund, wobei die dafür zuständigen Leitsysteme alle zellenübergreifenden Funktionen, damit auch den innerbetrieblichen Materialfluß, koordinieren und alle für die Bearbeitung erforderlichen Ressourcen (Werkstücke, Betriebsmittel und Informationen) synchronisieren [DANI92, KUPE91, PRIT91, WECK 90, WECK92]. Zur Materialflußsteuerung wird das im Arbeitsplan enthaltene Auftragsnetz durch die Generierung der entsprechenden Transportvorgänge zwischen den Arbeitsvorgängen expandiert [KUPE91]. Die Transportvorgänge werden dann meistens direkt in das Transportsystem eingelastet, im Gegensatz zu den prinzipiell über die untergeordnete Zellenebene in die entsprechenden Zellen eingelasteten Fertigungsvorgängen [BODE92, HÄRD91, KLEI86, KLEI92, MARQ92, PRIT91, WZL 91]. In diesem Fall existiert so keine eindeutige Abgrenzung unter den Hierarchieebenen der Informationssystemstruktur und damit unter den dazugehörigen Aufgaben. Dadurch geht der Sinn der hierarchischen Aufteilung (s. Kapitel 2.2.2.1) verloren und die Verfügbarkeit des Gesamtsystems ist geringer. Da im Produktionsbereich häufig Störungen auftreten und die Komplexität der Fertigungsleitsysteme ohnehin schon hoch ist, sollte eigentlich die Behandlung von Störungen durch eine Gliederung in Steuerungsbereiche und damit eine Reduzierung der Komplexität und bessere Überschaubarkeit unterstützt werden [JAES92]. Auch die Vorgabedaten, die vom Leitsystem an untergeordnete Komponenten übermittelt werden, und alle von dort zurückgemeldeten Betriebsdaten haben bei fehlender Hierarchisierung nicht mehr den gleichen Zeithorizont und den gleichen Abstraktionsgrad, wodurch die Transparenz der Fertigung ebenfalls verringert wird [GROH88]. Weiterhin ist in der Planung außer der pauschalen Berücksichtigung der Transportvorgänge keine Materialflußsteuerungsfunktion, also der Termin- und Kapazitätsabgleich von Transportsystemen sowie die Optimierung des Materialflusses, enthalten (s. Bild 2.6 sowie [KUPE91, WZL 91]), eine Simulation des Materialflusses in diesem Umfeld ist bisher kaum implementiert [IWB 92, KUPE91].

2.2.2.3 Funktionalität einer dezentralen Materialflußsteuerung durch dezidierte Materialflußrechner

Eine simultane Planung mehrerer Ressourcen einschließlich der Transportmittel im Leitsystem ist notwendig, da ein Auftrag nur dann durchgeführt werden kann, wenn sowohl eine Maschine und/oder ein Werker als auch Material, Betriebsmittel und Informationen zur Verfügung stehen. Darüber hinaus ist sie erforderlich, da einerseits oftmals keine feste Bindung zwischen den Ressourcen besteht und andererseits sich weitaus niedrigere Durchlaufzeiten durch gleichzeitige Betrachtung von Bedarfs-, Kapazitäts- und Transportgesichtspunkten erreichen lassen. Dies zieht aber nicht nur einen erhöhten Verarbeitungsaufwand nach sich, sondern erfordert ebenfalls einen immensen Pflegeaufwand. Zusätzliche Abfragen können bei einer größeren Belastung des Leitsystems die Hauptanforderung nach einem schnellen, operativen Werkzeug zunichte machen. Daher gewinnt zur Erfüllung dieser Aufgabe die Kopplung mit eigenständigen Systemen, u.a. der Materialflußsteuerung, an Bedeutung [N.N.91d]. Allerdings zeigen die Ergebnisse einer Untersuchung zum Stand und zur Entwicklung des Einsatzes von Fertigungsleitsystemen, daß diese auf absehbare Zeit nur selten mit der Materialflußsteuerung zusammenarbeiten [STAD93].

In Anlagen, in denen neben einem Transportsystem das Lager mitverwaltet wird, gibt es oft unterhalb des Fertigungsleitsystems einen Materialflußrechner, der vom Leitsystem nur noch globale Transportaufträge bekommt. Seine Aufgabe ist, diese Aufträge in Teilaufträge für Transportsysteme, Fördersysteme und Regalbediengeräte zu zerlegen. Der Materialflußrechner ist zusätzlich zu den einzelnen Gerätesteuerungen erforderlich, um die anlagenabhängigen Ausprägungen der Materialflußsteuerung von der internen Disposition und der Verkehrsorganisation zu entkoppeln [HÄRD91].

In von Materialflußsystemherstellern realisierten Materialflußsteuerungen sowie in Konzepten der Hochschulinstitute wird ebenfalls ein dezidierter Materialflußrechner zunehmend online an das Leitsystem angeschlossen [BRIN90, BRIN91, DUßL86, GUNS91, HEID91, IWB 91, MAI 92a, MERT92, N.N.91f, WEIS91]. Entsprechend der Planung des Leitsystems hat der Materialflußrechner die einzelnen Aufträge durchzusetzen, indem er die Bewegungen sämtlicher Transporteinrichtungen steuert und koordiniert, aber keine Änderungen im Auftragsplan unternimmt [GRAB92, N.N.85, N.N.91e, N.N.91f, N.N.91h, N.N.91i, PFAN85, TORM91]. Die Aufgaben des Materialflußrechners bestehen daneben im Zusammenfassen von Transportaufträgen und der Optimierung der Transportstrecken [BECK91, KÜHN91, WITT91].

2.2.3 Ablauforganisation einer Materialflußsteuerung

2.2.3.1 Materialflußsteuerungsprinzipien

Die bestehenden Prinzipien zur Steuerung des Materialflusses sollen im folgenden in zwei Klassen untergliedert werden: materialflußsteuernde und materialflußgesteuerte Systeme (Bild 2.7).

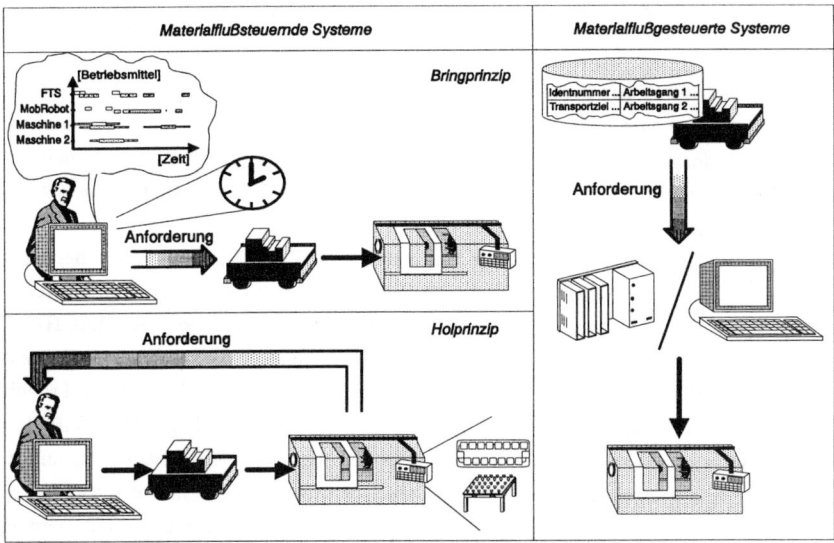

Bild 2.7:   Verschiedene Prinzipien zur Steuerung des Materialflusses

Bei den *materialflußsteuernden* Systemen ergibt sich der Materialfluß aus dem Fertigungsablauf. Dabei kann zwischen zwei Prinzipien, dem Bring- und dem Holprinzip, unterschieden werden.

Nach dem *Bringprinzip* werden die Materialflußvorgänge abhängig von den geplanten Fertigungsvorgängen langfristig vorgeplant und zum geplanten Zeitpunkt eingeleitet (s. Bild 2.7; typisches Beispiel: Fertigungsleitsysteme, s. Kapitel 2.2.2.2) [BECK91, DUSS 86, GRAB92, GUNS91, HEID91, JAES92, KÜHN91, KUPE91, LEIB87, MAI 92b, PRIT91, WECK90, WITT91, WOOD92]. Durch die zeitbezogene Auslösung der Materialflußvorgänge besteht beim Bringprinzip ein bedeutender Nachteil: es wird zwar dafür gesorgt, daß sich die benötigten Betriebsmittel und Materialien vor der Abarbeitung eines Arbeitsvorgangs am Arbeitsplatz befinden, Wartezeiten sowie ein Anwachsen der

Lagerbestände an den Maschinen aufgrund von möglichen Laufzeitverschiebungen in der Produktion sind aber nicht ausgeschlossen. Es ist nicht möglich, von den Arbeitsplätzen aus den Bedarf zur Bereitstellung des mit dem Arbeitsvorgang verbundenen Materials sowie der zugehörigen Betriebsmittel an den übergeordneten Rechner zu melden. Damit ist eine Reaktion auf den aktuellen Anlagenzustand, um den Materialfluß zwischen den Arbeitsplätzen gegebenenfalls nachzuregulieren, ausgeschlossen. Da für den Produktionsbetrieb insbesondere der Faktor "Zeit" zur entscheidenden Steuergröße für kundenorientiertes Denken und Handeln wird, kann das vorausschauende Prinzip diesem Anspruch nicht allein gerecht werden [LIPP90].

Ein anderer Ansatz zur Steuerung des Materialflusses ist der Bedarfsabgleich an Betriebsmitteln und Materialien nach dem *Holprinzip*, wobei der Materialfluß kurzfristig, in reagierender Vorgehensweise gesteuert wird. Die Materialflußvorgänge werden von den Arbeitsplätzen zu dem Zeitpunkt initiiert, wo der Bedarf an Betriebsmitteln/Materialien für den nächsten Arbeitsvorgang akut wird [GROH88, N.N.92c, THUM91, TORM 91, VDI 89] (s. Bild 2.7), d.h. wenn der Lagerbestand an Materialien am Arbeitsplatz einen Mindestbestand unterschritten hat [SCHE90, WILD88] oder wenn die notwendigen Betriebsmittel/Werkstücke am Arbeitsplatz nicht vorhanden sind [GROH88, HÄRD 91]. Dabei wird eine Anforderung an den übergeordneten Rechner, das Leitsystem oder den Materialflußrechner, ausgegeben. Dadurch wird der aktuelle Zustand des Produktionssystems weitgehend berücksichtigt. Wenn der innerbetriebliche Materialfluß in dieser Weise kurzfristig, ohne Vorausplanung gesteuert wird, sind Materialstauungen und -liegezeiten ausgeschlossen. Es muß allerdings damit gerechnet werden, daß es, falls die Anforderung zu spät ausgelöst wird, zu längeren Wartezeiten der anfordernden Maschine kommen kann, da der übergeordnete Rechner erst nach dem Empfang der Materialflußanforderung reagiert. Es kann sogar vorkommen, daß von vielen Arbeitsplätzen gleichzeitig die Anforderungen auflaufen, die sich gegenseitig bedingen oder auf die selben Betriebsmittel/Werkstücke zugreifen, der zuständige Rechner damit überfordert ist bis hin zur Situation, in der jeder Arbeitsplatz auf eine nicht durchführbare Bereitstellung wartet (Deadlock). Die Zeitspanne zwischen Anforderung und Bereitstellung des Materials ist abhängig von der aktuellen Situation im Fertigungs- und Materialflußsystem. Ist eine Versorgung des Arbeitsplatzes im vorgegebenen Zeitrahmen durch das Transportsystem nicht gewährleistet, muß der Termin der Materialanforderung entsprechend vorverlegt werden. Diese Korrektur läuft jedoch der dem Holprinzip zugrundeliegenden Idee zuwider, die eine Anforderung erst bei akutem Material- und Betriebsmittelbedarf vorsieht. Vorteilhaft erweist sich beim Holprinzip die Senkung der an den Arbeitsplätzen vorhandenen Pufferbestände, da nur das benötigte Material umläuft. Durch eine konsequente Umsetzung des Holprinzips wird die Produktion transparenter und somit beherrschbarer. Im Vergleich zum Bringprinzip entsteht aber beim Holprinzip ein höherer Aufwand für die Produktionssteuerung.

Bei den *materialflußgesteuerten* Systemen wird der Fertigungsablauf vom Materialfluß gesteuert (s. Bild 2.7). Es findet weder "Bringen" noch "Holen" statt, weil die Arbeitsgänge an den Arbeitsplätzen nicht vorgeplant und, erst wenn das Material da ist, bekannt sind sowie folglich initiiert werden. Dies erfolgt durch den Einsatz eines programmierbaren mobilen Identifikationssystems [N.N.89, SCHA87, SCHM90b, STEF 90]. Das Prinzip ist vor allem für eine materialflußorientierte Großserienfertigung mit hoher Variantenvielfalt geeignet und wird zunehmend in der Automobilindustrie verwendet. In folgende Betrachtungen werden daher nur die für die Werkstatt- und Gruppenfertigung typischen materialflußsteuernden Systeme mit einbezogen.

2.2.3.2 Optimierungsstrategien

Analog zu der heute üblichen Leittechnik, sind auch in den Materialfluß-Steuerungssystemen die Optimierungsstrategien für die Materialflußauftragsreihenfolge entweder in bedienenden Personen repräsentiert oder in Softwaremodulen implementiert, wo sie kaum ohne Eingriffe in den Quell-Code geändert oder angepaßt werden können [KUHN 91]. In der Praxis hat sich aber gezeigt, daß bisher noch keine Optimierungsstrategie zur Auftragsreihenfolgeplanung verfügbar ist, die in allen Situationen allen anderen Strategien überlegen ist [PLAP92]. Das Spektrum der eingesetzten Strategien reicht von deterministisch orientierten über genetische Algorithmen und "unscharfe Methoden" (Fuzzy) zu wissensbasierten Systemen und erfahrungsgeleiteten Ansätzen [ABLA87, KANE91, MERT92, TAIL90].

Bei der Optimierung der Materialflußauftragsreihenfolge ist die Erwägung aller möglichen Alternativen unter Berücksichtigung der vorgegebenen Restriktionen wegen der Vielzahl an Kombinationsmöglichkeiten in ausreichender Geschwindigkeit im Vergleich zur Dauer eines Materialflußauftrags nicht durchführbar [MERT90, MERT91]. Deswegen wird zur Erstellung der Auftragsreihenfolge meistens die First-In-First-Out-Strategie in Kombination mit weiteren Prioritätsregeln angewandt (Bild 2.8). Dies führt aber nicht immer zur besten Lösung. Es gibt auch Ansätze, eine Methodenbank von Optimierungsverfahren zu benutzen, die so gestaltet ist, daß sich jeweils zwei Verfahren gegenseitig ergänzen, indem zunächst ein einfaches, schnelles Verfahren eine akzeptable Lösung erzeugt, als Basis für ein intelligenteres, aber im Grunde langsameres Verfahren [PLAP92]. Durch dieses zweistufige Vorgehen können wesentlich geringere Rechenzeiten und bessere Ergebnisse erreicht werden. Es gibt allerdings keinen Algorithmus, der besagt, welche Optimierungsstrategie für den jeweiligen Anwendungsfall am besten geeignet ist, sie muß experimentell ermittelt werden. Dabei gibt es große Unterschiede bzgl. der Anforderungen an Optimierungstrategien, die bedingt sind durch das Fertigungsprinzip (Werkstatt-, Inselfertigung etc.), die Fertigungsart (Einzel-, Kleinserien-, Serienfertigung) oder den Automatisierungsgrad (konventionelle, flexible Fertigung), und die ihre Gestaltung wesentlich prägen [SCHE88]. Fest vorgegebene Lösungen werden oft den speziellen Anforderungen eines Unternehmens nicht gerecht [SCHE89].

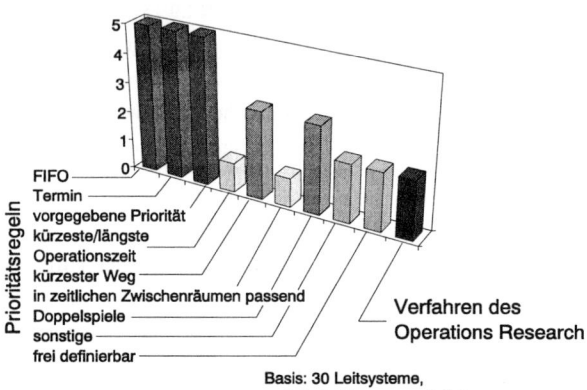

*Bild 2.8:   In der Leittechnik angewandte Strategien zur Optimierung der Materialflußauf-
tragsreihenfolge [IWB 92]*

Die Ergebnisse alternativer Optimierungsstrategien müssen auch verglichen werden, z.B. anhand einer Simulation, über die derzeit aber die wenigsten Steuerungssysteme verfügen [KUHN91, KUPE91]. Für ihren sinnvollen Einsatz ist bei der Materialflußsteuerung der Planungs-Zeithorizont allerdings auch oft zu kurz. Dies zeigt den Bedarf an einer systematischen Auswahl der für das gegebene Produktionssystem geeigneten Optimierungsstrategien auf der Basis von anwenderspezifischen Anforderungen und Bewertung durch Simulationstest schon während der Entwicklung der Materialflußsteuerung.

2.2.4   Bewertung des Ist-Zustands der Aufbau- und Ablauforganisation einer Materialflußsteuerung

Aufgrund der in vorangehenden Kapiteln ausgeführten Analyse läßt sich feststellen, daß der Materialfluß selbst in der rechnerintegrierten Produktion nicht zufriedenstellend organisiert ist, da die vorhandene Aufbau- und Ablauforganisation der Materialflußsteuerung nicht dem anwenderspezifischen Optimum entspricht (Bild 2.9):

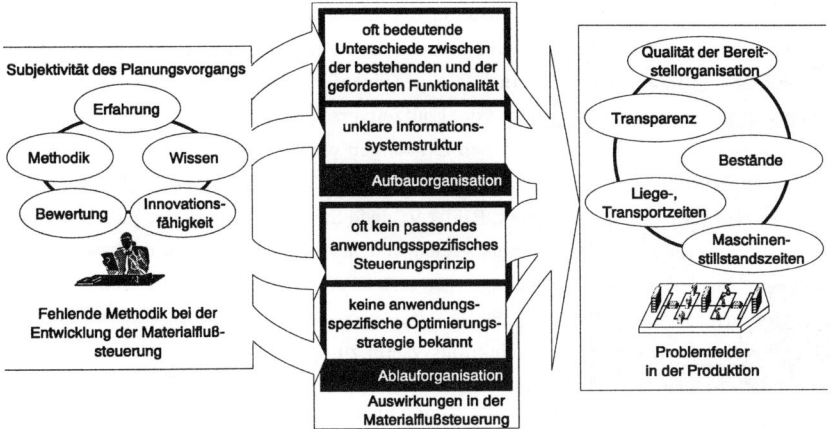

Bild 2.9:   Ist-Situation in der Aufbau- und Ablauforganisation der Materialflußsteuerung

So gibt es *oft bedeutende Unterschiede zwischen der bestehenden und der geforder-ten Funktionalität der Materialflußsteuerung*. Es fehlen z.B. in der Regel die Aufga-ben der Materialflußplanung - der Termin- und Kapazitätsabgleich von Transportsyste-men (s. Kapitel 2.2.2.2). Dadurch ist die simultane Planung und Steuerung aller elemen-taren Produktionsfaktoren, einschließlich des Materialflusses, und damit deren reibungs-loses Zusammenspiel nicht möglich, womit unvermeidlich überhöhte Kosten entstehen [GÖTZ89]. Für die Planung und Steuerung des Materialflusses bestehen auch kaum rechnerverarbeitbare Funktionsmodelle, so daß sie stark durch Intuition und Erfahrung geprägt sind, was bei komplexen, vernetzten Abläufen zunehmend zu Problemen führt. Auch die Aufteilung der Aufgaben der Materialflußsteuerung zwischen verschiedenen Steuerungsinstanzen der Leit- und Prozeßführungsebene, also die *Informationssystem-struktur der Materialflußsteuerung* ist *unklar*, womit die *Transparenz in der Pro-duktion verringert* wird. Obwohl der Trend eindeutig in Richtung einer streng hierar-chischen Struktur geht, die sich durch eine Verteilung der Intelligenz und der Disposi-tionsspielräume auszeichnet, damit das Produktionsgeschehen überschaubar und steuer-bar wird, gibt es kein Konzept, welcher Hierarchieebene welche Aufgabe zugeordnet werden soll [MEIN93]. Die Lösungen für die Aufbauorganisation der Materialflußsteue-rung gehen, wie in Kapitel 2.2.2 dargestellt, weit auseinander und verfügen dabei meistens über eine geringe Flexibilität und eine ungenügende Anpassung an die indi-viduellen Gegebenheiten des betrachteten Produktionsbereichs, da sie eher von beim Anwender vorhandenen Rechnerstrukturen und/oder dem Konzept der Anlagenausrüster als von der Produktionsanlage und -eigenschaften abhängen.

Das Problem bei der Ablauforganisation der Materialflußsteuerung besteht in erster Linie in der *oft unpassenden*, ausschließlichen *Verwendung eines der* in Kapitel 2.2.3.1 beschriebenen *Steuerungsprinzipien*, des vordenkenden Bring- bzw. des reagierenden Holprinzips. Dies kann aufgrund von Laufzeitverschiebungen in der Produktion zu einer Verschlechterung der logistischen Leistungen wie zu *langen Liegezeiten* von Betriebsmitteln/Materialien und damit *hohen Beständen* bzw. zu *langen Stillstandszeiten der* einzelnen *Maschinen* führen (s. Bild 2.9). Jede Strategie - genau wie jede Maschine - hat ihren begrenzten Anwendungsbereich und macht gezielte Auswahl bzw. Substitution bei Änderung der Randbedingungen anstatt *einer unüberlegten Bereitstellorganisation* erforderlich [WARN92]. Es ist falsch nach einem allgemeingültigen Materialflußsteuerungsprinzip für ein Produktionssystem zu suchen, vielmehr können die oben genannten logistischen Leistungen durch ein differenziertes Materialflußsteuerungskonzept optimiert werden, das eine an unterschiedliche Anforderungen verschiedener Teilsysteme eines Produktionssystems an den Materialfluß angepaßte Kombination beider Prinzipien berücksichtigt [GÖTZ89]. Das Ziel der Ablaufgestaltung ist dabei, die einzelnen Aufträge so zu steuern, daß jeder Prozeß seinen Nachfolgeprozeß ohne Zeitverzug und ohne Pufferbestand beliefert. Solch ein umfassendes Konzept besteht allerdings derzeit noch nicht. Darüber hinaus ist unbekannt, zu welchem Anteil das jeweilige Prinzip enthalten werden soll, um einen optimalen Materialflußablauf für ein bestimmtes Produktionssystem zu erreichen. Weiterhin werden anwendungsspezifisch *unterschiedliche Optimierungsstrategien* zur optimalen Steuerung des Materialflusses benötigt (s. Kapitel 2.2.3.2).

Die Anwendungsnähe der Aufbau- und Ablauforganisation einer Materialflußsteuerung ist entscheidend bei der Beurteilung, ob ein System für den Anwender einen Nutzen bringt. Die speziellen Bedürfnisse eines Anwenders müssen berücksichtigt werden, damit das Produktionsgeschehen optimal geplant und gesteuert werden kann [REIS91]. Die erforderliche Bestimmung eines der Anlage, dem Fertigungstyp und -ablauf sowie der Firmenphilosophie entsprechenden Materialfluß-Steuerungssystems existiert aber noch nicht. Die Erkenntnis ist genauso überraschend wie ernüchternd: eine *Methodik* bei der Entwicklung einer Materialflußsteuerung *fehlt*. Es existiert keine abgesicherte Vorgehensweise bei der Auslegung der Aufbau- und Ablauforganisation einer Materialflußsteuerung, es liegen auch keine Konventionen vor, mit denen verschiedene Konzepte als richtig oder falsch einzustufen wären, vielmehr wird dies heute im wesentlichen durch die *Subjektivität* des dafür zuständigen Planers geprägt (s. Bild 2.9):

Legt man die Beschreibung des Layouts und der Funktionsweise eines Produktionssystems mehreren Ausrüstern, Transportsystemherstellern oder Steuerungssoftwareanbie-

tern mit dem Ziel vor, eine angepaßte Aufbau- und Ablauforganisation der Materialflußsteuerung zu konzipieren, so kann man feststellen, daß die Anzahl der präsentierten
Lösungen der Anzahl der angefragten Ausrüster mindestens gleich ist [MEIN92]. Für
den Anwender selbst ist diese Aufgabe in der Regel kein sich kontinuierlich wiederho-
lender, sondern eher ein einmaliger Vorgang, so daß davon ausgegangen werden kann,
daß er wenig *Wissen* und *Erfahrung* auf diesem Gebiet besitzt und somit Schwierigkei-
ten hat, ein anwendungsgerechtes und vollständiges Anforderungsprofil für die Materialflußsteuerung zu erstellen. Bei den Ausrüstern fehlt dagegen oft die *Innovationsfähig-
keit*: die Materialflußsteuerung wird zwar meist an die bestehende Produktionssteuerung, aber oft aufgrund der Anwendung von Standardlösungen unzureichend an die
materialflußbezogenen Spezifika der Produktionsabläufe angepaßt. Und an der unzu-
reichenden Anpassungsfähigkeit marktgängiger Systeme an die individuellen betriebli-
chen Gegebenheiten scheitert häufig die Einführung rechnerunterstützter Steuerungssysteme [NIET91]. Weiterhin ist jede vom Planer getroffene Entscheidung, da selten
auf einer *Methodik* basierend, in einzelnen Schritten nur schwer nachvollziehbar. Folglich sind eine Überprüfung, ob die vom Planer zusammengestellten Daten vollständig
erfaßt und richtig verknüpft wurden, sowie eine *Bewertung* unterschiedlicher Lösungsansätze für den Anwender mithin schwierig, wenn nicht sogar unmöglich [MEIN92].

Um dies zu ändern, wird als Basis für eine optimierte Steuerung des Materialflusses
in der Produktion ein Planungswerkzeug in der Planungsphase von Produktionsanlagen
benötigt, das den Planer beim Auslegen eines anwenderspezifischen Konzeptes der Materialflußsteuerung, in dem sich die Unternehmensspezifika widerspiegeln, unterstützt.

2.3 Planung und Entwicklung einer Materialfluß-Steue-rungssoftware

Zukunftsweisende Planungsmethoden für die Materialfluß-Steuerungssoftware setzen
eine systematische Softwareentwicklung voraus [ADIG89]. Im folgenden werden daher
die dazu bestehenden Ansätze und rechnergestützen Hilfsmittel neben der von VDI
empfohlenen Vorgehensweise bei der Planung einer Materialflußsteuerung und den
dafür eingesetzten rechnergestützten Hilfsmitteln dargestellt.

2.3.1 Systematische Softwareentwicklung

Die Ausführungen im Kapitel 2.2 haben ergeben, daß sich erst durch die Individualisierung der Materialflußsteuerung das im Materialfluß liegende Rationalisierungspotential
voll ausschöpfen läßt. Aus diesem Grund gehört die starre *Standard-Anwendungssoft-*

ware der Vergangenheit an. Die Sicherheit in dieser Prognose beruht auch auf dem Analogieschluß aus der übrigen Industrielandschaft: die Softwareindustrie muß ihre Produkte ebenfalls den Kundenwünschen immer stärker, konsequenter und weitergehender anpassen, da eine Anpassung des Unternehmens an die starre Standard-Software oft entschieden teuerer und unverständlicher ist, als umgekehrt zu verfahren [SAUE92]. Jedes in der Praxis auftretende Materialflußsteuerungsproblem hat seine spezifischen Charakteristika. Auch bei ähnlichen Grundfunktionen der Steuerung ist für die einzelne Anwendung in den Details der Produktionsorganisation eine Anzahl von Unterschieden zu berücksichtigen. Ziel sollte es daher sein, das Materialfluß-Steuerungssystem individuell mit den jeweils zu berücksichtigenden Problemspezifika und entsprechenden Lösungsmöglichkeiten unter Beteiligung des Anwenders auszustatten. Somit steht den Vorteilen der Standardsoftware wie hohe Qualität und geringere Anschaffungskosten der Nachteil gegenüber, daß zur individuellen Softwaregestaltung für einen Anwender Anpassungen notwendig sind, die noch überwiegend durch Programmodifikationen durchgeführt werden (Bild 2.10) [LIEB89, MERT92].

Die individuelle Entwicklung der Materialflußsteuerung führt dagegen direkt zu *maßgeschneiderten, anwendungsorientierten Systemen*, jedoch werden meist wesentliche Aspekte der Softwareentwicklung, beispielsweise Wartbarkeit, Erweiterbarkeit und Übertragbarkeit vernachlässigt [MERT92]. Die Qualität der Einzellösung kann nur schwer sichergestellt werden. Die Kosten sind hoch. Insgesamt ist die individuelle Lösung mit einem hohen Risiko bzgl. Kosten, Entwicklungsdauer sowie Funktionalität für den Entwickler und den Anwender verbunden (s. Bild 2.10) [LIEB89, MERT92].

Kriterien		Einzelentwicklung	Standardlösung
Kosten		sehr hoch	gering
Zeitaufwand		sehr hoch	gering
Qualität	Nutzung	hoch	begrenzt
	Software	oft fehleranfällig	geringer Fehlerbestand
Individualität		hoch	nicht individuell, Anpassungen nötig

Bild 2.10: Vergleich von Einzelentwicklungen und Standardlösungen der Steuerungssoftware (nach [MERT92])

Da sowohl bei starren Standards als auch bei individueller Software gravierende Nachteile vorliegen, gewinnen zur wirtschaftlich optimalen Anpassung an die Aufgabenstellung aus der Sicht der Entwicklung und Wartung *individuell anpaßbare bzw. konfigurierbare Standardprodukte* einen klaren Vorteil [BULL92, IWB 91, MAI 92b, REIS91, SCHW91]. Eine solche Ausrichtung der Softwareanbieter zeigen auch die Trends der zukünftigen Entwicklungen im Bereich der Leittechnik (Bild 2.11), mit dem Schwerpunkt auf einer effizienten Wiederverwertbarkeit von Software-Bausteinen über diverse Anwendungsfälle hinweg. Basis eines solchen Vorgehens sollte ein Softwarekern mit einer breiten Funktionalität sein; diese ist dann entsprechend dem jeweiligen Anwendungsfall problemspezifisch auszustatten. Wichtiges Kennzeichen dieser Architektur ist der modulare Aufbau, wobei alle Systemmodule klar definierte Schnittstellen haben [GÖTZ92, IWB 91, KOHE86, THUM91, WECK91c]. Hiermit können die Vorteile einer individuell gestalteten mit denen einer Standardlösung verbunden werden [MERT92]:

- Produktcharakter, d.h. vorgefertigte, kaufbare Lösungen

- individuelle Gestaltung eines Systems

- Flexibilität und Erweiterbarkeit

- ausreichendes Angebot an Lösungen zu einzelnen Aufgaben

- geringer Aufwand und Kosten.

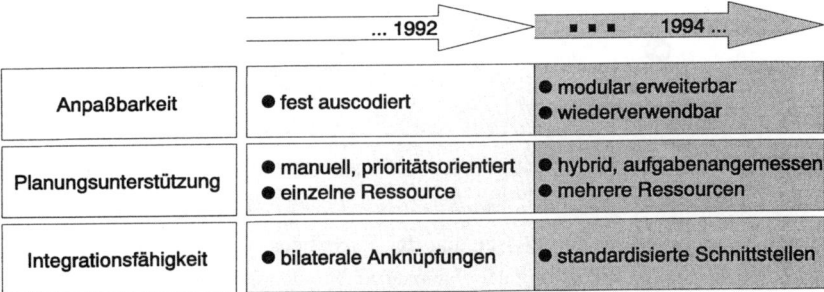

Bild 2.11: Trends bei der Entwicklung der Leittechnik (nach [BULL91])

Die Individualisierung der Software wird durchgeführt, indem entweder vorgefertigte Software-Bausteine individuell konfiguriert werden oder eine gegebene Funktionalität an der Oberfläche (Maske) durch Ausblenden oder Maskenaufbau variiert wird [BULL 92, REIS91, SAUE92]. Beide Formen erfordern vom Anpassenden Verständnis oder Wissen über die sachlichen Zusammenhänge beim Anwender.

2.3.2 Vorgehensweise bei der Planung einer Materialflußsteuerung

2.3.2.1 Planungsstufen der Materialflußsteuerung

Wie oben beschrieben, ist die Materialflußsteuerung mit der Produktionssteuerung zu synchronisieren. Daher ist sie weder in der Planung noch in der Durchführung klar und scharf von der Produktionssteuerung, der Materialbeschaffung oder von den eigentlichen Produktionsvorgängen zu trennen [VDI 89]. Die Funktionen beeinflussen sich stets gegenseitig.

Die Planung der Materialflußsteuerung wird gemäß der VDI-Richtlinie 3961 in fünf Stufen unterteilt (Bild 2.12), die immer gesamtheitlich durchlaufen werden müssen [VDI 89]:

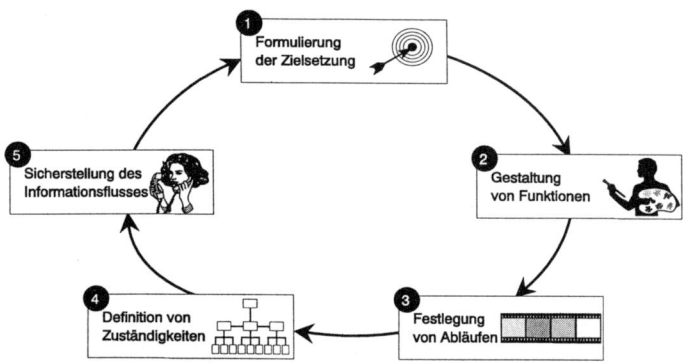

Bild 2.12: Vorgehensweise bei der Planung der Materialflußsteuerung (nach [VDI 89])

1. **Die Formulierung der Zielsetzung des Vorhabens**, wie z.B. Verminderung der Kapitalbindung, Verkürzung der Durchlaufzeiten oder schnellere Reaktion auf Abweichungen und Störungen (Erhöhung der Produktivität), bestimmt die Ziele, die durch die Materialflußsteuerung erreicht werden sollen.

2. **Die Gestaltung von Funktionen** legt eine durchgängige Materialflußsteuerungsfunktionalität fest, die alle Funktionen der logistischen Kette zusammenwirken lassen muß.

3. **Die Festlegung von Abläufen** im Materialfluß nimmt eine zentrale Position ein, da sie im Spannungsfeld der konkurrierenden Ziele, wie z.B. niedriger Fertigungsumlauf gegen exakte Liefertermineinhaltung oder kundenauftragsbezogene Ferti-

gung gegen gleichmäßige Auslastung von Personal und Betriebsmitteln, steht. Hierzu ist es entscheidend, sinnvolle Steuerungsstrategien zu definieren.

4. **Die Definition von Zuständigkeiten,** um den Ablauf sicherzustellen, sowie

5. **die Sicherstellung des Informationsflusses** beinhalten im wesentlichen die Festlegung der Informationssystemstruktur und die Verteilung der im Punkt 2 definierten Funktionen auf verschiedene Systeme der Materialflußsteuerung. Die individuell zugeschnittenen Informationssysteme sollen dafür sorgen, daß die richtige Information, egal ob Papier oder EDV, zum richtigen Zeitpunkt am richtigen Ort ist.

Dies ist ein iterativer Prozeß, da sich die Stufen 2 bis 5 gegenseitig beeinflussen, um das gemeinsame Ziel (Stufe 1) zu erreichen. Die Logik dieser Planung ist anwendbar sowohl für einen Teilbereich als auch für das gesamte Produktionssystem.

Eine funktionelle Analyse und die dann folgende Planung der Materialflußsteuerung (im Zusammenhang mit den anderen Komponenten) liefern den Weg für die technische Lösung, setzen allerdings einen relativ großen Planungsaufwand voraus. Es muß dabei besonders auf eine lückenlose Verknüpfung des Material- und Informationsflusses geachtet werden [VDI 89]. Bei der Durchführung von Projekten im Bereich der Materialflußsteuerung ist daher, genauso wie in allen anderen Automatisierungsprojekten, eine

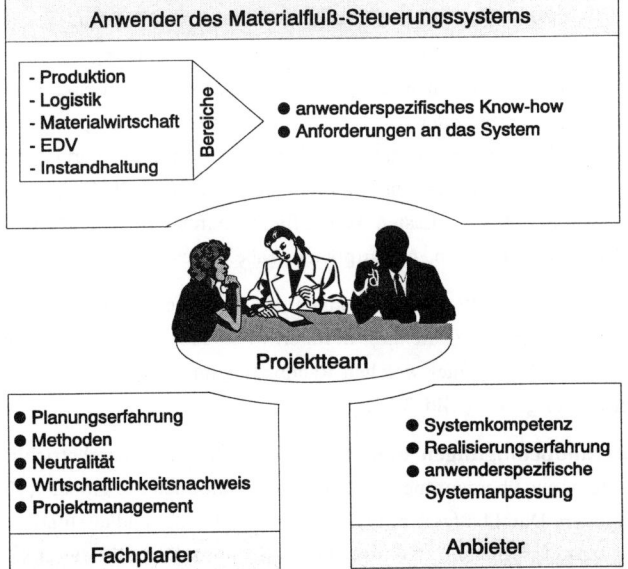

Bild 2.13: Zusammensetzung des Materialflußsteuerungs-Projektteams (nach [SCHÖ92])

enge Zusammenarbeit zwischen dem Anwender und dem Anbieter über alle Projektphasen eine wichtige Voraussetzung zum Gelingen des Projektes (Bild 2.13). Gerade in den Frühphasen des Projektes, bevor Kontakt zu Anbietern aufgenommen wird, ist aber ebenfalls Fachkompetenz im Hinblick auf Eigenschaften des Materialfluß-Steuerungssystems gefragt. Da beim Anwender hierzu, wie schon erwähnt, wenig oder keine Erfahrungen vorliegen, wird oft ein neutraler Fachplaner hinzugezogen, der als integraler Bestandteil des Planungsteams herstellerneutrale Fachkompetenz bezüglich des Anforderungsprofils einer Materialflußsteuerung beisteuert (s. Bild 2.13) [SCHÖ92]. In Kombination mit dem anwenderinternen Wissen um Produktionsbelange können so die anwenderseitige Anforderungen an das Materialfluß-Steuerungssystem kompetent formuliert werden.

2.3.2.2 Erstellung des Lasten- und Pflichtenheftes

Meist ergeben sich allerdings in der Zusammenarbeit zwischen dem Anwender und dem Anbieter bereits aus der Ausgangssituation heraus eine Reihe von Zielkonflikten [SCHÖ 86]. Die Aufgaben liegen oft nur als nur vage und nicht eindeutige Formulierung globaler Ziele vor. Häufig ist es dann so, daß der Anwender mit dem Projektfortschritt lernt und bereits definierte Aufgaben ändern und erweitern möchte oder daß er in der Meinung, die Kosten dadurch einschränken zu können, auf die erforderliche, genaue Analyse der Voraussetzungen verzichtet. Weitere Probleme können sich in der Realisierungsphase ergeben, wenn bestimmte Gerätevoraussetzungen oder Durchführungsmethoden vorgeschrieben werden. Auch kann der Anwender bestimmte Bedingungen vorgeben, die technisch nur schwer zu realisieren sind. Alle diesen Konflikte sollten möglichst früh erkannt werden, um sie begrenzen oder gar beseitigen zu können. Am Beginn jeder Konzeption einer Materialflußsteuerung soll daher als Basis für die Projektbearbeitung eine gegenständliche oder funktionale Systembeschreibung stehen [DANI84]. Derzeit sind solche Beschreibungen in Form von Lasten- bzw. Pflichtenheften vorhanden, die eine Mischung von verbalen Beschreibungen, Ablaufplänen, Tabellen etc. sind [DANG91b].

Die Zusammenstellung aller Anforderungen des Auftraggebers hinsichtlich Liefer- und Leistungsumfang wird als *Lastenheft* definiert [VDI 91b]. Im Lastenheft wird beschrieben WAS, WOFÜR und unter welchen Randbedingungen zu lösen ist. Dies betrifft bei den Steuerungsaufgaben (Bild 2.14):

- **Einsatzrandbedingungen und Zielsetzung**: In einer innerbetrieblichen Diskussion werden aus übergeordneten Managementwünschen die globalen Ziele quantitativer (kürzere Durchlaufzeiten, geringere Bestände u.ä.) und qualitativer Art (bessere Transparenz, Information, Koordination u.ä.) formuliert, die die erwarteten Ergebnisse bzw. den erwarteten Nutzen beschreiben [NEFF92, SCHÖ86].

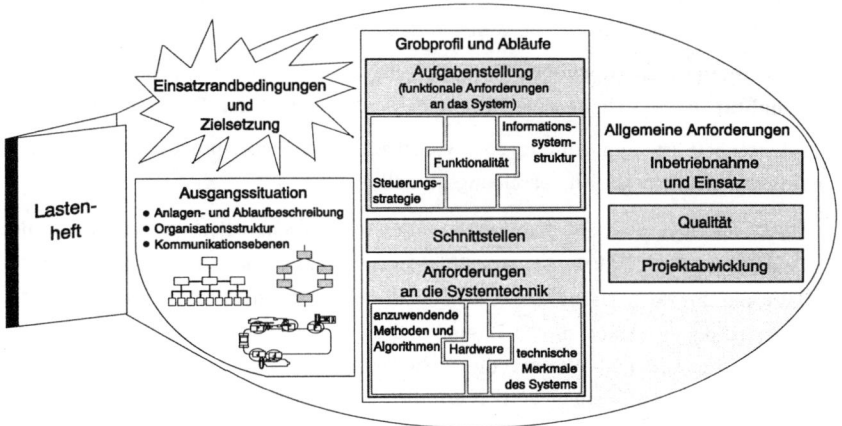

Bild 2.14: Aufbau eines Lastenheftes für die Steuerungssoftware

- **Ausgangssituation**: Die Ist-Analyse des vorliegenden Produktionsprozesses stellt die Basis für die Erarbeitung des Soll-Konzeptes in seiner funktionalen und informationstechnischen Ausprägung dar. Die wesentlichen Techniken zur Erhebung der Ist-Aufnahme sind: Unterlagenstudium, Fragebogen, Interview, Konferenz, Beobachtung und Selbstaufschreibung [NEFF92]. Welche dieser Techniken letztendlich angewandt werden, hängt von den vorhandenen Unterlagen und den zu untersuchenden Funktionsbereichen ab.

- **Soll-Konzept bezüglich der Aufgabenstellung, der Schnittstellen und der Anforderungen an die Systemtechnik**: Hier soll vor allem die Philosophie der Aufbau- und Ablauforganisation der Materialflußsteuerung aus der Sicht des Anwenders entwickelt werden, deren sorgfältige Beschreibung Voraussetzung für einen fehlerfreien Systementwurf und schließlich für die turbulenzfreie Abnahme und Inbetriebnahme des Systems ist. Hierbei sollte eine hierarchische Strukturierung der Aufgaben der Materialflußsteuerung berücksichtigt werden, während die funktionelle Beschreibung der Aufgaben nur soweit erfolgt, daß ihre Wirkungen nach außen eindeutig festgelegt sind und der für die Softwareentwicklung noch bestehende Freiraum nicht unnötig eingeengt wird [SCHÖ86, ZWIT85]. Aus der Beschreibung der Aufgabenstruktur und der Schnittstellen des Systems wird während der Entwicklung die Modul- und Programmstruktur abgeleitet [ZWIT85]. Im weiteren ist die Arbeitsweise der über-, neben- und untergeordneten Systeme bestimmt. Daraus wird später die Datenstruktur abgeleitet. Das Lastenheft hält auch fest, unter welchen

Bedingungen das System arbeiten soll, also eine physikalische Umgebung (Hardwarekonzept, Betriebssystem, Softwarestandards).

- **Allgemeine Anforderungen bezüglich der Inbetriebnahme, des Betriebs, der Qualität** der zu erstellenden Steuerungssoftware **sowie der Projektabwicklung.**

Das Lastenheft ist vom Auftraggeber vollständig und wiederspruchsfrei zu erstellen und dient vor allem als Ausschreibungsgrundlage.

Das *Pflichtenheft* wird als Beschreibung der Realisierung aller Anforderungen des Lastenheftes definiert [VDI 91]. Im Pflichtenheft werden die Anwendervorgaben detailliert und die Realisierungsanforderungen, dabei zusätzlich zum Aufbau des Lastenheftes noch die systemtechnische Lösung und die Systemtechnik, beschrieben. Hierbei wird definiert WIE und WOMIT die Anforderungen zu realisieren sind. Das Pflichtenheft wird vom Auftragnehmer, falls erforderlich unter Mitwirkung des Auftraggebers, erstellt. Der Auftragnehmer prüft bei der Erstellung des Pflichtenheftes die Widerspruchsfreiheit und Realisierbarkeit der im Lastenheft genannten Anforderungen. Das Pflichtenheft bedarf der Genehmigung durch den Auftraggeber, wonach es zum Vertragsbestandteil für die Realisierung und Abwicklung des Projektes wird [SCHÖ86, VDI 91b, ZWIT85]. Diese Kunden-Lieferanten-Beziehung kann extern oder unternehmens-intern zwischen verschiedenen Abteilungen bestehen [ZWIT85].

2.3.3 Rechnergestützte Hilfsmittel für die Planung und Entwicklung einer Materialfluß-Steuerungssoftware

Ein Lastenheft für die Steuerungssoftware dient als Grundlage für die Herstellerangebote. Je eindeutiger und sorgfältiger es formuliert ist, je besser die zugrunde liegenden Informationen sind, desto qualifizierter und damit vergleichbarer werden die eingehenden Angebote sein [SCHÖ92]. Ein sorgfältig und lückenlos erstelltes Lastenheft vermeidet Reibungsverluste zwischen Anbieter und Anwender in der Planungs- und Realisierungsphase und erhöht die anforderungsgerechte Qualität der Systemspezifikation [SCHÖ92]. Es fehlt jedoch eine geeignete Vorgehensweise, die es ermöglicht, vollständige und widerspruchsfreie Lastenhefte für die anwenderspezifische Materialfluß-Steuerungssoftware schnell und kostengünstig zu erstellen. Im industriellen Bereich gibt es in diesem Zusammenhang höchstens Musterlasten- bzw. -pflichtenhefte (s. z.B. [HOFF91]), allerdings ohne Bezug auf die anwenderspezifischen Charakteristika. Im Hochschulbereich konnten dagegen die nachfolgenden Ansätze zur systematischen, rechnerunterstützten Planung und Entwicklung der Produktions- bzw. Materialfluß-Steuerungssoftware gefunden werden (Bild 2.15). Dabei wird jedoch nur ein Aspekt, nämlich die Bestimmung der Aufbauorganisation des Steuerungssystems und deren Umsetzung in die Software betrachtet.

		Planung		Entwicklung	
		Leitsystem inkl. Materialfluß-steuerung	Materialfluß-steuerung	Leitsystem inkl. Materialfluß-steuerung	Materialfluß-steuerung
	Aufbau des Produktions-system-Modells	IPA, 1987		Kohen, 1986 ISW, 1991	IML, 1993
Aufbauorganisation	Funktionalität		Dangelmaier, 1991	Kohen, 1986 ISW, 1991 Nietsch, 1991 IML, 1994	IML, 1993
	Informations-systemstruktur & Funktionalität	Ochs, 1989 Frey, 1992			
	Ablauf-organisation				

Bild 2.15: Systematisierung der Arbeiten auf dem Gebiet der Planung und Entwicklung einer Materialfluß-Steuerungssoftware

So wurde am Fraunhofer-Institut für Produktionstechnik und Automatisierung (IPA) in Stuttgart das Planungswerkzeug "FLIRT" (Funktionsmodell für Lastenhefte zur Integration von Rechnern in der Teilefertigung) zur Leittechnikplanung entwickelt, das die Ermittlung eines detaillierten Anforderungsprofils in bezug auf die bereitzustellenden Leittechnikfunktionen für flexible Produktionssysteme ermöglicht [WARN87a]. Hierbei wird ein Funktionsmodell des zu steuernden Produktionssystems erstellt, in dem seine Aufbau- und Ablauforganisation in sehr detaillierter Form durch die Erfassung und Beschreibung aller denkbaren Bearbeitungs- und Materialflußabläufe, deren Schnittstellen und Wechselwirkungen untereinander sowie aller zur Funktionsdurchführung benötigten Ein- und Ausgabeinformationen strukturiert werden. Dieses Modell dient als anwenderspezifisches Anforderungsprofil, auf dessen Basis die Leittechnikanbieter in der Lage sind, ein Angebot sowie das Pflichtenheft zu erarbeiten. Hierbei werden allerdings die Aufbau- und Ablauforganisation der Leittechnik nicht spezifiziert: mit der rechnerunterstützten Generierung des Produktionssystem-Modells ist damit nur der erste Schritt der methodischen Planung der Steuerungssoftware getan. In einem weiteren Schritt wurde am IPA eine Richtlinie für die Inhalte der einzelnen Kapitel eines vollständigen Lastenheftes für die Fertigungsleittechnik erstellt [STEI91].

In [OCHS89] wurde dann noch ein weiterer Schritt in der Richtung der rechnerunterstützten Konfiguration der Leittechnik flexibler Produktionssysteme vorgenommen, indem für diese Aufgabe ein wissensbasiertes Werkzeug erarbeitet und eingesetzt wurde. Dabei wird die komplette Aufbauorganisation, jedoch nicht die Ablauforganisation betrachtet. Ausgehend von der Beschreibung der Ausgangssituation - der maschinenbaulichen Komponenten sowie der möglichen Funktionen und Abläufe innerhalb eines flexiblen Produktionssystems - wird in einem ersten Schritt die erforderliche Informationssystemstruktur definiert. Als nächstes werden die im Rahmen der Leittechnik auszuführenden Funktionen, einschließlich der Steuerung des Transportsystems, unter Berücksichtigung der Kriterien Preis und Verfügbarkeit bestimmt. Hierbei werden ebenfalls die Informationen festgelegt, die zur Erfüllung der Steuerungsaufgabe benötigt bzw. bei deren Ausführung erzeugt werden. Das Ergebnis dieser Phase, das man als herstellerunabhängiges Anforderungsprofil - Lastenheft - der Aufbauorganisation der Leittechnik bezeichnen kann, bildet die Eingangsinformation für die zweite Phase, in der geeignete Betriebsmittel, also Rechnerhardware, Kommunikationseinrichtungen etc., ausgewählt und zu dem gesamten Steuerungslayout konfiguriert werden. Diese zweite Phase ist nicht mehr Bestandteil der in [OCHS89] behandelten Planungsaufgaben, wird aber in [EDER94] erarbeitet.

In [FREY92] wurde ebenfalls eine Systematik zur methodischen Planung lediglich der Aufbauorganisation einer Leitsystemsoftware für flexible Produktionssysteme erarbeitet, mit dem Ziel, die Funktionen, einschließlich der Materialflußsteuerung, innerhalb eines modular strukturierten Leitsystems zu verteilen und einen optimal auf den Anwendungsfall abgestimmten bzw. den Zielsetzungen der Planung entsprechenden Systementwurf zu erzeugen. Dafür wird auf der Basis eines Ansatzes zur objektorientierten Modellierung des Produktionssystems ein integriertes Systemmodell entwickelt, in dem sich die Anforderungen der Anlage und des Produktionsspektrums an die Leittechnik abbilden lassen. Darauf aufbauend werden alternative, hierarchisch strukturierte und/oder verteilte Leitsystemmodelle entwickelt, die zur Spezifikation der Leittechnikfunktionalität herangezogen werden. Mittels einer Bewertungssystematik wird aus den Lösungsalternativen die optimale Lösung ermittelt, dabei werden jedoch die dynamischen Eigenschaften des Systems nicht untersucht.

Die beiden letztgenannten Arbeiten weisen auf das relativ komplexe Problem hin, geeignete Bewertungsregeln zu formulieren, die eine zielgerichtete Lösung der betrachteten Aufgabe erlauben würden. Dieses Problem ist der wesentliche Grund dafür, daß sich die meisten rechnerunterstützten Lösungen in diesem Bereich ausschließlich auf die Entwicklung der Software beschränken. Die Planungsphase wird hierbei auf die Beschreibung der Funktionalität durch den Planer beschränkt, die er auf der Basis seiner Erfahrung, unter Berücksichtigung des Produktionssystemlayouts, der Bearbeitungsaufgabe, der Unternehmensstruktur und der anwenderspezifischen Wünsche vornimmt. Alle bestehenden, im folgenden beschriebenen Konzepte sind also durch die fehlende anwenderspezifische Spezifikation, Untersuchung und Optimierung der Effizienz der Ablauforganisation gekennzeichnet. Auch eine systematische Bestimmung der Informationssystemstruktur fehlt.

So beschreibt Kohen ein Konzept der adaptierbaren Steuerungssoftware für flexible Produktionssysteme, in dem sich die Konfiguration der anwenderspezifischen Software in drei Phasen vollzieht [KOHE86]. Nachdem der Softwareanbieter in der ersten Phase die Steuerungsfunktionen sowie bestimmte Kenndaten des Produktionssystems ermittelt hat, beinhaltet die zweite Phase die Parametrierung, in der die zuvor festgelegten Kenndaten per Bildschirmdialog dem Rechner mitgeteilt werden. Diese Informationen dienen zum einen dazu, eine Auswahl aus vorgefertigten Funktionsmodulen zu treffen und damit die eigentliche Steuerungssoftware zu generieren, und zum anderen, werden sie von den Funktionsmodulen als Parameter benutzt. In der dritten, der Software-Generierungsphase wird die Software fertiggestellt und zur Verifikation der Richtigkeit des Funktionsumfangs sowie zur Gewährleistung der Fehlerfreiheit mit Hilfe der Simulation getestet. Wenn notwendig, werden für bisher nicht berücksichtigte Funktionen und Anwenderwünsche die Softwaremodule ergänzt bzw. neu entwickelt.

Das Institut für Steuerungstechnik der Werkzeugmaschinen und Fertigungseinrichtungen (ISW) in Stuttgart entwickelte ein Leitsystem, das allgemein verwendbar sowie schnell und einfach an die anlagenspezifischen Gegebenheiten anpaßbar ist. Die Adaption läuft dabei in zwei Stufen ab: erstens, beim Softwareerstellungsprozeß mittels Beeinflussung des Quellprogramms und Anschließung spezifischer Module sowie zweitens, zur Laufzeit durch den Zugriff auf die Konfigurationsdatenbasis, die eine konkrete Anlage durch ihre Struktur, Eigenschaften, Parameter und die zum Einsatz kommenden Steuerungsstrategien beschreibt [CUSS91, HÄRD91].

Am Institut für Wirtschaftsinformatik der Universität Münster wurde ein Anpassungstool entwickelt, mit dessen Hilfe die objektorientierte Leitsystemsoftware an die individuellen Bedürfnisse der einzelnen Unternehmen angepaßt wird und fortgeschrittene Anwender einfache Individualanpassungen selbst vornehmen können [NIET91].

Am Fraunhofer-Institut für Materialfluß und Logistik (IML) in Dortmund ist eine standardisierte Leittechniksoftware-Entwicklungsumgebung entstanden, die es ermöglicht, die Software durch die Auswahl und das Kopieren der sich in einer Datenbank befindenden Bausteine anwendungsspezifisch zu konfigurieren sowie mit Hilfe eines Testtools nach möglichen Fehlerquellen zu untersuchen [DECH94]. Auch die fehlenden Bausteine können in dieser Entwicklungsumgebung effizienter konstruiert werden.

Die beiden einzigen konkret auf die Materialflußsteuerung ausgerichteten Lösungen berücksichtigen neben der Aufbau- auch die Ablauforganisation, allerdings nur, indem diese durch den Planer anhand seiner Erfahrung, jedoch nicht aufgrund einer objektiven, systematischen Vorgehensweise spezifiziert werden kann. Das eine, ebenfalls am IML entwickelte System beschränkt sich dabei auf einen weitgehenden Aufbau der Materialflußsteuerung aus bestehenden Komponenten und eine formale Spezifikation der Topologie sowie der Strategien [BÜCH93]. Dagegen stellt die zweite Lösung ein simulationsbasiertes Instrumentarium dar, das eine Verifikation der Steuerungslogik, die auch hier lediglich über Entscheidungstabellen vom Planer vorgegeben wird, im Simulationssystem erlaubt [DANG91b]. Die Daten- und die Benutzeoberflächenbeschreibung sowie das Schnittstellenkonzept werden über Benutzerführung definiert. Ein Programmgenerator erzeugt daraufhin die entsprechenden Programme. Über ein Testmodul wird das Steuerungsprogramm auf sein Laufzeitverhalten geprüft und diesbezüglich optimiert. Mit diesem Werkzeug können die Ergebnisse einer Materialflußplanung automatisch in die Steuerungssoftware der bestmöglichen bzw. vorgegebenen Rechnerkonfiguration umgesetzt werden, nur noch ein Schritt fehlt: die anwenderspezifische, optimale Ablauforganisation systematisch zu bestimmen.

2.3.4 Bewertung des Ist-Zustands der Planung und Entwicklung einer Materialfluß-Steuerungssoftware

Wie in der Fertigungsindustrie müssen in der Softwareindustrie klare Konstruktionsrichtlinien für große Projekte entwickelt werden. Aber Werkzeuge zur Unterstützung disziplinierten Vorgehens fehlen. Die Softwareproduktion ist heute im Vergleich zur industriellen Fertigung methodisch und systematisch noch nicht auf industriellem Niveau angelangt. Die Anwendungsentwickler arbeiten zumeist noch auf der Basis eines mehr oder weniger guten Lasten- bzw. Pflichtenheftes, das häufig nur einen summarischen Anforderungskatalog darstellt, anstatt eine die gegenseitigen Abhängigkeiten aufzeigende Soll-Analyse, aus der erkennbar ist, warum was wofür und in welchen Zusammenhängen zu konstruieren ist [REIS91]. Der Softwarelebenszyklus zeigt, daß sich Fehler im Pflichtenheft sehr unliebsam bemerkbar machen (Bild 2.16). Die sicherste Methode, um nicht erst am Ende des Projektes die Fehler zu entdecken, die ganz am Anfang gemacht wurden, ist daher ein sorgfältig erarbeitetes Lasten- und Pflichtenheft [ZWIT85]. Strukturiertes Vorgehen unter Einbeziehung des beim Anwender vorhandenen Potentials an Fachwissen und Engagement kann die Planung und Realisierung einer komplexen Anlage wie eines Materialflußsystems und dessen Steuerung schneller und einfacher zum Erfolg führen.

Obwohl VDI-Richtlinien eine systematische Vorgehensweise bei der Planung der Materialflußsteuerung vorschreiben (s. Kapitel 2.3.2) und es auch ausgereifte Ansätze zur systematischen Softwareentwicklung gibt (s. Kapitel 2.3.1), wird jedoch kein Weg zur Auswahl der optimalen anwenderspezifischen Aufbau- und Ablauforganisation einer Materialflußsteuerung vorgegeben. Somit kommt zu den *hohen Softwarekosten* und *langen Softwareentwicklungszeiten* auch eine *unzureichende Qualität der Steuerungssoftware* hinzu

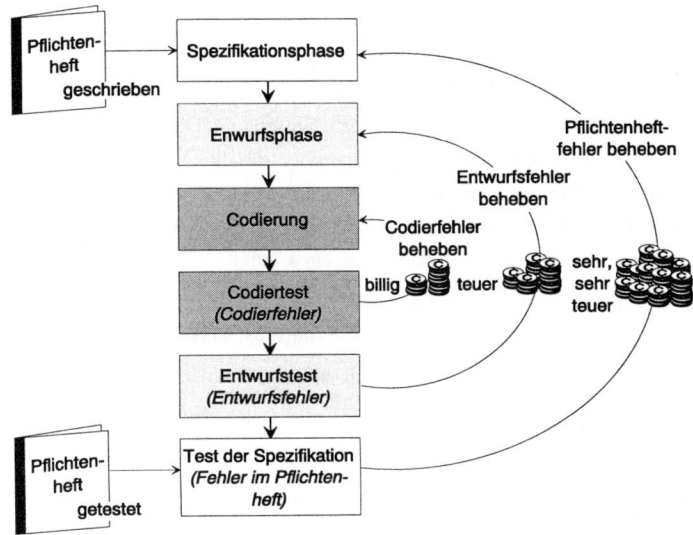

Bild 2.16: Auswirkung der Fehler im Softwarelebenszyklus (nach [ZWIT85])

(Bild 2.17). Zur Lösung dieses Problems bietet sich der Einsatz rechnerunterstützter Werkzeuge an [BRIN90]. Die in Kapitel 2.3.3 vorgestellten Systeme zur Planung und Entwicklung der Materialfluß-Steuerungssoftware stellen aber *keine passende Plattform* zur Verfügung, da sie zwar zum Teil über ein Konzept zur Bestimmung der anwenderspezifischen Aufbauorganisation, aber über keines für die Ablauforganisation verfügen. Sie ermöglichen in der Regel eine effiziente Softwarekonfiguration, es kann jedoch nicht davon ausgegangen werden, daß mit ihrer Hilfe eine Materialflußsteuerung konzipiert wird, die eine wirtschaftliche Organisation des Materialflusses gewährleistet.

2.4 Fazit

Die Ausführungen in Kapitel 2 ergeben, daß die derzeitige Situation auf dem Gebiet der Materialflußsteuerung durch verschiedene Problembereiche charakterisiert ist (s. Bild 2.17), die ausführlich in Kapiteln 2.2.4 und 2.3.4 angesprochen wurden.

Um zukünftig eine wirtschaftliche Entwicklung leistungsfähiger Materialflußsteuerungen zu ermöglichen, soll zur Erstellung individueller Materialfluß-Steuerungssysteme eine geeignete Entwicklungsplattform in Form eines durchgängigen, problemangepaßten und umfassenden Planungssystems zur Verfügung gestellt werden. Im einzelnen hat dieses Planungssystem folgende Zielsetzung:

- konsequente Erarbeitung der Aufbau- und Ablauforganisation der Materialflußsteuerung, die Schwachstellen aufdeckt, deren Beseitigung auch ohne spätere Rechnerlösung eine Verbesserung bringen würde

- Erhöhung der Qualität der zu treffenden Entscheidungen bzgl. der Aufbau- und Ablauforganisation der Materialflußsteuerung, da durch die Unterstützung einer systematischen Planungsvorgehensweise der subjektive Einfluß des Planers, seines aktuellen Kenntnis-/Ausbildungsstandes sowie der Rechnerstruktur des Anwenderunternehmens, wesentlich verringert werden kann

- Erhöhung der Effizienz der Ingenieursarbeit durch die rechnergeführte Planung der Aufbau- und Ablauforganisation der Materialflußsteuerung

- Reduzierung der Software-Entwicklungszeiten und -kosten

- Schaffung eines problemlosen Übergangs von der Entwicklung zur Durchführung der Materialflußsteuerung und damit Verringerung der Inbetriebnahmezeiten

- Ableitung von Systembeschreibungen für weitere Anwendungen aus gespeicherten Vorlagen vorhandener Steuerungssysteme (Zurückgreifen auf "Standardlösungen").

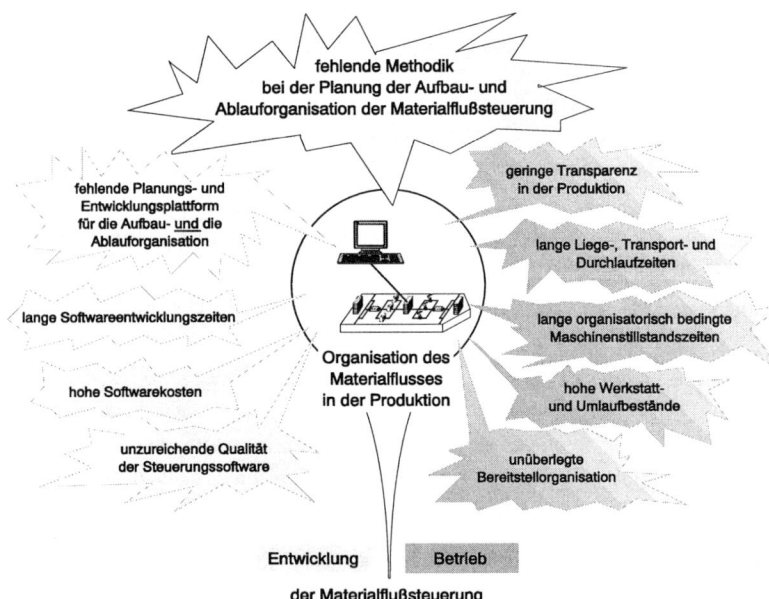

Bild 2.17: Problembereiche auf dem Gebiet der Materialflußsteuerung

3 Anforderungen an ein Planungssystem für die Aufbau- und Ablauforganisation einer Materialflußsteuerung

Im folgenden soll das Anforderungsprofil des für die Aufbau- und Ablauforganisation einer Materialflußsteuerung zu entwickelnden Planungssystems erarbeitet werden, mit dem die in Kapitel 2 aufgeführten Ziele erfüllt werden können.

3.1 Benutzerfreundlichkeit

Die Qualität der Benutzerfreundlichkeit des Planungssystems wird durch folgende Aspekte bestimmt (Bild 3.1):

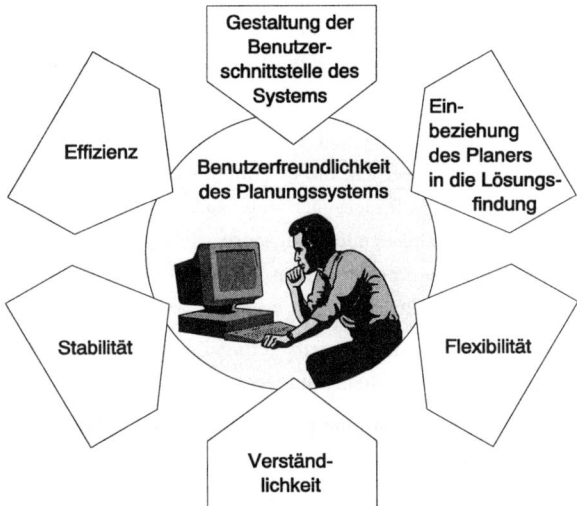

Bild 3.1: Qualität der Benutzerfreundlichkeit des Planungssystems

• Die *Gestaltung der Benutzerschnittstelle des Systems* ist aus Benutzersicht ein bedeutender Faktor für seine Akzeptanz. Funktionen und Benutzeroberfläche des Systems sollen sich an der Vorgehensweise der Planer orientieren und den Komfort einer Benutzerführung über Menüs anbieten [BULL92, WARN87b]. Die für die Akzeptanz mitentscheidende Frage ist die Nachvollziehbarkeit und in diesem Zusammenhang die Konzeption der Schnittstelle zur Darstellung des Planungsergebnisses. Bei der Wahl einer grafischen Darstellungsform ist es naheliegend, sich der Darstellungstechnik zu bedienen, die bei der manuellen Bearbeitung des Problems auch verwendet wird. Die Berücksichtigung software-ergonomischer Erkenntnisse und Standards ist in diesem Zusammenhang unumgänglich, wobei es wichtig ist, daß die Benutzung verschiedener Systeme während der Planung möglichst einheitlich erfolgt.

- Der Rechner kann die zur Verfügung stehenden Informationen nicht bewerten, weil er kein Bewußtsein besitzt [WARN92]. Er kann also den Fachmann nicht ersetzen, sondern ihn nur beim Suchen und Verknüpfen von Informationen unterstützen. Folglich ist der qualifizierte und in seiner Kreativität geförderte Planer als Know-how-Träger der beste Garant für die Qualität der erstellten Lösung. Es muß daher möglich sein, sowohl automatisch planen zu können, als auch *den Planer in die Lösungsfindung miteinzubeziehen*, indem ihm ermöglicht wird, die vom Rechner erzeugten Lösungen interaktiv zu modifizieren. Dabei wird der Planer durch die Planungsschritte geführt, wobei er auf ihm gestellte Fragen Musterantworten zur Auswahl bekommt. Die gewählte Anwort wird ausgewertet und die nächste zu stellende Frage ermittelt.

- Durch strenge Modularisierung soll eine hohe *Flexibilität* des zu entwickelnden Planungssystems erreicht werden, die es ermöglicht, für einzelne Anwendungsfälle die Anpassung an neue Anforderungen durchzuführen, indem bisher nicht berücksichtigte Fertigungsprinzipien oder Transportsystemtypen integriert sowie die zur Auswahl stehenden Steuerungsprinzipien, Informationssystemstrukturen und Funktionsumfang der Materialflußsteuerung erweitert werden.

- Verständlichkeit bedeutet, daß nur ein geringer Aufwand für Einarbeitung in die sachgerechte Nutzung des Systems aufgebracht werden muß.

- Die *Stabilität* bezieht sich auf eine geringe Ausfallwahrscheinlichkeit des Systems bei Eingabedaten- und Bedienfehlern.

- Unter *Effizienz* wird die Nutzungseffizienz - soweit möglich geringe Belastung des Planers bei Vorbereitung, Durchführung und Nachbearbeitung des Planungsvorgangs - sowie die Rechnereffizienz - geringe Inanspruchnahme von Speicherplatz, Rechenzeit, peripheren Geräten, Leistungen des Betriebssystems - verstanden.

3.2 Berücksichtigung aller Einflußgrößen auf die Aufbau- und Ablauforganisation einer Materialflußsteuerung

Entsprechend der Literatur müssen mehrere Faktoren im Planungsprozeß einer Materialflußsteuerung berücksichtigt werden [CZEG87, KLOS91a, KLOS91b, KOHE86, SCHÖ92, VDI 91a], da sie ihre Struktur und den Funktionsumfang bzw. die anzuwendende Steuerungsstrategie beeinflussen (in der Literatur werden allerdings keine Angaben über die Art des Zusammenhangs gemacht). Auf dieser Basis sowie aufgrund eigener Analysen konnten die Einflußgrößen auf die Auslegung einer Materialflußsteuerung, die in Kapitel 4 detailliert beschrieben werden, festgelegt und folgendermaßen klassifiziert werden (Bild 3.2):

- *Fertigungsprinzip* sowie

- *Fertigungsart* des betrachteten Produktionssystems

- *Anlageneigenschaften* wie das Layout, Art und Anzahl der Arbeitsstationen, Größe und Zugriffsart der Lager und Puffer, Verkettung der Anlagenkomponenten - Art und Anzahl der Transportsysteme und der dazugehörigen Transportmittel

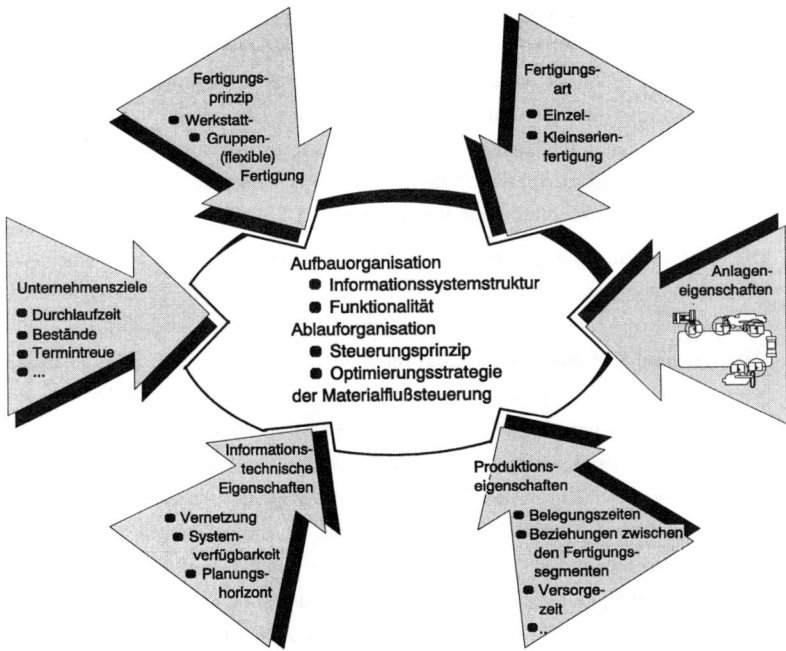

Bild 3.2: *Einflußgrößen auf die Aufbau- und Ablauforganisation der Materialflußsteuerung*

- *Produktionseigenschaften* wie Bearbeitungsaufgabe (Produktspektren und Fertigungsverfahren, Losgröße, Reihenfolge sowie Belegungszeiten bzw. Zeithorizont der Arbeitsvorgänge, Transportaufgabe - Werkstück-/Betriebsmittelfluß im System) und materialflußspezifische Angaben (Beziehungen zwischen den Fertigungssegmenten, neben den zu transportierenden Mengen auch die zeitliche Verteilung der Transportaufträge)

- *informationstechnische Eigenschaften* wie die Vernetzung (Schnittstellen zu anderen Rechnern der Produktionssteuerung, System-/Bedienerschnittstelle, Gerätesteuerungen), der Planungshorizont der einzelnen Ebenen der Informationssystemstruktur, die dadurch erforderliche Verarbeitungsgeschwindigkeit sowie die Systemverfügbarkeit, für die u.a. die Anzahl von zu koordinierenden Programmen durch ein Softwarepaket (Leitsystem, Materialflußrechner) maßgebend ist

- *Unternehmensziele*: Entscheidend für die Planung und Nutzung aller Informationssysteme sind die unternehmensspezifischen kritischen Erfolgsfaktoren. Der Einsatz von Informationssystemen darf nicht nur als Reaktion auf sich aus den Funktionsbereichen des Unternehmens ergebenden Anforderungen abgeleitet werden, sondern muß auch die aus den Vorgaben der strategischen Unternehmensplanung resultierenden Aufgaben berücksichtigen [GÖTZ89, SCHM92, VDI 89]. Die Formulierung der Ziele der Materialflußsteuerung soll daher in Abstimmung mit den Unternehmenszielen erfolgen, die quantitativ und qualitativ Ergebnisse und Sollgrößen definieren. An eine Zielformulierung werden Anforderungen gestellt, daß die Ziele bedeutsam, erreichbar, spezifisch und meßbar, untereinander konsistent sein müssen und eine Herausforderung darstellen müssen [VDI 91a].

  Die Wirtschaftlichkeit der rechnerintegrierten Produktion wird u.a. von Faktoren beeinflußt wie Flexibilität, Nutzungsgrad und Produktivität, Fertigungssicherheit, Termintreue und Lieferzeiten, die die Umrüstkosten und den Restwert, die Herstell-, Personal- und Wartungskosten, Konventionalstrafe bzw. Umsatz, Erlös und Gewinn beeinflussen [RALL91]. Das ist ein wichtiger Grund, um diese Faktoren als Unternehmensziele bei der Planung der Materialflußsteuerung zu berücksichtigen. Außerdem kann seitens der Materialflußsteuerung Einfluß auf folgende Unternehmensziele genommen werden: Kapitalbindung, Kapazitätsauslastung, Planungsrisiken sowie Planungs- und Steuerungsaufwand, Investitionskosten. Das Zielsystem eines Unternehmens faßt mehrere Einzelziele zusammen. Da zwischen den Zielen oft eine Abhängigkeit besteht, ist nach der Zielauswahl eine Verträglichkeitsprüfung erforderlich [VDI 91a]. Eine Optimierung des Zielsystems kann nur durch eine Abschätzung von Vor- und Nachteilen erfolgen.

Als Vorbereitung zur Planung der Aufbau- und Ablauforganisation der Materialfluß-steuerung sollen die Daten bezüglich aller Einflußgrößen erfaßt werden, was in der Regel recht schwierig ist. Die Daten müssen vollständig vorhanden und sollten so exakt und aktuell wie möglich sein. Dafür ist die genaue Erfassung und Verdichtung der planungsrelevanten und nicht die unkoordinierte Erfassung aller möglichen Daten anzustreben [VDI 91a].

3.3   Systematische Planungsvorgehensweise

Obwohl der Begriff des Planens häufig mit Begriffen wie Intuition, Kreativität, Fin-gerspitzengefühl u.ä. assoziiert wird, läßt sich doch bei näherer Betrachtung feststellen, daß systematisches Planen aus überwiegend vordefinierten Handlungsfolgen besteht, in denen der kreative Aspekt zwar nicht eliminiert, aber nur noch an ganz definierten Punkten relevant ist [OCHS89]. Dabei ist es bei der jeweiligen Planungsaufgabe möglich, sich wiederholende und damit in gewisser Weise allgemeingültige Vorgehens-weisen zu abstrahieren, die durch folgende Planungsstufen abgedeckt werden:

- Was soll erreicht werden? Welche Daten werden dazu gebraucht? (Aufgabenstellung)

- Wie können die gestellten Ziele erreicht werden? (Synthese)

- Erfüllen die Lösungsvorschläge die Anforderungen? (Analyse)

- Welche Alternative ist die beste? (Bewertung).

Daraus ergibt sich, daß bei der Planung der Aufbau- und Ablauforganisation der Materialflußsteuerung in einem Produktionssystem folgende Tätigkeiten durchzuführen sind (Bild 3.3):

- **Modellaufbau**: Um die Entscheidungen bezüglich der Aufbau- und Ablauforganisa-tion der Materialflußsteuerung qualifiziert fällen zu können, ist eine Voraussetzung, daß die verschiedenen, in großer Menge vorhandenen Daten, die dafür benötigt werden, zu Informationen verdichtet werden. Um diese strukturiert erfassen und darstellen zu können, ist ein umfassendes, problemangepaßtes Modell des betrach-teten Produktionssystems aufzubauen, das die in Kapitel 3.2 aufgeführten Einfluß-größen beinhaltet. Das Modell soll so exakt wie nötig, so einfach wie möglich und allgemeingültig anwendbar sein. Da die gestellte Aufgabe die Abbildung technischer Systeme mit komplexen Strukturen und vielfältigen Beziehungen erfordert, die zudem in mehreren Varianten auftreten können, besteht die Hauptproblematik darin, ein Modell zu entwickeln, in dem alle vorkommenden Fälle abgebildet werden können.

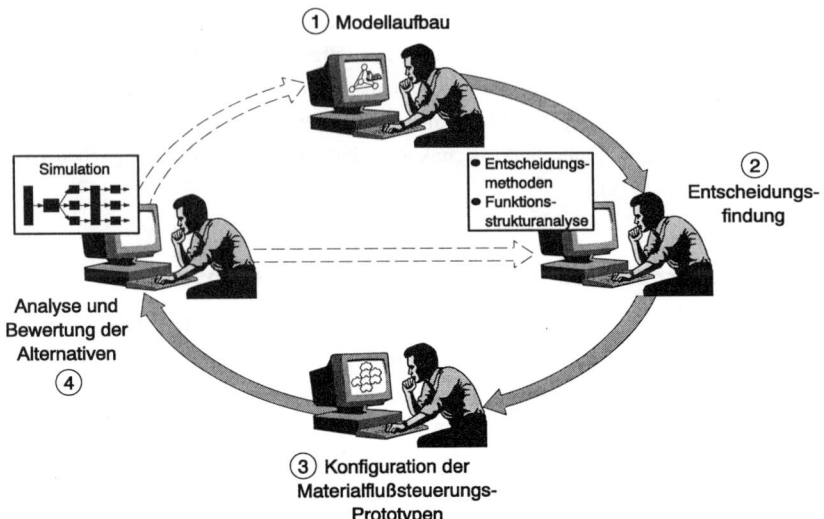

① Modellaufbau

Simulation

● Entscheidungs-
methoden
● Funktions-
strukturanalyse

② Entscheidungs-
findung

Analyse und
Bewertung der
Alternativen
④

③ Konfiguration der
Materialflußsteuerungs-
Prototypen

*Bild 3.3:   Durchzuführende Tätigkeiten bei der Planung der Aufbau- und Ablauforgani-
sation der Materialflußsteuerung*

- **Entscheidungsfindung**: Nach der Informationsbeschaffung gilt es, dem System-
benutzer Entscheidungsgrundlagen in aufbereiteter Form zu präsentieren [EVER90].
Dazu sind Methoden zu algorithmieren oder in Form von Regeln vorzusehen, die
eine systematische Ableitung der für das gegebene Produktionssystem besten Entscheidung bezüglich der Aufbau- und Ablauforganisation der Materialflußsteuerung
ermöglichen. Dabei werden die optimale Informationssystemstruktur und die Funktionalität der Materialflußsteuerung sowie das Materialflußsteuerungsprinzip und
die Optimierungsstrategie festgelegt (s. Bild 2.4). Neben der Ermittlung der Ent-
scheidungsmethoden muß als Basis für die Bestimmung der Funktionalität eine
Funktionsstrukturanalyse durchgeführt werden, deren wesentliches Merkmal die
sachlogische, von der historisch gewachsenen Zuordnung zu Organisationseinheiten
losgelöste Gliederung der Funktionen und deren Ziel, die Funktionen der Materialflußsteuerung für den Anwendungsfall vollständig zu ermitteln, ist.

Das Ziel der Entscheidungsfindung ist, die Planungsgenauigkeit beim reduzierten
Planungsaufwand zu erhöhen. Ihr Ergebnis soll ein Lastenheft sein, das die Aufbau-
und Ablauforganisation der Materialflußsteuerung beschreibt.

- **Konfiguration des Systems** im Sinne von Rapid Prototyping der Software ist
anschließend notwendig, um dem Planer bzw. dem Anwender zu ermöglichen, sich

bereits in einem frühen Entwicklungsstadium mit der Arbeitsweise des entsprechend dem vorhin erstellten Lastenheft zu entwickelnden Materialfluß-Steuerungssystems zu konfrontieren. Das bedeutet, daß man möglichst schnell zu einem lauffähigen System gelangt, das zumindest in seinen Grundfunktionen den ersten Vorstellungen entspricht. Dieser Prototyp dient dann als Ausgangsbasis für die Implementierung des Gesamtsystems. Im Rahmen der Planung lassen sich damit Lösungsalternativen schnell konzipieren und analysieren. Solch eine automatisierte Planung der Steuerungssoftware setzt allerdings die Modularität und damit die weitestgehend freie Konfigurierbarkeit der Systemkomponenten voraus [OCHS89].

- **Analyse und Bewertung von Alternativen** erfolgen in praktischen Anwendungen nahezu immer mit einer gewissen Unsicherheit. Der Fall, daß zur Entscheidung eine Bewertungsfunktion herangezogen werden kann, die ein quantitatives Maß für die Güte einer Alternative liefert, ist nicht gegeben. Ein sinnvolles Instrument, um Alternativlösungen ohne langwierige Praxisversuche direkt und objektiv auf ihre Wirkung hin zu überpüfen und zu vergleichen, und das in verschiedenen Systemsituationen, ist die Simulation [CZEG87, WARN87b]. Sie kann eventuelle Planungsfehler unmittelbar aufzeigen, besser als abstrakte Zahlen die verschiedenen Systemzustände anschaulich demonstrieren und dem Planer eine schnelle Übersicht über das dynamische Verhalten des Systems geben. Nicht zu unterschätzen ist die damit entstehende Möglichkeit, dem Anwender den Materialflußablauf noch während der Planungsphase allgemeinverständlich darzustellen und unterschiedliche Steuerungskonzepte durch Demonstration der Alternativen am Bildschirm zu begründen.

  Falls eine Alternative unzufriedenstellend ist, kann in der Entscheidungsfindung eine neue Alternative erzeugt werden (s. Bild 3.3). Falls keine der Alternativen den Anwenderanforderungen entspricht, sollen die Daten im Modell des betrachteten Produktionssystems überprüft werden (s. Bild 3.3).

Das zu entwickelnde Planungssystem soll also durch die aufgeführten Tätigkeiten die Entscheidungsunterstützung bei einer Anpassung der Materialfluß-Steuerungssoftware schaffen, die in ihrem Lebenszyklus in folgenden Fällen erforderlich wird [LOCH91]:

- die erstmalige Implementierung der Software im Betrieb, d.h. die Anpassung auf die individuellen Belange, z.B. an die Anlagentopologie oder die Unternehmensziele

- die Anpassung der Software auf veränderte Unternehmensziele, die durch veränderte Marktsituationen jederzeit auftreten können, und

- Änderungen oder Erweiterungen z.B. durch Modifikation der Produktion.

3.4   Integrationsfähigkeit

Das Planungssystem wird in die Prozeßkette der Planung der Produktionsanlagen und
des dazugehörigen Material- und Informationsflusses eingeordnet (Bild 3.4). Es muß
so konzipiert sein, daß es in den Informationsfluß in diesem Bereich integriert werden
kann. Diese Integration hat zum Ziel zum einen eine Erhöhung der Planungsqualität
und Verringerung der Planungszeit bei der Planung der Aufbau- und Ablauforganisation
der Materialflußsteuerung und zum anderen eine Erhöhung der Softwarequalität und
Verringerung der Entwicklungszeit bei der bevorstehenden Entwicklung des Planungssystems selbst. Daraus folgend ergeben sich zwei Aspekte, die bei der Entstehung des
Planungssystems berücksichtigt werden sollten (s. Bild 3.4).

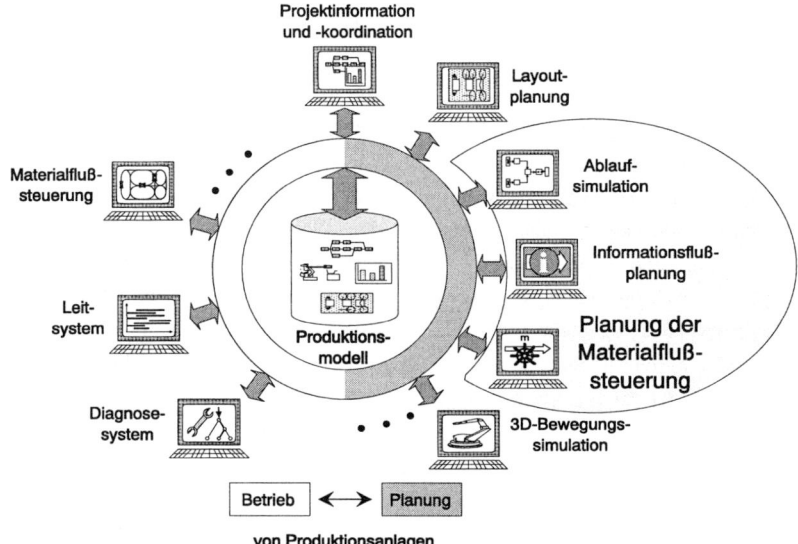

Bild 3.4:   Integrationsaspekte des zu entwickelnden Planungssystems

Der erste Aspekt betrifft den Aufbau des dem Planungssystem zugrunde liegenden
Datenmodells. Um dabei eine Aufwandsminimierung zu gewährleisten, auch für alle
anderen Systeme für die Planung und den Betrieb von Produktionsanlagen, muß das
langfristige Ziel die Realisierung eines zentralen Produktionsmodells sein, auf das jedes
System zugreifen kann. Dieses Modell umfaßt die notwendigen Informationen zur
Herstellung eines Produktes mit entsprechenden Produktionsmitteln (vgl. [AMAN94]).
Dadurch kann die wiederholte, oft mühsame Erfassung sowie Generierung und Haltung
von Grunddaten vermieden werden, d.h. einmal generierte Daten können in nachfol-

genden Schritten sowohl im Planungs- als auch im Produktionsbereich weitergenutzt werden. Hiermit vermindert sich ebenfalls die Anfälligkeit für Eingabefehler, woraus eine höhere Zuverlässigkeit des Informationsflusses entsteht. Da aber jedes System eigene Sichtweise auf die Modelldaten besitzt, ist es empfehlenswert, um die Komplexität beherrschbar zu behalten, ein lokales Modell im jeweiligen System zu benutzen, das bei der Abbildung einer konkreten Anwendung auf die im zentralen Modell bestehenden Daten zurückgreift. Falls solch ein zentrales Produktionsmodell im Unternehmen nicht existiert, müssen die Daten manuell eingegeben werden.

Der zweite Aspekt bezieht sich auf die Tatsache, daß man nicht alle *Komponenten*, die die Tätigkeiten des Planungssystems unterstützen, vollständig neu entwickeln muß, sondern man soll auf die existierenden Systeme soweit möglich zurückgreifen. Dadurch können neben der Entwicklungszeit ebenfalls die Entwicklungskosten gespart werden. Außerdem wird dadurch auf der bei der Entwicklung dieser Systeme entstandenen Erfahrung aufgebaut, so daß sich immer wiederholende Entwicklungsfehler vermieden werden können. Es handelt sich dabei konkret um ein Ablaufsimulationssystem [AMAN94], das zur Analyse und Bewertung der Lösungsalternativen des Planungssystems die Testumgebung schafft, allerdings an die Anforderungen des Planungssystems angepaßt werden muß (s. Kapitel 5.4), sowie um ein Informationsflußplanungssystem [EDER94], das die im Rahmen der Konfiguration des Materialfluß-Steuerungssystems notwendige Softwareinstallation auf den ausgesuchten Rechnern vornimmt.

4 Das der Planung der Aufbau- und Ablauforganisation einer Materialflußsteuerung zugrundeliegende Datenmodell

Bei der Analyse der Produktions- und Materialflußabläufe wurden Einflußgrößen auf die Aufbau- und Ablauforganisation eines Steuerungssystems für den innerbetrieblichen Materialfluß der Werkstatt- und Gruppenfertigung ermittelt (s. Kapitel 3.2), die entsprechend den in Kapitel 3 gestellten Anforderungen bei der Planung anwendungsspezifischer Materialflußsteuerungen zu berücksichtigen sind. Dazu werden sie zu einem umfassenden Datenmodell der Produktionssysteme, in denen die Materialflußsteuerung eingesetzt wird, zusammengefaßt. Die Konzeption dieses Modells ist Voraussetzung für die rechnerunterstützte Planung der Aufbau- und Ablauforganisation einer Materialflußsteuerung [KELL 91].

In diesem Kapitel werden die einzelnen Komponenten des Datenmodells vorgestellt und die Art ihres Einflusses auf die Aufbau- und Ablauforganisation der Material-

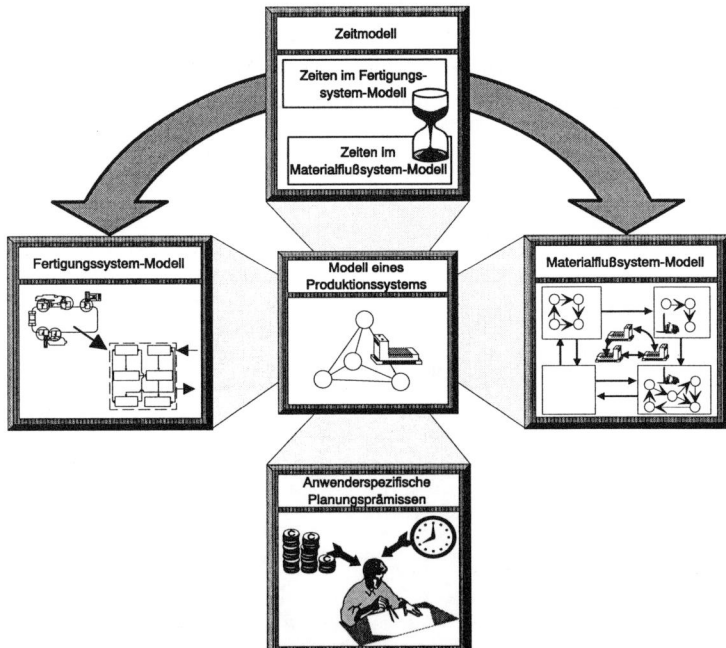

Bild 4.1:   Datenmodell eines Produktionssystems

flußsteuerung kurz charakterisiert. Die Komponenten des Datenmodells beinhalten zunächst nur die zur Planung der Materialflußsteuerung benötigten Datenelemente. Die Wechselbeziehungen zwischen den Komponenten, die die Summe der Datenelemente in ein Datenmodell integrieren, werden erst durch den Planungsvorgang hergestellt. Entsprechend wird dieser integrierende Teil des Datenmodells durch die Art und Weise, wie das Datenmodell in die Planung einbezogen wird und sich darauf auswirkt, detailliert im Rahmen der Beschreibung der Planungsmethoden (Kapitel 5) ausgeführt.

4.1   Komponenten des Datenmodells

Im Datenmodell werden die einflußnehmenden Eigenschaften des Fertigungs- und Materialflußsystems als Bestandteile des Produktionssystems sowie das den Materialfluß bestimmende Zeitverhalten beider Systeme abgebildet. Dazu werden ein Fertigungs- und ein Materialflußsystem-Modell aufgebaut, die durch ein Zeitmodell verknüpft sind (Bild 4.1). Diese drei Komponenten des Datenmodells stellen eine objektive Beschreibung des Produktionssystems dar, die durch die Unternehmensziele um subjektive, anwenderspezifische Planungsprämissen vervollständigt wird (s. Bild 4.1).

4.2   Fertigungssystem-Modell

Das Fertigungssystem-Modell wird durch die Fertigungsumgebung und -anlage sowie spezifische, für die Materialflußsteuerung relevante Kenngrößen beschrieben (Bild 4.2).

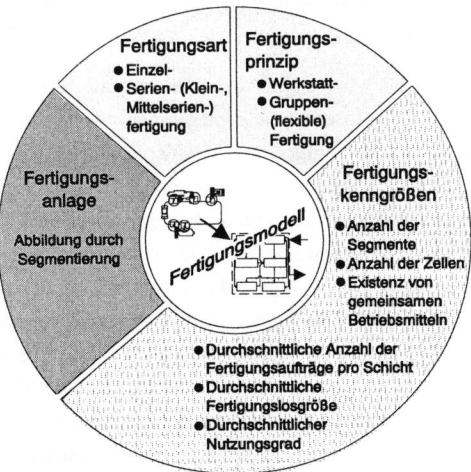

Bild 4.2:   Modell des Fertigungssystems

**Das der Planung der Aufbau- und Ablauforganisation einer
Materialflußsteuerung zugrundeliegende Datenmodell**

Unter *Fertigungsumgebung* werden dabei die räumlichen und zeitlichen Randbedingungen verstanden, unter denen ein für die Lösung einer Fertigungsaufgabe geeignetes Fertigungsverfahren zum Einsatz kommt [NABE91]. Sie wird durch das Fertigungsprinzip und die Fertigungsart beschrieben.

4.2.1 Fertigungsprinzip

In diesem Kapitel wird auf die für die Aufbau- und Ablauforganisation der Materialflußsteuerung relevanten Charakteristika der einzelnen Fertigungsprinzipien eingegangen. Die Beschreibung des in einer Fertigung umgesetzten *Fertigungsprinzips* erfolgt anhand der Beweglichkeit der Elemente und ihrer räumlichen und organisatorischen Zuordnung sowie anhand des zu fertigenden Teilespektrums [EVER89, NABE91]. Grundlegende Fertigungsprinzipien sind Werkstatt-, Fließ-, Gruppen- und Baustellenfertigung, wobei sich die Arbeit auf die Werkstatt- und die Gruppenfertigung beschränkt. Die flexible Fertigung ist als ein der Gruppenfertigung zugeordnetes Fertigungskonzept mit hohem Automatisierungsgrad anzusehen [EVER89, SIMO89].

In der *Werkstattfertigung* werden Bearbeitungsmaschinen gleichen Fertigungsverfahrens zu einer räumlichen und organisatorischen Einheit zusammengefaßt (z.B. Dreherei oder Fräserei) [EVER89]. Ein Fertigungsauftrag durchläuft die Werkstätten nach der im Arbeitsplan vorgegebenen Reihenfolge, wobei eine Werkstatt wiederholt durchlaufen werden kann. Charakteristisch in bezug auf die Materialflußsteuerung sind die hohe Losfrequenz, die langen Übergangs- und damit Durchlaufzeiten sowie die hohe Anzahl der Transporte zwischen den einzelnen Werkstätten [MILB91b]. Der Materialfluß muß dabei einen wahlfreien Transport zwischen den Werkstätten ermöglichen [EVER89].

Die *Gruppenfertigung* ist gekennzeichnet durch die räumliche und organisatorische Zusammenfassung verschiedener Bearbeitungsmaschinen mit ungerichtetem Materialfluß, die in ihrer Gesamtheit zur vollständigen Herstellung gleicher oder gleichartiger Werkstücke geeignet sind, wobei in Abhängigkeit vom Automatisierungsgrad unterschiedliche Fertigungskonzepte (z.B. Fertigungsinseln - ohne, Fertigungssysteme - mit automatisiertem Materialfluß) zum Einsatz kommen können. Dadurch werden die Übergangszeiten zwischen den Arbeitsvorgängen erheblich gesenkt und somit die Durchlaufzeit im Vergleich zur Werkstattfertigung stark verkürzt. Innerhalb der Maschinengruppen ist der Materialfluß variabel, im übergeordneten Zusammenhang des gesamten Fertigungsbereichs wird die Maschinengruppe als Einheit betrachtet [EVER89]. Der externe Materialfluß beschränkt sich lediglich auf die Belieferung und den Abtransport vom bzw. zum Rohteil-, Zwischen- oder Fertigteillager. Der interne Materialfluß läßt sich einfacher überblicken und beherrschen und erlaubt die Realisierung von gruppenspezifisch optimierten Transportsystemen.

In einem *flexiblen Fertigungssystem* (FFS) werden numerisch gesteuerte Bearbeitungsmaschinen zusammengefaßt, die gleiche oder sich ergänzende Bearbeitungen meist an einer Produktgruppe durchführen und durch ein Transport- und Lagersystem miteinander verkettet sind [EVER89, VDI 90]. Grundsätzlich können verschiedene Losgrößen in beliebiger Reihenfolge durch das FFS laufen, wobei der Materialfluß (Werkstücke, Werkzeuge, gegebenenfalls Spann-, Meß- und Prüfmittel) automatisiert ist und eine wahlfreie, taktungebundene Verkettung der einzelnen Bearbeitungsmaschinen ermöglicht [EVER89, VDI 90].

Das Fertigungsprinzip besitzt einen direkten Einfluß auf die Aufbauorganisation der Materialflußsteuerung - die Informationssystemstruktur - und einen indirekten Einfluß auf die Ablauforganisation - das Materialflußsteuerungsprinzip. Aus der Maschinenanordnung, die durch das Fertigungsprinzip beschrieben ist, kann auf die im Produktionssystem zurückzulegenden Transportwege und die damit verbundenen Transportzeiten geschlossen werden, die die Bestimmung des Materialflußsteuerungsprinzips beeinflussen.

4.2.2 Fertigungsart

Die *Fertigungsart* ergibt sich aus der zu fertigenden Stückzahl bzw. der zeitlichen Struktur der Fertigung, d.h. der Reihenfolge und der Zuordnung der entsprechenden Zeitanteile des Auftragsdurchlaufs im Produktionsprozeß [BÜDE91, EVER89, NABE91]. Grundlegende Fertigungsarten sind Einzel-, Serien- (Klein-, Mittel-, Großserien-) und Massenfertigung. Diese Arbeit beschränkt sich auf die Fertigungsarten der Werkstatt- und Gruppenfertigung - die Einzel- und Kleinserienfertigung [WÖHE90].

Bei *Einzelfertigung* wird ein Produkt mit einer Auflagenhöhe um eins nach Kundenauftrag hergestellt. Auffallend ist die Einmaligkeit des Produktionsprozesses, der sich jedoch nach einer Unterbrechung durchaus zu einem späteren Zeitpunkt wiederholen kann [BIEN84].

Unter *Serienfertigung* wird die ununterbrochen aufeinanderfolgende Herstellung einer bestimmten Menge (Los) eines Produktes verstanden. Hinsichtlich der Kriterien Auflagenhöhe und Wiederholungsgrad wird eine weitere Unterscheidung in Groß- und Kleinserienfertigung vorgenommen, wobei die *Kleinserienfertigung* die Auflegung bestimmter Produktarten nur von Zeit zu Zeit und in kleineren oder mittleren Serien umfaßt.

Die Einzel- und Kleinserienfertigung werden von häufigem Auftragswechsel mit einer dementsprechenden Änderung der Arbeitsvorgangsfolge und von quantitativen wie qualitativen Leistungsreserven bestimmt, um auf Änderungen im Produktspektrum, in den Stückzahlen oder Bearbeitungsverfahren reagieren zu können [EVER89]. Der Materialfluß muß hier also in erster Linie auf größtmögliche Flexibilität ausgelegt werden.

Das der Planung der Aufbau- und Ablauforganisation einer Materialflußsteuerung zugrundeliegende Datenmodell

Die betrachteten Fertigungsarten haben keinen bedeutenden Einfluß auf die Aufbau- und Ablauforganisation der Materialflußsteuerung, da sie keine Aussage über die damit verbundene Bereitstellung des Materials an der Bearbeitungsmaschine liefern. So kann die benötigte Transportkapazität für große Losgrößen mit kleinem Werkstückvolumen mit der für eine Einzelfertigung mit großem Werkstückvolumen übereinstimmen. Daher ist das Verhältnis aus der Transport- und der Fertigungslosgröße als eine Fertigungskenngröße zu definieren (s. Kapitel 4.2.4). Eine direkte Zuordnung von Fertigungsart und z.B. Materialflußsteuerungsprinzip (etwa bei Einzelfertigung immer Holprinzip) ist nicht sinnvoll, da dadurch die anwenderspezifischen Fertigungsgegebenheiten nicht berücksichtigt werden.

Die Angaben der Fertigungsart sowie letztendlich auch des Fertigungsprinzips dienen vor allem dazu, ein Produktionssystem näher zu charakterisieren. Sie spielen aber eine wichtige Rolle, wenn in der Planung auch andere Fertigungsprinzipien und -arten mit berücksichtigt werden, da sie dann den Planungsablauf beeinflussen, beispielsweise durch die Einsatzvoraussetzungen für die Anwendung hier nicht betrachteter materialflußgesteuerter Systeme.

4.2.3   Fertigungsanlage

Für die Abbildung der anwenderspezifischen Fertigungsanlage muß ein vollständiges, realitätsnahes Modell bestehen, das alle für die Auslegung der Materialflußsteuerung benötigten Faktoren beinhaltet und dabei dem Planer noch die Übersichtlichkeit gewährt. Ausgehend von diesem Ansatz basiert das Anlagenmodell auf einer Segmentierung der Fertigungsanlage (Bild 4.3), mit der Intention, klar abgegrenzte Teilsysteme zu schaffen, die zu einer besseren Übersicht sowohl bei der Beschreibung der Anlage seitens des Planers als auch bei der Durchführung von verschiedenen Berechnungen beitragen. Hierzu wird die Fertigungsanlage in Ebenen Fertigungssystem, Segment, Zelle untergliedert (s. Bild 4.3).

Die Klassifizierung der Fertigungssegmente findet in Anlehnung an die Fertigungsprinzipien statt, da diese im wesentlichen die Ausrichtung des Materialflusses festlegen. So kann ein *Fertigungssegment* verfahrens-, ablauf- oder produktorientiert sein (s. Bild 4.3):

* Ein *verfahrensorientiertes Fertigungssegment* bildet verrichtungsorientiert gruppierte Bearbeitungsmaschinen (z.B. einzelne Werkstätten einer Werkstattfertigung) ab. Auf eine Detaillierung dieses Fertigungssegment-Typs kann verzichtet werden, da sein interner Transport vernachlässigt werden kann: nur in Sonderfällen (z.B. Maschinenstörung) wird hier die Bearbeitungsmaschine gewechselt. Aus diesem Grund existiert innerhalb eines verfahrensorientierten Fertigungssegments kein Materialflußsteuerungsprinzip, dafür aber für die zahlreichen Materialflußbeziehungen zwischen verfahrensorientierten Fertigungssegmenten.

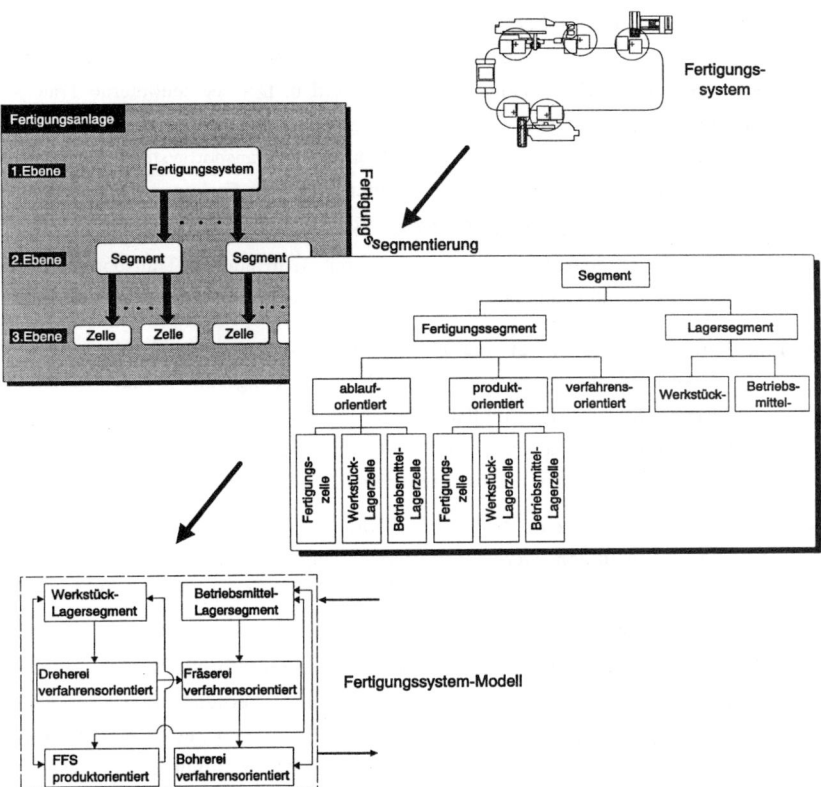

Bild 4.3:   Struktur einer Fertigungsanlage im Fertigungssystem-Modell

- In einem *ablauforientierten Fertigungssegment* werden Bearbeitungsmaschinen, die in jeweils gleicher, auftragsunabhängiger Abfolge durchlaufen werden, zusammengefaßt. Dieser Fertigungssegment-Typ kann zur Abbildung einer Fließfertigung verwendet werden. In diesem Fall ist eine Detaillierung des Segments notwendig, da innerhalb seiner Grenzen ein interner Transport stattfindet, der je nach Anwendungsfall von einem segmentinternen (nur für die Transportvorgänge innerhalb des Segments zuständigen) oder von einem segmentübergreifenden (für das ganze Fertigungssystem zuständigen) Transportsystem ausgeführt wird. Einem ablauforientierten Fertigungssegment kann ein Materialflußsteuerungsprinzip zugeordnet werden, das nur für die segmentinternen Materialflußbeziehungen Gültigkeit hat. Dieser Segmenttyp ist bei der Werkstatt- und Gruppenfertigung von minderer Bedeutung, wurde aber der Vollständigkeit halber hier aufgeführt.

- Ein *produktorientiertes Fertigungssegment* bildet die Gruppenfertigung (z.B. flexibles Fertigungssystem, Fertigungsinsel) ab. Es muß aufgrund der zahlreichen internen Materialflußbeziehungen detailliert werden. Der segmentinterne Transport wird hier in der Regel von einem segmentinternen Transportsystem durchgeführt, kann aber auch von einem segmentübergreifenden Transportsystem übernommen werden. Auch diesem Segmenttyp kann intern ein vom Fertigungssystem differierendes Materialflußsteuerungsprinzip zugeordnet werden.

Für die Detaillierung eines Fertigungssegments mit dem internen Transportverkehr in Zellen stehen die im folgenden beschriebenen Zellen-Typen zur Verfügung (s. Bild 4.3):

- Eine *Fertigungszelle* umfaßt eine oder mehrere sich ersetzende Maschinen und die ihnen zugehörige Peripherie (Zuführ- und Handhabungseinrichtungen) mit einer gemeinsamen Materialflußschnittstelle nach außen. Dabei kann es sich um eine Teilebearbeitungs-, Montage, Betriebsmittelvorbereitungs- (Werkzeugmontage und -vermessung sowie Rüsten der Werkzeugpaletten) oder eine Meß-/Prüfzelle handeln.

- Die *Werkstück-Lagerzelle* wird zur Abbildung eines in das Fertigungssegment integrierten dezentralen Werkstückpuffers herangezogen. Die Zuordnung zu der Maschinengruppe, die auf den Werkstückpuffer zugreift, erfolgt über die im Fertigungssegment vorliegenden Materialflußbeziehungen.

- Die *Betriebsmittel-Lagerzelle* wird zur Abbildung eines für die Betriebsmittel-Versorgung der im Fertigungssegment zusammengefaßten Fertigungszellen zuständigen dezentralen Werkzeugmagazins verwendet. Wie bei der Werkstück-Lagerzelle erfolgt die Zuordnung zu der Maschinengruppe über die Materialflußbeziehungen.

Neben den Fertigungssegmenten werden *Lagersegmente* eingeführt, um die Versorgung der Fertigungssegmente aus den zugeordneten zentralen Lagern berücksichtigen zu können:

- Ein *Werkstück-Lagersegment* bildet ein Rohteil-, Halbfabrikat- oder Fertigteillager ab. Da angenommen werden kann, daß der Werkstückfluß in einem Lagersegment beginnt bzw. endet, wird mit der Einführung dieses Segment-Typs eine Schnittstelle zur Umgebung des Fertigungssystems definiert. Die Verknüpfung mit den Fertigungssegmenten erfolgt über die Materialflußbeziehungen.

- Ein *Betriebsmittel-Lagersegment* bildet ein zentrales Betriebsmittellager ab.

Mit den aufgeführten Elementen können sehr komplexe Fertigungsanlagen beschrieben werden. Materialflußbeziehungen zwischen einzelnen Bearbeitungsmaschinen/Zellen in unterschiedlichen Fertigungssegmenten beliebigen Typs sind z.B. durch ein ablauforientiertes Fertigungssegment, in dem die betroffenen Zellen zusammengefaßt sind, abbildbar.

4.2.4   Fertigungskenngrößen

Unter den Fertigungskenngrößen sind die für das anwenderspezifische Fertigungssystem charakteristischen Größen in bezug auf die Bestimmung der Aufbau- und Ablauforganisation der Materialflußsteuerung zu verstehen (s. Bild 4.2).

Die Komplexität einer Fertigungsanlage wird durch die *Anzahl der Segmente* im System, welche mit Transportobjekten ver- und entsorgt werden müssen, und die Materialflußbeziehungen zwischen den Segmenten (s. Kapitel 4.3.2) beschrieben. Daraus läßt sich die Anzahl der gleichzeitig möglichen Materialflußanforderungen folgern, die bei der Ableitung des Materialflußsteuerungsprinzips berücksichtigt werden muß. Weiterhin wird die Kenngröße *Existenz gemeinsamer Betriebsmittel* (z.B. mobiler Roboter, s. Kapitel 2.1) definiert, die für die Ermittlung der Funktionalität der Materialflußsteuerung von Bedeutung ist.

Nachdem das Fertigungssystem im Modell in Fertigungs- und Lagersegmente eingeteilt ist, sind für die Fertigungssegmente die Daten zu ermitteln, die die Situation im Fertigungssystem des Anwenders widerspiegeln. Findet eine weitere Untergliederung in Zellen statt, beziehen sich die entsprechenden Daten ebenfalls auf die einzelnen Zellen.

Zunächst wird die *Anzahl der Fertigungszellen* ermittelt, die im Fertigungssegment zusammengefaßt sind. Z.B. entspricht bei einer Organisation der Zellen nach dem Einmaschinen-Prinzip [GROH88] die Anzahl der Fertigungszellen der Anzahl der Bearbeitungsmaschinen.

Im Rahmen des Fertigungssystem-Modells wird angenommen, daß die *Anzahl der Fertigungsaufträge*, die in ein Fertigungssegment bzw. -zelle durchschnittlich in einer Schicht eingelastet werden, direkt proportional zur Anzahl der zugehörigen Transportaufträge ist. Dabei ist das durchschnittliche Verhältnis von Fertigungs- zu Transportlosgröße als Faktor zu berücksichtigen, durch den die Anzahl der Fertigungsaufträge auf die durchschnittliche Anzahl der Transportaufträge umgerechnet wird (s. Kapitel 4.3.2). Die *durchschnittliche Fertigungslosgröße* der pro Schicht eingelasteten Fertigungsaufträge ist somit als ein weiteres Merkmal des Fertigungssystems anzusehen.

Für den *Nutzungsgrad* der in einem Fertigungssegment zusammengefaßten Bearbeitungsmaschinen wird ein für das Fertigungssegment gültiger Mittelwert genommen, der die Reduzierung der mit der Schichtdauer vorgegebenen verfügbaren Stunden durch technische und organisatorische Stillstandszeiten berücksichtigt.

Bei der Berechnung der Fertigungskenngrößen wird aufgrund der Praxiserfahrung von der Annahme ausgegangen, daß diese über einen längeren Zeitraum eine Gleichverteilung aufweisen, die es erlaubt mit Durchschnittswerten zu arbeiten. Die Richtigkeit dieser Annahme kann nur empirisch bewiesen werden (s. Kapitel 6.5).

4.3   Materialflußsystem-Modell

Das Materialflußsystem-Modell beinhaltet Kenngrößen jedes im Materialflußsystem des
Anwenders enthaltenen Transportsystems sowie eine Beschreibung aller bestehenden
Materialflußbeziehungen (Bild 4.4).

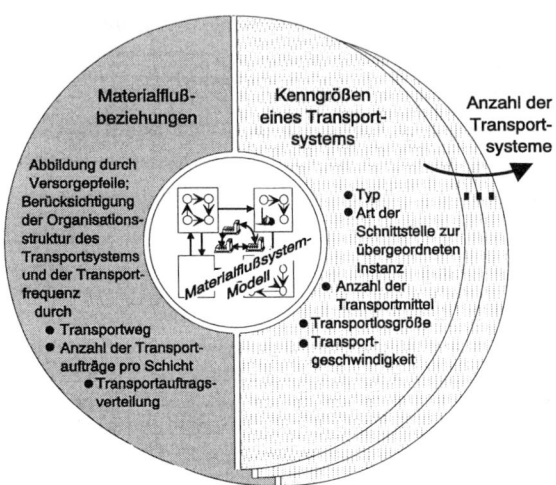

Bild 4.4:   Modell des Materialflußsystems

4.3.1   Kenngrößen eines Transportsystems

Die Kenngrößen eines Transportsystems umfassen zunächst den Typ des Transportsystems und seine Kapazität, die durch die Anzahl der Transportmittel und die Transportlosgröße festgelegt wird, sowie die durchschnittliche Transportgeschwindigkeit. Weiterhin ist die Anforderungsflexibilität des Transportsystems, d.h. die Reaktionsfähigkeit
auf kurzfristige Materialflußanforderungen, zu betrachten, die von der Art der Schnittstelle des Transportsystems zur übergeordneten Instanz abhängig ist.

Der *Typ eines Transportsystems* wird abhängig von der Beweglichkeit der Transporteinheiten in Transportsystemen mit passiven (Stetigförderer) und aktiven Transporteinheiten
(Unstetigförderer) unterteilt [SCHM90] (Bild 4.5). Bei den Stetigförderern (z.B. Rollen-
bahn) werden die Transporteinheiten durch ein ortsfest installiertes Transportsystem mit
Fremdantrieb geführt. Die Stetigförderer werden vorwiegend in der Großserienproduktion
verwendet, außerdem sind die Möglichkeiten ihrer Steuerung stark eingeschränkt und ihre
Flexibilität ist gering [KLIP88]. Eine Planung der Materialflußsteuerung ist in diesem
Fall nicht sinnvoll, daher werden diese Systeme im weiteren nicht berücksichtigt.

Bei einem Unstetigförderer (z.b. fahrerloses Transportsystem - FTS) bewegen sich die Transporteinheiten mit Eigenantrieb, entweder geführt (z.b. FTS, leitliniengeführt) oder frei (z.b. FTS, leitlinienlos), wobei die Flexibilität des Transportsystems entsprechend zunimmt. Wegen ihrer Flexibilität werden solche Systeme vorwiegend in der Einzel- und Klein- bis Mittelserienfertigung eingesetzt [KLIP88]. Abhängig vom Automatisierungsgrad kann das Transportsystem manuell bedient, mechanisiert oder automatisiert sein, wobei die automatischen Unstetigförderer für den Einsatz in flexibel automatisierten Produktionssystemen aufgrund der guten Anpassungsfähigkeit am besten geeignet sind [KLIP88]:

- Ein manuell bedientes Transportsystem (z.b. Gabelstapler) wird von einem Bediener geführt, der für die Ausführung des Transportbefehls verantwortlich ist und somit eine Reihe von Aufgaben auf der operativen Ebene durchzuführen hat. Dabei besteht die Möglichkeit, die Anforderungsflexibilität bei Gabelstaplerbetrieb durch den Einsatz von Funk zu erhöhen [BODE92, N.N.90, N.N.91a, TIMM91, WEBE90].

- Ein mechanisiertes Transportsystem zeichnet sich durch einen automatischen Transportvorgang aus, wobei jedoch die Übernahme und Übergabe des Transportobjekts manuell erfolgt (z.B. FTS - Transport mit Standardpaletten).

- Ein automatisiertes Transportsystem liegt dann vor, wenn der Belade-, der Transport- und der Entladevorgang automatisch erfolgen (z.B. FTS - Transport mit Maschinenpaletten). In diesem Fall werden die operativen Entscheidungen von einer übergeordneten Instanz getroffen.

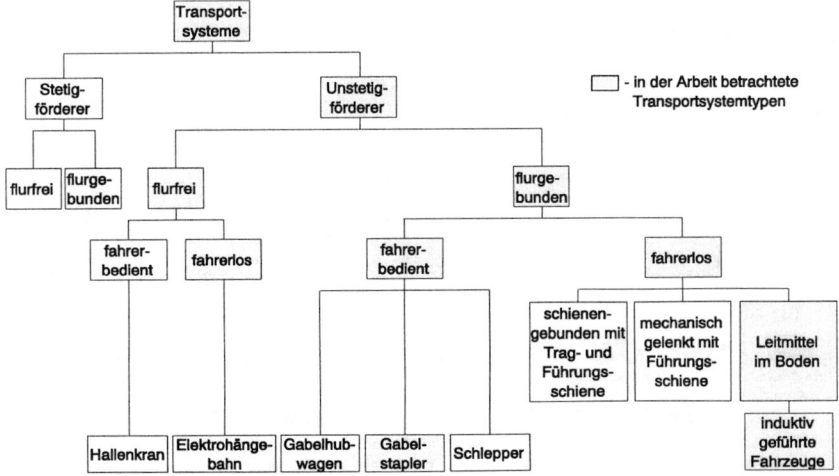

Bild 4.5:   Klassifizierung der Transportsysteme [KLIP88]

Das der Planung der Aufbau- und Ablauforganisation einer Materialflußsteuerung zugrundeliegende Datenmodell

Die Unstetigförderer sind meist durch komplexe Wegenetze gekennzeichnet, die besonders bei mechanisierten und automatisierten Systemen einen hohen Steuerungsaufwand verursachen. Bei Transportsystemen dieses Typs ist kein fester Ablauf des Materialflusses durch die zugrundeliegende Transporttechnik vorgegeben. Daher ist die Auslegung einer an das Transportsystem angepaßten Materialflußsteuerung hier notwendig. In der Arbeit werden drei charakteristische Transportsysteme betrachtet: Gabelstapler (mit Funk), fahrerloses Transportsystem und Elektrohängebahn.

Im Automatisierungsgrad des Transportsystems ist schon die *Art der Schnittstelle zwischen Transportsystem und übergeordneter Instanz* beinhaltet [PIEP90], die auf die Intensität der Orts- und Zustandsdatenerfassung für das Transportsystem schließen läßt. Die übergeordnete Instanz kann sowohl ein Rechner als auch der Mensch sein. In die Definition der Schnittstellenart muß einfließen, wie die Transportaufträge auf das Transportmittel unter Berücksichtigung des Anlagenzustands übertragen bzw. nach Ausführung durch das Transportmittel fertiggemeldet werden. Darüber hinaus ist die Datenerfassung und -verarbeitung während der Ausführung des Transportauftrags durch das Transportmittel zu beschreiben. Abhängig vom Automatisierungsgrad des Transportsystems ergeben sich damit folgende Schnittstellenarten:

- Mensch-Mensch-Schnittstelle (zentral/dezentral, Bild 4.6) und
- Rechner-Rechner-Schnittstelle (Bild 4.7) als Grundarten sowie
- Mensch-Rechner-Schnittstelle (zentral/dezentral) und
- Rechner-Mensch-Schnittstelle (zentral/dezentral) als Kombination der Grundarten.

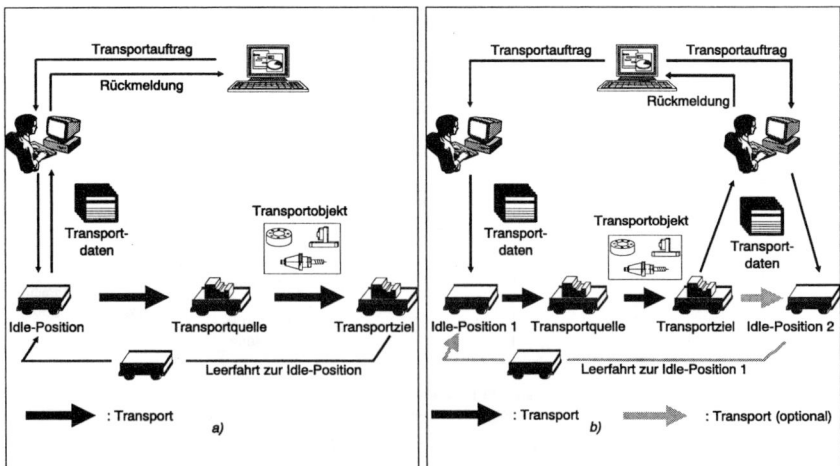

Bild 4.6:   Mensch-Mensch-Schnittstelle (a. zentral, b. dezentral)

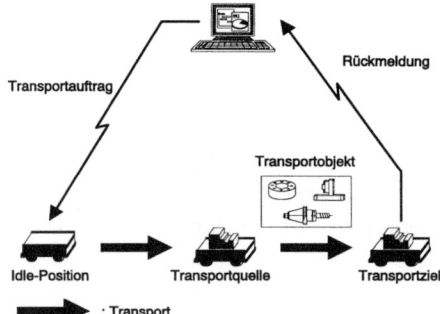

Bild 4.7:   *Rechner-Rechner-Schnittstelle*

Zentral bedeutet hier, daß die Kommunikation des Transportsystems mit der übergeordneten Instanz an genau einem Punkt im Fertigungssystem erfolgt. In diesem Fall gibt es immer eine Leerfahrt des Transportmittels vom Zielort des abgeschlossenen Transportauftrags zum Startort (Warteposition), da es an den Startort zurückkehren muß, um den Auftrag fertigzumelden sowie den nächsten Auftrag entgegenzunehmen.

Bei einer *dezentralen* Schnittstelle ist die Kommunikation mit der übergeordneten Instanz von mehreren Punkten möglich. Der Unterschied zu der zentralen Schnittstelle liegt darin, daß die Beendigung des Auftrags bereits am Zielort gemeldet wird. Abhängig von der Infrastruktur der Transportanlage und dem aktuellen Transportvolumen wird entweder bereits am Zielort ein neuer Transportauftrag (neuer Startort = Zielort des vorhergehenden Transportauftrags) eingelastet oder das Transportmittel wird zu einer in der Nähe des Zielortes gelegenen bzw. zur ursprünglichen Warteposition gebracht, um dort einen neuen Transportauftrag zu übernehmen. Falls mehrere Wartepositionen in der Transportanlage vorhanden sind, ist es zu beachten, daß das Auftragsvolumen nach einer angepaßten Strategie auf die einzelnen Wartepositionen verteilt wird, um nicht zu lange Transport- und Wartezeiten zu erhalten. Welche Transportaufträge welchen Wartepositionen zugeordnet werden sollen, entscheidet die übergeordnete Instanz. Eine Leerfahrt vom neuen Startort zur Transportquelle entfällt, wenn Aufträge so kombiniert werden, daß der Zielort des vorhergehenden mit dem Quellort des nachfolgenden Auftrags übereinstimmt.

Die Unterschiede zwischen den vier Schnittstellenarten sind in folgenden Punkten beinhaltet (s. Bild 4.6 und 4.7):

- Vergabe des Transportauftrags

  Bei der Mensch-Mensch- und Mensch-Rechner-Schnittstelle wird der Auftrag von der übergeordneten Instanz durch die Weitergabe der Transportpapiere oder durch die Meldung über BDE an den Bediener des Transportsystems ausgelöst, während bei der Rechner-Mensch- und Rechner-Rechner-Schnittstelle der Auftrag direkt an die Transportsystemsteuerung weitergegeben wird.

- Transportfertigmeldung

  Bei der Mensch-Mensch- und Rechner-Mensch-Schnittstelle wird der Transportauftrag am Zielort bzw. in der Warteposition vom Bediener des Transportsystems durch Abgabe der Transportpapiere oder durch manuelle Eingabe der Fertigmeldung am BDE-Terminal rückgemeldet. Die Rückmeldung des Transportmittels bei der übergeordneten Instanz nach Ausführung des Transportauftrags erfolgt dagegen bei der Mensch-Rechner- und Rechner-Rechner-Schnittstelle automatisch.

- Kommunikation während der Auftragsausführung

  Bei der Mensch-Mensch- und Mensch-Rechner-Schnittstelle besteht während der Auftragsausführung keine kontinuierliche Verbindung der übergeordneten Instanz zum Transportmittel. Bei der Rechner-Mensch- und Rechner-Rechner-Schnittstelle kann das Transportmittel dagegen von der übergeordneten Rechnerinstanz jeder Zeit während der Auftragsausführung angesprochen werden. Im Gegensatz zur Rechner-Rechner-Schnittstelle ist aber bei der Rechner-Mensch-Schnittstelle nicht möglich auch eine kontinuierliche Transportsystem- und Transportauftrags-Zustandserfassung durchzuführen, da diese hier nicht automatisch, sondern über Bediener erfolgt.

- Optimierungs- und Umplanungsmöglichkeiten

  Bei der Mensch-Mensch- und Mensch-Rechner-Schnittstelle werden die Transportaufträge seitens des Bedieners des Transportsystems ohne weitere Optimierung an die Transportmittel in der Reihenfolge vergeben, in der sie sich in der Warteposition befinden. Im Fall einer notwendigen Umplanung (z.B. bei Störungen oder Eilaufträgen) kann aufgrund der Kommunikationsmöglichkeit während der Auftragsausführung bei Rechner-Mensch- und Rechner-Rechner-Schnittstelle der aktuelle Transportauftrag kurzfristig geändert und sofort an das Transportmittel weitergegeben werden. Damit kann z.B. ein Rohteile-Transport zu einer von einer Störung betroffenen Bearbeitungsmaschine zu einer Ausweich-Maschine umgeleitet werden. Dafür ist eine strenge Rückmelde-Disziplin und konsequente Pufferverwaltung seitens des Bedieners bei der Rechner-Mensch-Schnittstelle unerläßlich, während diese bei der Rechner-Rechner-Schnittstelle automatisch ablaufen.

Mit der *Anzahl der Transportmittel* kann eine Aussage über Wartezeiten im Fertigungssystem getroffen werden. Grundsätzlich ist jedoch anzumerken, daß eine Erhöhung der Anzahl der Transportmittel nicht unbedingt zu einer Verkürzung der Wartezeiten führt, da durch den stärkeren Transportverkehr bei gleichbleibendem Wegenetz die Gefahr von längeren Wartezeiten wächst.

Als *Transportlosgröße* wird die Transportkapazität eines Transportmittels bezeichnet. Die *durchschnittliche Transportgeschwindigkeit* dient der Abschätzung, wie schnell ein Transport ausgeführt werden kann. Für diese Kenngröße genügt ein Durchschnittswert, in dem Anfahr- und Bremsvorgänge sowie Verzögerungen bei Kurvenfahrt berücksichtigt werden.

Während der Typ des Transportsystems und die Art seiner Schnittstelle zur übergeordneten Instanz einen Einfluß auf die Aufbauorganisation der Materialflußsteuerung haben, wirken sich die restlichen aufgeführten Kenngrößen auf die Ablauforganisation aus.

4.3.2 Materialflußbeziehungen

Die Materialflußbeziehungen beschreiben ausgehend von der Abbildung des Fertigungssystems im Fertigungssystem-Modell, welche Segmente/Zellen andere Segmente/Zellen mit Transportobjekten versorgen und geben damit an, zwischen welchen Segmenten/Zellen ein Materialflußsteuerungsprinzip festgelegt werden muß. Die Ausführungen in diesem Kapitel gelten sowohl für die Segmente als auch für die Zellen und werden im Text folglich nicht weiter unterschieden.

Innerbetriebliche Materialflußabläufe lassen sich mit Hilfe von Graphen darstellen, wobei ein Segment einem Knoten und eine Materialflußbeziehung einem Bogen entspricht.

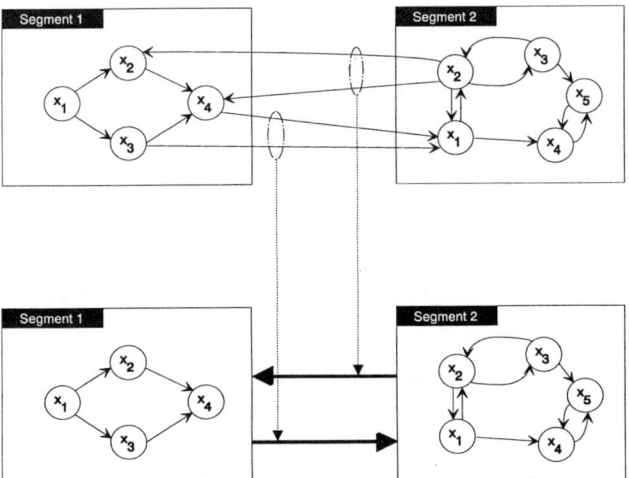

Bild 4.8: Darstellung der Materialflußbeziehungen mittels Graphen

Das der Planung der Aufbau- und Ablauforganisation einer Materialflußsteuerung zugrundeliegende Datenmodell

Die Materialflußbeziehungen zwischen zwei Segmenten werden mit nur einem Bogen, sogenanntem *Versorgepfeil*, dargestellt, parallele Bögen sind nicht möglich, womit ein gerichteter und schlichter Graph, im folgenden als Materialflußgraph bezeichnet, entsteht (Bild 4.8). Jedem Versorgepfeil sind der zwischen den Segmenten zurückzulegende Transportweg, ein Versorgeanteil und ein Gewichtungsfaktor zugeordnet.

Der *Transportweg* ist durch die physische und die logische Organisationsstruktur des Transportsystems bestimmt. Die physische Organisationsstruktur charakterisiert den Aufbau der Transportsystems hinsichtlich Verkettung und Durchlaufrichtung und kann als Stern-, Bus-, Kreis-, Linien- und wahlfrei verkettete Struktur angelegt werden [MILB91b]. Dies beeinflußt direkt die Länge der Transportwege, indem z.B. bei einer Kreisstruktur zwischen Hin- bzw. Rückweg unterschieden werden muß, um die unterschiedliche Länge der Transportverbindungen zu berücksichtigen. Die logische Organisationsstruktur wird dadurch gekennzeichnet, daß mögliche zahlreiche Materialflußbeziehungen zwischen verschiedenen (diesmal nur) Segmenten zu einer Materialflußbeziehung gebündelt werden (s. Bild 4.8). Dies ermöglicht eine Minimierung der Eingabedaten bei einer dialog- oder grafisch-orientierten Beschreibung von sehr komplexen Fertigungssystemen. Darüber hinaus bleibt für den Planer die Übersicht bewahrt. Für den Transportweg zwischen zwei Segmenten ist, falls keine definierte Schnittstelle zwischen ihnen existiert, ein Durchschnittswert aus den zwischen den in den Fertigungssegmenten zusammengefaßten Bearbeitungsmaschinen/Zellen zurückzulegenden Transportwegen zu ermitteln. Nicht erfaßt wird damit die Schwankung der Transportzeit. Dagegen ist der vorgeschlagene Wert einfach aus einer Layoutzeichnung der Fertigungsanlage zu entnehmen und somit schnell zu ermitteln. Ein Nachteil, der durch das Zusammenfassen von Materialflußbeziehungen entstehen kann, ist, daß die Berechnungen für die Ableitung des Materialflußsteuerungsprinzips verfälscht und somit "falsche" Steuerungsprinzipien bestimmt werden könnten. Um den Fehler zu minimieren, muß dabei die *Anzahl der zusammengefaßten Materialflußbeziehungen zwischen Segmenten* berücksichtigt werden (in Bild 4.8 zwei). Zusätzlich muß für die Zellen eines ablauf- oder produktorientierten Fertigungssegments die *Anzahl der segmentübergreifenden Transporte* berücksichtigt werden, die angibt, wieviel Ver- und Entsorgeaufträge von einem anderen Segment an die Zelle erfolgen.

Die Berechnung des Versorgeanteils und des Gewichtungsfaktors eines Versorgepfeils basiert auf der auf eine Schicht bezogenen *Anzahl der Transportaufträge,* und diese auf der Summe der auf eine Schicht bezogenen Anzahl der Fertigungsaufträge, die in einem Segment bearbeitet werden, multipliziert mit dem Verhältnis von Fertigungs- zu Transportlosgröße und der Anzahl der Rüstaufträge, die von einem Segment ausgehen:

$$n_{TA} = 2 \cdot n_{FA} \cdot \frac{FLG}{TLG} + n_{RA} \qquad (4.1)$$

mit

n_{FA}	Anzahl der Fertigungsaufträge
FLG	Fertigungslosgröße
TLG	Transportlosgröße
n_{RA}	Anzahl der Rüstaufträge (aufgrund eigener Erfahrung gilt hier als berechtigte Annahme, daß i.d.R. Ab- und Aufrüstaufträge im Gegensatz zu Materialver- und -entsorgeaufträgen in einem Auftrag zusammengefaßt werden)

Der *Versorgeanteil* berechnet sich aus dem Verhältnis der Anzahl der Materialflußbeziehung zugeordneten Transportaufträge und der Gesamtanzahl der vom Segment ausgehenden Transportaufträge. Die Summe der von einem Segment ausgehenden Versorgeanteile ist immer gleich eins, was zur Überprüfung von fehlenden oder fehlerhaften Materialflußbeziehungen benutzt werden kann (s. Kapitel 6.3.2). Für die Berechnung des Versorgeanteils wird folgende Formel verwendet:

$$\rho_{ij} = \frac{n_{TA,ij}}{\sum\limits_{j=1}^{n} n_{TA,ij}} \qquad (4.2)$$

mit

$n_{TA,ij}$	Anzahl der Transportaufträge, die von Segment i/Zelle i nach Segment j/Zelle j fließen
$\sum\limits_{j=1}^{n} n_{TA,ij}$	Gesamtanzahl der von Segment i/Zelle i ausgehenden Transportaufträge
n	Anzahl der Segmente/Zellen

Der *Gewichtungsfaktor* ist ein Maß für die Verteilung der Transportaufträge auf die Materialflußbeziehungen eines Fertigungssystems. Da die Wahrscheinlichkeit, ein Transportmittel zwischen zwei Segmenten anzutreffen, von der Anzahl der zwischen den zwei Segmenten fließenden Transportaufträge abhängt, kann folglich mit dem Gewichtungsfaktor die Verteilung der Transportmittel im Wegenetz abgeschätzt werden. Die Summe der Gewichtungsfaktoren in einem Transportsystem ergibt sich immer zu eins. Die für die Berechnung des Gewichtungsfaktors verwendete Formel lautet:

$$\varepsilon_{ij} = \rho_{ij} \cdot \frac{\sum\limits_{j=1}^{n} n_{TA,ij}}{\sum\limits_{i,j=1}^{n} n_{TA,ij}} \qquad (4.3)$$

mit

ρ_{ij}	Versorgeanteil für die Materialflußbeziehung von Segment i/Zelle i nach Segment j/Zelle j

$$\sum_{j=1}^{n} {}^{n}TA,ij \qquad \text{Gesamtanzahl der von Segment i/Zelle i ausgehenden Transportaufträge}$$

$$\sum_{i,j=1}^{n} {}^{n}TA,ij \qquad \text{Gesamtanzahl aller Transportaufträge}$$

$$n \qquad \text{Anzahl der Segmente/Zellen}$$

4.4 Zeitmodell

Das Fertigungs- und das Materialflußsystem-Modell sind durch charakteristische Zeiten
verknüpft (Bild 4.9), die im folgenden dargestellt werden. Die Verknüpfung selbst wird
im Planungsvorgang aufgebaut und daher in Kapitel 5 erörtert.

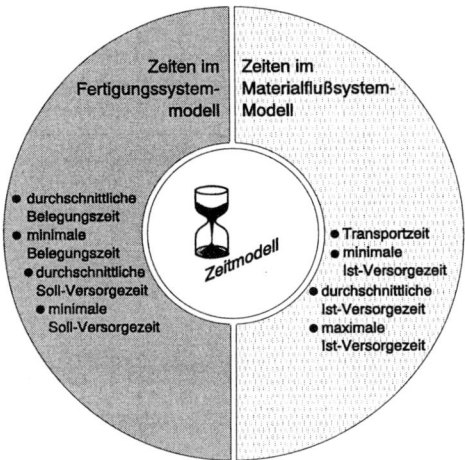

Bild 4.9:   Zeitmodell

4.4.1   Zeiten im Fertigungssystem-Modell

Bei der Planung der Aufbau- und Ablauforganisation der Materialflußsteuerung, vor
allem zur Ableitung des Materialflußsteuerungsprinzips werden folgende Zeiten im
Fertigungssystem-Modell verwendet (s. Bild 4.9):

- durchschnittliche Belegungszeit

- minimale Belegungszeit

- durchschnittliche Soll-Versorgezeit

- minimale Soll-Versorgezeit.

Die *durchschnittliche Belegungszeit* eines Fertigungssegments bzw. einer Bearbeitungszelle bezeichnet die für einen Fertigungsauftrag in einer Schicht durchschnittlich aufgewendete Bearbeitungs- und Rüstzeit und wird nach folgender Formel berechnet:

$$T_{BLZ} = \frac{n_{FZ}}{n_{FA}} \cdot \text{Schicht} \cdot n_N \qquad (4.4)$$

mit

n_{FZ} Anzahl der im Fertigungssegment zusammengefaßten
Bearbeitungszellen bzw. 1, wenn Bearbeitungszelle

n_{FA} Anzahl der in einer Schicht in das Fertigungssegment/
in die Bearbeitungszelle eingelasteten Fertigungsaufträge

Schicht   Schichtdauer

n_N durchschnittlicher Nutzungsgrad der im Fertigungssegment
zusammengefaßten Bearbeitungszellen bzw. der Bearbeitungszelle

In der Arbeit wird eine symmetrische Normalverteilung der Maschinenbelegungszeiten angenommen [GROß86, JÜNE89], die an dieser Stelle die Verwendung der Durchschnittswerte erlaubt. Bei der konkreten Anwendung werden hier statistisch ermittelte Verteilung und Durchschnittswerte benutzt. Die in ein Fertigungssegment in einer Schicht eingelasteten Fertigungsaufträge werden auf die im Fertigungssegment zusammengefaßten Bearbeitungszellen verteilt. Dabei werden folgende Vereinbarungen getroffen:

- Bearbeitungsmaschinen, die nur bei Bedarf belegt sind, sind vom Planer zusammenzufassen und auf eine fiktive Anzahl von Bearbeitungsmaschinen zu reduzieren, die die schichtweise Auslastung beschreibt.

- Die Anzahl der Fertigungsaufträge, die in einer Schicht in das Fertigungssegment eingelastet werden, muß nicht ganzzahlig sein. Dadurch werden überhängende Aufträge, die außerhalb einer Schicht beginnen bzw. länger als eine Schicht dauern, berücksichtigt.

Durch die Multiplikation des Verhältnisses aus der Anzahl der im Fertigungssegment zusammengefaßten Bearbeitungszellen und der eingelasteten Fertigungsaufträge mit dem für das Fertigungssegment angenommenen durchschnittlichen Nutzungsgrad werden die organisatorischen und technischen Stillstandzeiten der Fertigungsanlage berücksichtigt. Ist das Fertigungssegment ablauf- oder produktorientiert, so wird die Belegungszeit für jede dem Fertigungssegment zugeordnete Fertigungszelle ermittelt.

Die *minimale Belegungszeit* wird durch die Streubreite der durchschnittlichen Belegungszeit nach unten festgelegt. Der Start- und End-Zeitpunkt eines Fertigungsauftrags, d.h. seine tatsächliche Lage im Planungsfenster, werden hierbei nicht berücksichtigt. Daraus folgt, daß es mit dem Planungssystem nicht möglich ist, die Auslegung der Materialflußsteuerung, vor allem der Ablauforganisation dynamisch, abhängig vom punktuellen Zustand des Fertigungssystems anzupassen. Es können vielmehr, da statistische Grenzfälle im Rahmen einer "worst-case"-Betrachtung berücksichtigt werden, mittelfristig Entscheidungen aufgrund der Fertigungsanalyse und Trenderkennung getroffen werden.

Die *durchschnittliche Soll-Versorgezeit* für ein Fertigungssegment beschreibt die für die Bereitstellung von Transportobjekten an das Segment, z.B. der nächsten Palette des aktuellen bzw. der ersten Palette des nachfolgenden Fertigungsauftrags, zur Verfügung stehende Zeit. Daher ist bei der Bestimmung der Soll-Versorgezeit neben der Belegungszeit des Fertigungssegments das Verhältnis von Fertigungs- zu Transportlosgröße zu berücksichtigen. Für die Bereitstellung von Betriebsmitteln an der Bearbeitungsmaschine wird von der gleichen Zeitbasis ausgegangen. Außerplanmäßige Bereitstellungen beim Betriebsmittelausfall werden dabei nicht berücksichtigt, da sie einerseits keinen repräsentativen Ablauf darstellen und andererseits grundsätzlich nicht ohne Wartezeit bedient werden können. Die durchschnittliche Soll-Versorgezeit berechnet sich nach folgender Formel:

$$T_{Soll\_Vz} = T_{BLZ} \cdot \frac{TLG}{FLG} \qquad (4.5)$$

mit

T_{BLZ} durchschnittliche Belegungszeit des Fertigungssegments/ der Bearbeitungszelle, bezogen auf eine Schicht

TLG Transportlosgröße   } auf die gleiche Einheit bezogen
FLG Fertigungslosgröße   (Anzahl der Paletten oder Stückzahl)

Durch die *minimale Soll-Versorgezeit* wird die Grenzzeit vorgegeben, in der eine Bereitstellung des Transportobjekts am Transportziel noch gewährleistet sein muß. Je kleiner die Streuung der Soll-Versorgezeit, desto größer ist die Wahrscheinlichkeit, einen Transport im Rahmen der Grenzzeit abschließen zu müssen. Diese Überlegung muß in die Auswertung der Zeiten zur Bestimmung der Ablauforganisation der Materialflußsteuerung einfließen.

In einem ablauf- oder produktorientierten Fertigungssegment mit eigenem Transportsystem sind die Soll-Versorgezeiten für jede dem Fertigungssegment zugeordnete Bearbeitungszelle zu bestimmen. Die Soll-Versorgezeit des Segments ist dabei als durchschnittlicher Wert der Soll-Versorgezeiten der Zellen zu ermitteln.

4.4.2   Zeiten im Materialflußsystem-Modell

Für die Auswahl des Materialflußsteuerungsprinzips werden im Materialflußsystem für jedes Transportsystem folgende Zeiten benötigt (s. Bild 4.9):

- Transportzeit

- minimale Ist-Versorgezeit

- durchschnittliche Ist-Versorgezeit

- maximale Ist-Versorgezeit.

Die *Transportzeit* berechnet sich als Quotient aus Transportweg und -geschwindigkeit.

Als *Ist-Versorgezeit* wird die Zeit bezeichnet, die von der Vergabe des Transportauftrags an ein Transportmittel bis zu seiner Erledigung vergeht (Bild 4.10). Sie berechnet sich als Summe der sog. Bereitstellzeit der Transportquelle, der Transportzeit von der Transportquelle zum -ziel sowie den Lastwechselzeiten an beiden Stationen. Unter *Bereitstellzeit* wird die Wartezeit verstanden, die vergeht, bis ein Transportmittel an der gewünschten Transportquelle eintrifft, um das Transportobjekt zu übernehmen und dabei nicht:

- die Zeit zwischen dem Eingang der Materialflußanforderung bis zur Vergabe des Transportauftrags an ein Transportmittel

- unvorsehbare Belastungsschwankungen im Transportsystem, z.B. sich aufgrund von Engpässen im Wegenetz ergebende Wartezeiten

- Ausfallzeiten der Transportmittel (z.B. Batterieladezeiten).

Da die Auslastung des Transportsystems während eines vorgegebenen Zeitraums (z.B. eine Schicht) schwanken kann, werden unterschiedliche Ist-Versorgezeiten berechnet, welche diese Schwankungen berücksichtigen:

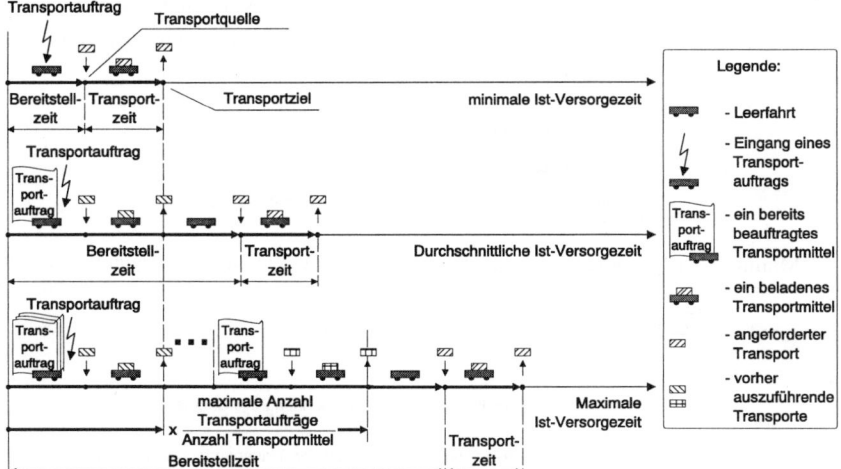

Bild 4.10: Zeiten im Materialflußsystem-Modell

Das der Planung der Aufbau- und Ablauforganisation einer Materialflußsteuerung zugrundeliegende Datenmodell

Die *minimale Ist-Versorgezeit* bezeichnet die Zeit, die von der Vergabe eines Transportauftrags an ein freies Transportmittel bis zu seiner Beendigung vergeht (s. Bild 4.10) und kann damit als minimale Wartezeit bis zur Lieferung des Transportobjekts am Transportziel angesehen werden. Hierbei berücksichtigt die Bereitstellzeit die Fahrzeit von einem beliebigen Ort innerhalb des Fertigungssystems/Segments zur Transportquelle.

Die *durchschnittliche Ist-Versorgezeit* bezeichnet die Zeit, die vergeht, bis ein zum Zeitpunkt der Materialflußanforderung belegtes Transportmittel seinen aktuellen Transportauftrag abgeschlossen und anschließend den geforderten ausgeführt hat (s. Bild 4.10). Diese Zeit charakterisiert die Wartezeit bei einer normalen Belastung des Transportsystems und damit die übliche, also "durchschnittliche" Situation im Produktionssystem.

Bei der Bestimmung der *maximalen Ist-Versorgezeit* wird davon ausgegangen, daß im Rahmen der "worst-case"-Betrachtung der anstehende Transportauftrag erst nach Abarbeitung der auf ein Transportmittel maximal entfallenden Anzahl von Transportaufträgen übernommen wird (s. Bild 4.10). Diese Zeit charakterisiert den ungünstigsten Fall.

Die Berechnung der Ist-Versorgezeit ist abhängig von der Komplexität des Produktionssystems, repräsentiert durch seine Struktur und die Anzahl der Transportsysteme. Es gibt dabei drei Abbildungsvarianten (Bild 4.11):

- **Abbildungsvariante 1**: Ein Fertigungssystem bestehend aus mehreren Segmenten, wobei die Fertigungssegmente ausschließlich verfahrensorientiert sind (Werkstattfertigung), oder ein einzelnes ablauf- bzw. produktorientiertes Fertigungssegment bestehend aus mehreren Zellen (wie z.B. ein flexibles Fertigungssystem). Die Subsysteme werden durch ein Transportsystem mit Transportobjekten ver- und entsorgt. Für die Berechnung werden folgende Parameter eingesetzt:

ϵ_{xy} Gewichtungsfaktor für die Materialflußbeziehung von Zelle/Segment x nach Zelle/Segment y

$T_{\ddot{u}}$ Lastwechselzeit

n Anzahl der Zellen im Fertigungssegment bzw. der Segmente im Fertigungssystem

Minimale Ist-Versorgezeit zwischen Segmenten bzw. Zellen im Fertigungssegment:

$$T_{Min\_Ist,ij} = \sum_{k=1}^{n} \epsilon_{ki} \cdot T_{Tz,ki} + T_{Tz,ij} + 2 \cdot T_{\ddot{u}} \tag{4.6}$$

mit

$T_{Tz,ki}$ Transportzeit von Zelle/Segment k nach Zelle/Segment i

$\sum_{k=1}^{n} \epsilon_{ki} \cdot T_{Tz,ki} + T_{Tz,ij}$ Transportzeit von einem Standort des Transportmittels über die Transportquelle zum Transportziel; da die Aufenthaltsorte der Transportmittel unbekannt sind, wird mit Hilfe der Wahrscheinlichkeit des Aufenthalts eines Transportmittels auf einer Materialflußbeziehung diese Größe bestimmt (gemittelter Wert)

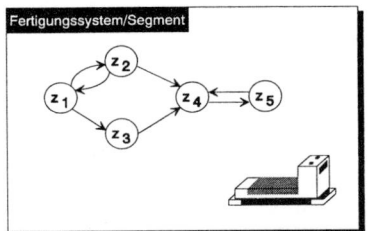

Abbildungsvariante 1

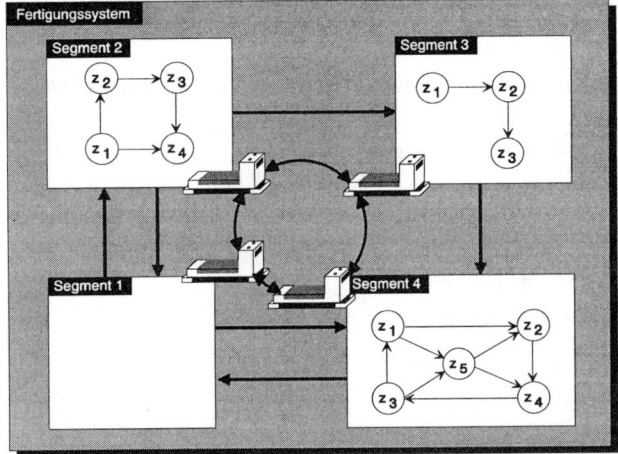

Abbildungsvariante 2

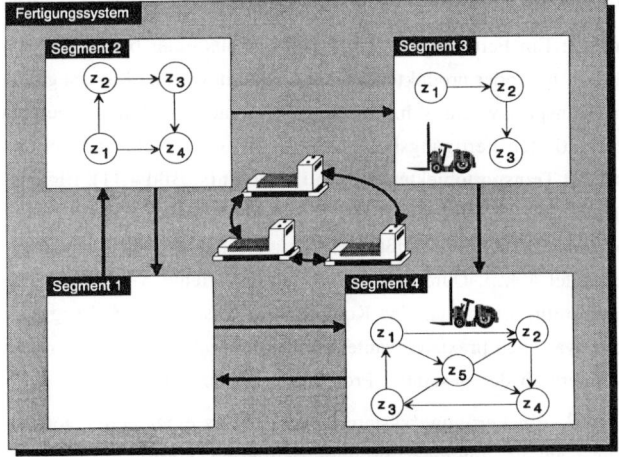

Abbildungsvariante 3

Segment 1 und Segment 2   ohne segmentinternes Transportsystem
Segment 3 und Segment 4   mit segmentinternem Transportsystem

Bild 4.11: Abbildungsvarianten des Zeitmodells im Materialflußsystem-Modell

Durchschnittliche Ist-Versorgezeit zwischen Segmenten bzw. Zellen im Fertigungssegment:

$$T_{Durch\_Ist,ij} = T_{Min\_Ist,ij} + \sum_{\substack{m,k=1,\\m,k \neq i,j}}^{n} \epsilon_{mk} \cdot (T_{Min\_Ist,mk} - T_{\ddot{u}}) \tag{4.7}$$

mit

$$\sum_{\substack{m,k=1,\\m,k \neq i,j}}^{n} \epsilon_{mk} \cdot (T_{Min\_Ist,mk} - T_{\ddot{u}})$$

          Zeitraum, der der Dauer der Ausführung des aktuellen Auftrags entspricht (gemittelter Wert, durch Subtraktion des betrachteten Transportauftrags (ij) korrigiert)

Maximale Ist-Versorgezeit zwischen Segmenten bzw. Zellen im Fertigungssegment:

$$T_{Max\_Ist,ij} = T_{Min\_Ist,ij} + \sum_{\substack{m,k=1,\\m,k \neq i,j}}^{n} \epsilon_{mk} \cdot (T_{Min\_Ist,mk} - T_{\ddot{u}}) \cdot \frac{n_{TA,max}}{n_{TM}} \tag{4.8}$$

mit

$n_{TA,max}$ maximale Anzahl von Transportaufträgen, die gleichzeitig eintreffen können, entspricht der Anzahl der Segmente im Fertigungssystem bzw. der Zellen im Fertigungssegment

n_{TM} Anzahl der Transportmittel

$$\sum_{\substack{m,k=1,\\m,k \neq i,j}}^{n} \epsilon_{mk} \cdot (T_{Min\_Ist,mk} - T_{\ddot{u}}) \cdot \frac{n_{TA,max}}{n_{TM}}$$

          Zeitraum, der der Dauer der Ausführung der maximalen Anzahl von gleichzeitig anfallenden Transportaufträgen entspricht (gemittelter Wert, durch Subtraktion des betrachteten Transportauftrags (ij) korrigiert)

- **Abbildungsvariante 2**: Ein Fertigungssystem bestehend aus einer beliebigen Anzahl verfahrens-, ablauf- und/oder produktorientierter Fertigungs- und Lagersegmente sowie nur einem Transportsystem, d.h. alle Segmente und alle Zellen eines ablauf- bzw. produktorientierten Fertigungssegments werden von einem und demselben Transportsystem mit Transportobjekten ver- und entsorgt (s. Bild 4.11). Einzelne Beziehungen zwischen Zellen mehrerer ablauf-/produktorientierten Fertigungssegmente werden dabei zu einer Materialflußbeziehung zwischen den Segmenten zusammengefaßt (s. Kapitel 4.3.2). Durch diese Abbildungsvariante werden die Produktionssysteme dargestellt, die in sich eine Kombination verschiedener Fertigungsprinzipien beinhalten, was auch praxisrelevanter ist als die Realisierung eines reinen Fertigungsprinzips innerhalb des gesamten Produktionssystems [EVER89].

- **Abbildungsvariante 3**: Ein Fertigungssystem bestehend aus einer beliebigen Anzahl von verfahrens-, ablauf- und/oder produktorientierten Fertigungssegmenten evtl. mit segmentinternen Transportsystemen sowie Lagersegmenten. Darüber hinaus existiert ein segmentübergreifendes Transportsystem, das für die Transporte sowohl zwischen den einzelnen Segmenten als auch zwischen den Zellen derjeniger Segmenten, die kein Transportsystem enthalten, zuständig ist (s. Bild 4.11).

Bei den Abbildungsvarianten 2 und 3 müssen der Gewichtungsfaktor sowie die Ist-Versorgezeit der Materialflußbeziehung zwischen den Zellen in einem Segment und zwischen den Segmenten unterschieden werden. Die entsprechenden Formeln, die auf den Formeln (4.3) sowie (4.6) bis (4.8) basieren, werden im Anhang dargelegt.

4.5 Anwenderspezifische Planungsprämissen

Unter anwenderspezifischen Planungsprämissen werden Zielgrößen verstanden, die der Anwender in der Produktion erreichen möchte. Für die Planung des Materialfluß-Steuerungssystems sind nur diejenigen Zielsetzungen von Interesse, auf die es Einfluß nehmen kann. Während die bisher beschriebenen Inhalte des Datenmodells ein Produktionssystem objektiv darstellen, werden aus den Unternehmenszielen die subjektiven anwenderspezifischen Anforderungen an die Materialflußsteuerung abgeleitet.

Die Erhaltung und Verbesserung der Wettbewerbsfähigkeit eines Produktionsunternehmens kann durch Erhöhung der Flexibilität und Steigerung der Produktivität und Qualität sowie der Termintreue und Lieferbereitschaft erreicht werden. Dies bedeutet nicht nur Senken der Herstellkosten, sondern auch Verkürzen der Durchlaufzeit, Verringern des Umlaufbestands und Steigerung der Auslastung der kapitalintensiven Anlagen. Dies sind genau die Zielgrößen, die das Verhalten eines Produktionssystems charakterisieren und die es zu minimieren bzw. zu maximieren gilt. Daraus ergeben sich folgende, als die wichtigsten erkannte Zielsetzungen, die in das Datenmodell mit einbezogen werden und aus denen der Anwender die für ihn bedeutenden Ziele auswählen kann (Bild 4.12):

Die *Auftragsdurchlaufzeit* erstreckt sich im Einflußbereich der innerbetrieblichen Materialflußsteuerung zeitlich von den dispositiven und organisatorischen Maßnahmen zur Einsteuerung des Auftrags in den Produktionsbereich bis zur Auftragsauslieferung an den nächsten Produktionsbereich/Lager [DOMB88, JÜNE89]. Die Durchlaufzeit in Fertigung und Montage besteht neben den aktiven Zeiten der Auftragsbearbeitung (Rüst- und Bearbeitungs- bzw. Prüfzeit), zu einem hohen Prozentsatz aus passiven Zeitanteilen, die sich aus Transport- und Liegezeiten vor bzw. nach jeder Bearbeitung ergeben [BÜRG91, BURG92, WIEN87]. Daher ist eine Reduzierung der passiven Zeiten durch Optimierung der Materialflußsteuerung anzustreben. Die Materialflußsteuerung hat auf die Rüstzeit nur einen Einfluß, wenn Betriebsmittel zur Umrüstung transportiert werden müssen, die nicht parallel zur laufenden Bearbeitung einer Maschine bereitgestellt werden können.

Das der Planung der Aufbau- und Ablauforganisation einer
Materialflußsteuerung zugrundeliegende Datenmodell

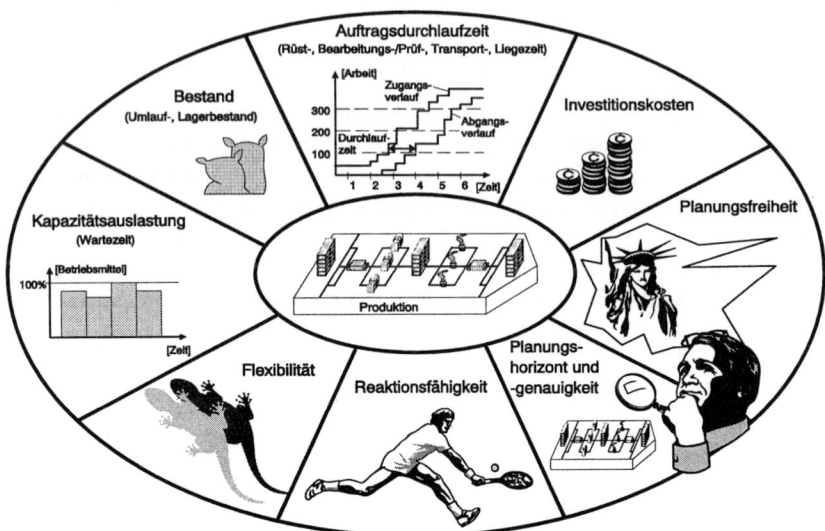

Bild 4.12: Anwenderspezifische Planungsprämissen im Datenmodell

Die *Transportzeit*, die Zeit für das Transportieren eines Loses zwischen zwei Arbeitsstationen, die durch die Auslegung des Materialflußsystems (d.h. Anzahl der Arbeitsplatzwechsel, Anzahl der Transportmittel, Transportwege) festgelegt ist, kann nicht durch das Materialflußsteuerungsprinzip, aber wohl durch die Optimierungsstrategien und die Funktionalität der Materialflußsteuerung beeinflußt werden.

Die Zeit, in der das Material auf das Bearbeiten/Prüfen wartet, wird als *Vorliegezeit*; die Zeit, in der das bearbeitete/geprüfte Material auf Abtransport wartet, als *Nachliegezeit* bezeichnet [GERL89]. Sie lassen sich durch das geeignete Materialflußsteuerungsprinzip, z.B. das Hol- bzw. eine Kombination aus Bring- und Holprinzip, reduzieren.

Die Bestände in der Werkstatt umfassen den *Umlauf- und* den *Lagerbestand*. Der Bestand errechnet sich aus der Differenz der Materialzugänge und -abgänge in der Produktion im bestimmten Bezugszeitraum. Unabhängig vom gewählten Materialflußsteuerungsprinzip bleibt der Gesamtbestand an Material, d.h. die Summe aus Umlauf- und Lagerbestand, konstant. Dagegen kann die Verteilung der Bestände beeinflußt werden. Durch die Einführung des Holprinzips kann z.B. der Umlaufbestand reduziert werden, da nur das aktuell benötigte Material im Puffer der Bearbeitungsmaschine liegt. Beim Bringprinzip hingegen können die Pufferbestände steigen, da das zum Fertigungsauftrag gehörige Material zeitbezogen unabhängig vom Status des vorherigen Auftrags gebracht wird. Bei einer Kombination aus Bring- und Holprinzip wird angenommen, daß die Nachteile des Bringprinzips durch die Vorteile des Holprinzips ausgeglichen werden, unter Voraussetzung gleicher Anteile beider Prinzipien. Durch eine Reduzierung der Umlaufbestände kann ebenfalls eine höhere *Fertigungstransparenz* erreicht werden, die Voraussetzung für eine effektive, reaktionsfähige Steuerung der Fertigung ist.

Die Zeit, in der eine Arbeitsstation auf die Auftragsbearbeitung wartet, wird als *Wartezeit* bezeichnet. Sie beeinträchtigt die *Kapazitätsauslastung* der Arbeitsstation. Die Engpaß-Wartezeit, die sich aus dem fehlenden Abgleich von Kapazitätsbedarf und -angebot im Produktionssystem ergibt, läßt sich durch die Materialflußsteuerung nicht beeinflussen. Dagegen werden die organisatorisch bedingten Wartezeiten durch das Materialflußsteuerungsprinzip wesentlich mitbestimmt, z.B. beim Holprinzip durch eine zu späte Materialanforderung. Eine Minimierung der Wartezeit läßt sich eher durch das Bringprinzip erreichen, da das Material zum geplanten Zeitpunkt bereitgestellt wird.

Die *Flexibilität* des Produktionssystems wird als Fähigkeit seiner schnellen und leichten Anpaßbarkeit an geänderte Anforderungen definiert. Die Materialflußsteuerung muß dies qualitativ unterstützen, indem sie die Möglichkeit einer dynamischen Adaption der Ablauforganisation an grundsätzliche, tiefgreifende oder dauerhafte Änderungen der Anforderungen des Produktionssystems anbietet.

Die *Reaktionsfähigkeit* des Produktionssystems ist umso höher, je geringer bei der Feinterminierung der Fertigungs- und Materialflußaufträge der *Planungshorizont* (Zeitabschnitt, für den die Planung Gültigkeit haben soll [REFA91]) und höher die *Planungsgenauigkeit* und die *Planungsfreiheit* einzelner Steuerungssysteme sind, da es umso effektiver auf Eilaufträge und Fehlersituationen reagiert werden kann, je kurzfristiger, genauer und überschaubarer geplant wird. Während beim Bringprinzip aufgrund der zugrundeliegenden Auftragsplanung geringere Reaktionsfähigkeit zu erwarten ist, sind beim Holprinzip kurzfristige Anforderungen schnell ausführbar.

Weiterhin sind bei der Auslegung der Materialflußsteuerung die *Investitionskosten* für die Anschaffung von Soft- und Hardware zu betrachten. Da für die Umsetzung des Holprinzips eine aufwendigere Hardware bzw. bei der Kombination aus Hol- und Bringprinzip auch Software benötigt werden, ist hier mit höheren Kosten zu rechnen.

Für die Materialflußsteuerung besteht allerdings das Problem, daß sich einige der erwähnten Teilziele unterstützen, die anderen gegeneinander wirken (Bild 4.13), mit der Folge, daß demnach für die Materialflußsteuerung nicht nur ein Ziel existiert, dessen Wert zu optimieren ist, und die Ziele nicht alle gleichermaßen mit einem möglichst hohen Erreichungsgrad realisiert werden können [HACK89].

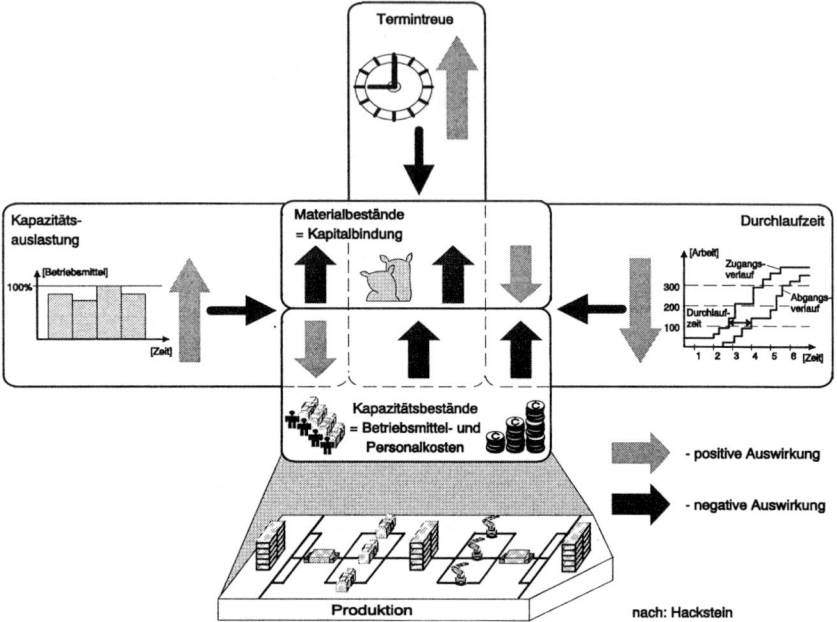

Bild 4.13: Konflikt zwischen den anwenderspezifischen Planungsprämissen

So führt beispielsweise die Verkürzung der passiven Zeiten zu niedrigeren Beständen in der Produktion (und umgekehrt) und in Folge zu kleineren und weniger stark streuenden Auftragsdurchlaufzeiten [TREU90] sowie zu verbesserter Transparenz des Produktionsgeschehens. Ein bestimmter Bestand als Puffer ist allerdings notwendig, um zur Sicherung der Kapazitätsauslastung unvermeidbare Belastungs- und Leistungsschwankungen sowie übergangs- oder störungsbedingte Wartezeiten auszugleichen [BECH84]. Maximierung der Kapazitätsauslastung und Minimierung der Auftragsdurchlaufzeit sind wiederum in der Werkstattfertigung konkurrierende Ziele, Kapazitätsauslastung "um jeden Preis" kann Auftragsdurchlaufzeit verlängern sowie Bestand erhöhen [BECH84, HACK89]. Während mit steigender Flexibilität u.a. die durchschnittliche Durchlaufzeit der Aufträge zurück geht, werden die Zusatzkosten für die Realisierung der Flexibilität sowie zum Teil die Lagerbestände erhöht [HACK89]. Weiterhin verlangt höhere Flexibilität der Produktion, daß ein größeres Kapazitätsreservoir vorgehalten werden muß als zur Abdeckung der jeweiligen Auftragszusammensetzung erforderlich [BECH84].

Der Konflikt zwischen den anwenderspezifischen Planungsprämissen verlangt eine Beurteilung der Auswirkungen von Maßnahmen im Rahmen der Materialflußsteuerung in bezug auf alle Ziele, d.h. es muß ein wirtschaftliches Optimum gefunden und durchgesetzt werden, und zwar abhängig von den Beschaffenheiten der jeweiligen Produktion. Dies kann bei der Auslegung der Materialflußsteuerung mit Hilfe der Prioritätssetzung berücksichtigt werden (Bild 4.14), die äußerst unternehmensspezifisch ist und ausschließlich vom Anwender durchgeführt wird (s. Kapitel 5.2.1.2). Obwohl es bekannt ist, daß sich die Gewichtung der klassischen Unternehmensziele in den letzten Jahren verschoben hat und z.B. kurze Durchlaufzeiten, niedrige Bestände und hohe Termintreue im Vergleich zu der ehemals im Mittelpunkt stehenden Kapazitätsauslastung der Produktionseinrichtungen an Bedeutung gewonnen haben [N.N.92a], wird die Prioritätssetzung nicht vom Planungssystem vorgegeben, sondern vom Anwender frei gewählt. Um eine Gesamtoptimierung zu erreichen, sollte die Materialflußsteuerung damit mehrere und nicht nur eines der unternehmensspezifisch abzuleitenden Ziele abbilden und die Strategien der Planung und Steuerung entsprechend aufeinander abstimmen können.

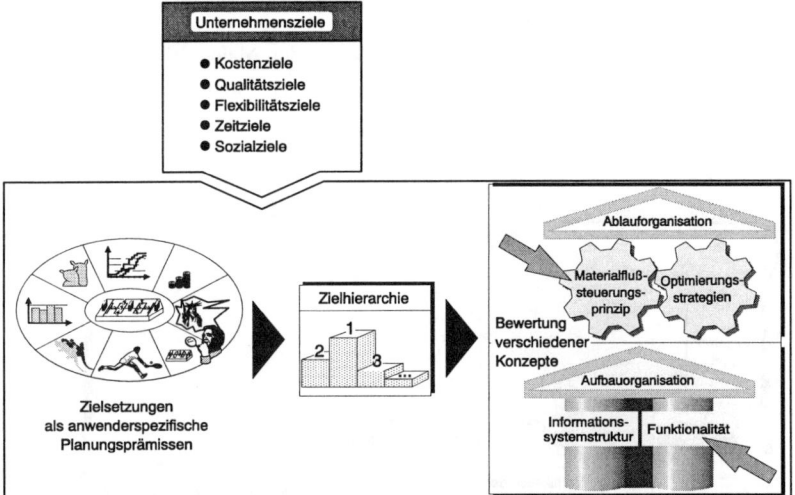

Bild 4.14: *Berücksichtigung der anwenderspezifischen Planungsprämissen bei der Ableitung der Aufbau- und Ablauforganisation der Materialflußsteuerung*

5 Konzept zur Planung der Aufbau- und Ablauforganisation einer Materialflußsteuerung

Entsprechend den Anforderungen in Kapitel 3.3 wird in diesem Kapitel das Konzept einer systematischen, auf dem in Kapitel 4 entwickelten Datenmodell der die Materialflußsteuerung anwendenden Produktionssysteme beruhenden Vorgehensweise zur Planung der Aufbau- und Ablauforganisation der Materialflußsteuerung erarbeitet. Nachdem in Kapitel 3 eine Rechnerunterstützung bei der Planung gefordert wurde, wird im folgenden zwischen dem Konzept und dem auf diesem Konzept basierenden Planungssystem nicht weiter unterschieden.

5.1 Dreistufige Vorgehensweise zur Planung der Aufbau- und Ablauforganisation einer Materialflußsteuerung

Die Planung der Aufbau- und Ablauforganisation der Materialflußsteuerung erfolgt entsprechend den Anforderungen in Kapitel 3.3 in drei Stufen (Bild 5.1):

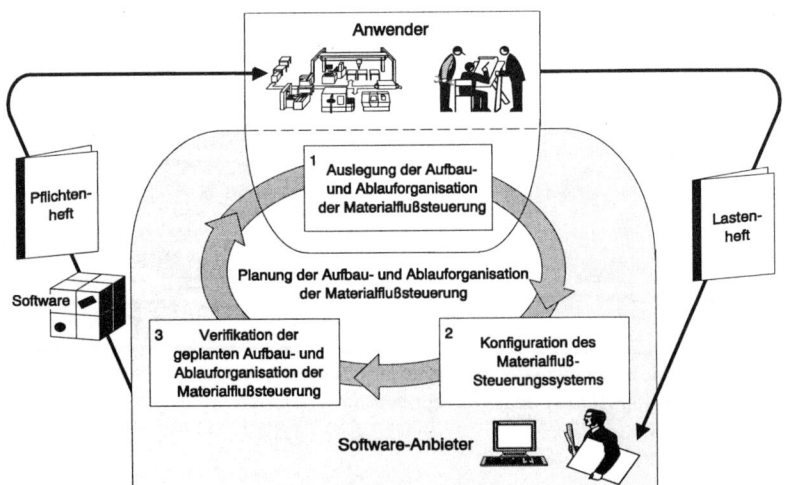

Bild 5.1:   Planung der Aufbau- und Ablauforganisation der Materialflußsteuerung in drei Stufen: Einsatz beim Anwender und beim Anbieter der Materialflußsteuerung

1. Auslegung der Aufbau- und Ablauforganisation der Materialflußsteuerung, was deren Definition im Sinne eines Lastenheftes (s. Kapitel 2.3.3) bedeutet

2. Konfiguration des Materialfluß-Steuerungssystems

3. Verifikation der geplanten Aufbau- und Ablauforganisation.

Das Planungssystem kann sowohl bei den Anwendern als auch bei den Anbietern von Materialfluß-Steuerungssystemen eingesetzt werden (s. Kapitel 2). Die *Anwender* werden durch das Planungssystem bei der Erstellung des Lastenheftes für die Materialflußsteuerung, das bei der Ausschreibung an die Software-Anbieter geschickt wird (s. Kapitel 2.3.2.2) unterstützt, um die Feinkonzeption, aus der das Lastenheft abgeleitet wird, methodisch, schneller und objektiver zu erstellen. Dazu ist ausreichend, die erste Stufe der Planung, d.h. die Auslegung der Aufbau- und Ablauforganisation der Materialflußsteuerung durchzuführen (s. Bild 5.1). Da der Anwender zu diesem Zeitpunkt über die Softwaremodule der Materialflußsteuerung nicht verfügt, kann er die restlichen Planungsstufen ohnehin nicht ausführen.

Für den *Softwareanbieter* ist es dagegen in der Angebotsphase bzw. während der Pflichtenhefterstellung (s. Kapitel 2.3.2.2) hilfreich, wenn er nicht nur das Konzept der Aufbau- und Ablauforganisation der von ihm zu entwickelnden Materialflußsteuerung(s-Software) methodisch, schnell und objektiv ermittelt, sondern wenn er auch anhand der durchgeführten Konfiguration und Verifikation beweisen kann, daß mit dem erstellten Konzept gute Ergebnisse bezüglich der geforderten Unternehmensziele wie z.B. Durchlaufzeit oder Kapazitätsauslastung erzielt werden können. Hierfür ist es erforderlich, alle drei Stufen der Planung der Materialflußsteuerung durchzuführen (s. Bild 5.1), wobei die erste Stufe sinnvollerweise zusammen mit dem Anwender verwirklicht werden soll (s. Kapitel 2.3.2.1).

5.2 Stufe 1: Auslegung der geeigneten Aufbau- und Ablauforganisation einer Materialflußsteuerung

Aufgrund des Datenmodells des betrachteten Produktionssystems, das die Einflußgrößen beinhaltet, sowie der auf der Basis einer umfassenden Analyse von Produktionssystemen im Planungssystem angelegten Strategien in Form von Regeln soll für den jeweiligen Anwendungsfall in dieser Planungsstufe die geeignete Aufbau- und Ablauforganisation der Materialflußsteuerung bestimmt werden (Bild 5.2). Dazu werden entsprechend der Definition in Kapitel 2.2.1 im Rahmen der *Ablauforganisation* das *Materialflußsteuerungsprinzip* festgelegt, wobei hier ausschließlich die materialflußsteuernden Systeme (Bring-, Holprinzip oder Kombination) betrachtet werden, die ihren Einsatz gerade in der Werkstatt-

und Gruppenfertigung finden (s. Kapitel 2.2.3.1), sowie die *Strategien zur (Online-)Optimierung des Materialflusses* ausgewählt (s. Bild 5.2). Entsprechend der Definition (s. Kapitel 2.2.1) werden im Rahmen der *Aufbauorganisation* die passende *Informationssystemstruktur* (z.B. Leitsystem, Materialflußrechner) und *Funktionalität* der Materialflußsteuerung, die sich auf den Bereich von der Planung bis zur Ausführung der Materialflußvorgänge (z.B. Verwaltung gemeinsamer Betriebsmittel, Optimierung des Materialflusses, Disposition des Fahrzeugparks etc.) bezieht, festgelegt sowie die *Verteilung der* gewählten *Funktionen* auf die einzelnen Teilsysteme der Informationssystemstruktur vorgenommen (s. Bild 5.2). Neben den vom Datenmodell umfaßten Einflußgrößen und dem im Planungssystem implementierten Wissen wird dies ebenfalls vom ermittelten Materialflußsteuerungsprinzip mit bestimmt (s. Bild 5.2). Die Funktionsauswahl selbst beeinflußt allerdings die Auswahl der Optimierungsstrategien, da diese nur dann erfolgt, falls entsprechende Funktion - Optimierung - hier als notwendig erscheint (s. Bild 5.2).

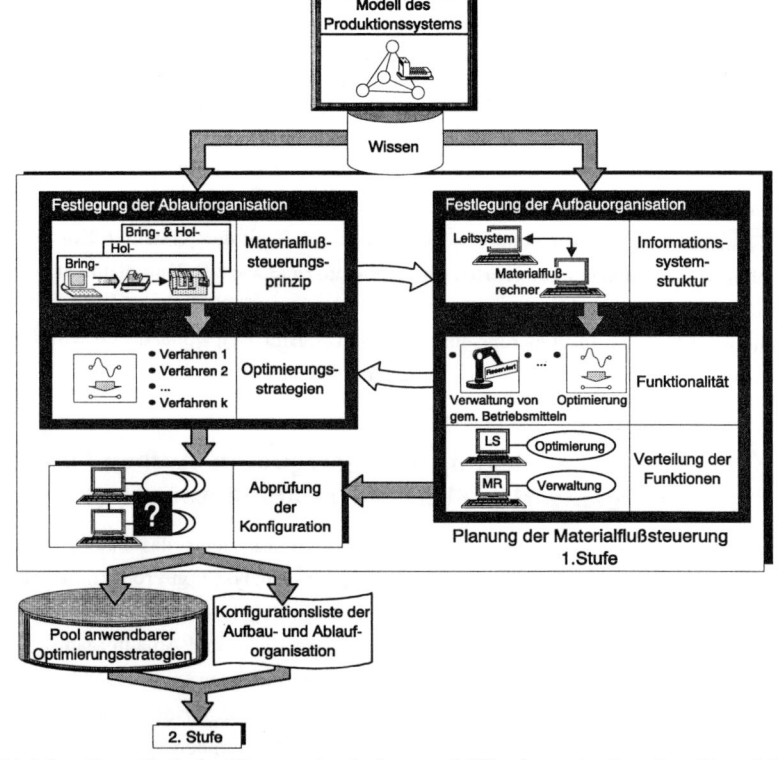

Bild 5.2:   Erste Stufe der Planung der Aufbau- und Ablauforganisation einer Materialflußsteuerung

Wenn vorherige Planungsschritte nicht automatisch, sondern in der Interaktion mit dem Bediener durchgeführt werden, ist eine *Abprüfung der* erstellten *Konfiguration* der Aufbau- und Ablauforganisation der Materialflußsteuerung gegen verschiedene Kriterien wie Vollständigkeit, Konsistenz, Geschwindigkeit der Auftragsverarbeitung im Hinblick auf den Planungshorizont erforderlich (s. Bild 5.2).

Das Ergebnis der ersten Planungsstufe ist eine vollständige Beschreibung der Aufbau- und Ablauforganisation der Materialflußsteuerung für das Anwender-Produktionssystem in Form einer Konfigurationsliste sowie ein Pool anwendbarer Optimierungsstrategien.

5.2.1 Materialflußsteuerungsprinzip

Anhand des anwenderspezifischen Produktionsmodells (s. Kapitel 4) und unter Berücksichtigung der Auslastung des Materialflußsystems wird hier untersucht, welches Materialflußsteuerungsprinzip für die Fertigungsanlage des Anwenders vorteilhaft ist. Dies bedeutet im wesentlichen, daß der Anteil des Bring- und des Holprinzips im Steuerungskonzept bestimmt wird. Dabei ist zu beachten, daß, sobald die vorgegebenen Termine eingehalten werden, das Materialflußsteuerungsprinzip die Konzeption der Produktionssteuerung nicht beeinflußt, da es die Fertigungsweise nicht verändert. Vielmehr wird für die Rationalisierung der Produktion gesorgt, indem z.B. die Auftragsdurchlaufzeit sowie die Bestände durch organisatorische Maßnahmen optimiert werden.

Für die Auswahl des Materialflußsteuerungsprinzips sind zwei Aspekte entscheidend: das Zeitverhalten des Fertigungs- und Materialflußsystems, das sich im wesentlichen in der vom Fertigungssystem verlangten Soll-Versorgezeit und der für das Materialflußsystem machbaren Ist-Versorgezeit widerspiegelt (s. Kapitel 4.4), und die vom Planer priorisierten anwenderspezifischen Planungsprämissen als Zielsetzung für die Materialflußsteuerung (Bild 5.3). Dabei wird ein *schrittweiser Vergleich von Soll- und* minimaler, durchschnittlicher sowie maximaler *Ist-Versorgezeit* für jede Materialflußbeziehung zwischen Zellen bzw. Segmenten durchgeführt (s. Bild 5.3), durch dessen *Bewertung* ein Materialflußsteuerungsprinzip der jeweiligen Materialflußbeziehung zugeordnet wird. Durch die einzelnen Schritte werden allmählich die Auswahlmöglichkeiten eingeengt und die Sicherheit des Planungsergebnisses erhöht, wie es in Kapitel 5.2.1.1 gezeigt wird. Darauf aufbauend wird für die in Zellen detaillierten Segmente bzw. für das Fertigungssystem ein vorherrschendes Materialflußsteuerungsprinzip bestimmt:

- Wurde für alle Materialflußbeziehungen im Fertigungssegment/-system das Holprinzip bzw. das Bringprinzip festgelegt, so wird auch dem Fertigungssegment/-system das Holprinzip bzw. das Bringprinzip zugewiesen.

Konzept zur Planung der Aufbau- und Ablauforganisation einer Materialflußsteuerung

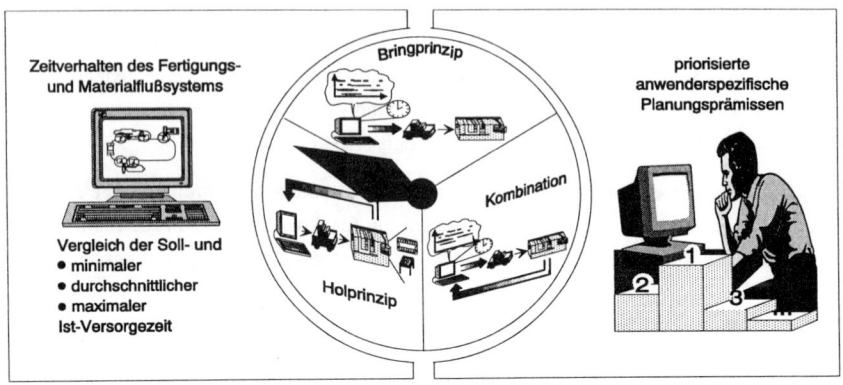

Bild 5.3:   Ableitung des Materialflußsteuerungsprinzips

- Existieren im Fertigungssegment/-system sowohl die Materialflußbeziehungen mit dem Hol- als auch die mit dem Bringprinzip, so wird dem Fertigungssegment/-system die Kombination aus Bring- und Holprinzip zugewiesen.

Das hiermit auf einer objektiven Grundlage bestimmte *Materialflußsteuerungsprinzip* wird *mit dem Erfüllungsgrad der* subjektiven *anwenderspezifischen Planungsprämissen abgeglichen*, um das Erreichen der vom Anwender gesetzten Ziele gewährleisten zu können (s. Kapitel 5.2.1.2).

5.2.1.1 Schrittweiser Vergleich und Bewertung von Soll- und Ist-Versorgezeit

Die Grundidee für den Vergleich und die Bewertung der Soll- und Ist-Versorgezeit ist in Bild 5.4 dargestellt. Ausgehend von der Termin- und Kapazitätsplanung für die Maschinenbelegung wird, beispielsweise in einem Leitsystem, der Starttermin für den Fertigungsauftrag und, unter Berücksichtigung der Soll-Versorgezeit, für die Auslösung der Material- bzw. Betriebsmittelanforderung festgelegt. Daraufhin wird der zugehörige Materialflußauftrag erzeugt, in das Materialflußsystem eingelastet und ausgeführt. Die rechtzeitige Bereitstellung ist dann gesichert, wenn die Ist-Versorgezeit kleiner oder gleich der Soll-Versorgezeit ist. Wenn sie allerdings kleiner ist, kommt das Material zu früh an der Bearbeitungsmaschine an, womit der Umlaufbestand in der Produktion anwächst. Übersteigt hingegen die Ist- die Soll-Versorgezeit, so ist das Material zum Bedarfszeitpunkt nicht an der Bearbeitungsmaschine, woraus Wartezeiten resultieren. Das Optimum wird folglich dann erreicht, wenn Soll- und Ist-Versorgezeit übereinstim-

men. Dies ist in der Realität jedoch selten der Fall. Daher ist das Materialflußsteuerungsprinzip so auszuwählen, daß eine rechtzeitige Bereitstellung von Material und
Betriebsmitteln bei gleichzeitig niedrigen Beständen gewährleistet ist, was aufgrund
des Vergleichs der für das Fertigungs- und Materialflußsystem ermittelten Zeiten erfolgt.

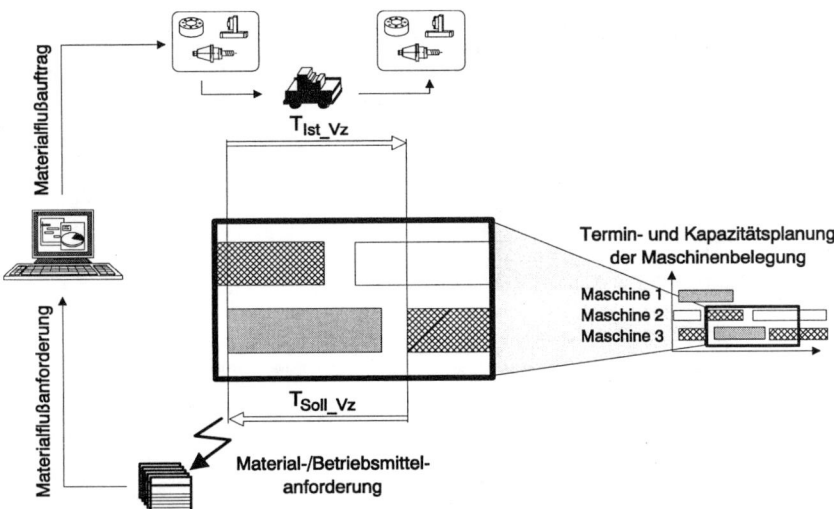

Bild 5.4:   Vergleich der Soll- und Ist-Versorgezeit

In Bild 5.5 ist die Verteilung der Anzahl der Fertigungsaufträge über der Soll-Versorgezeit dargestellt. Es wird angenommen, daß sie analog zu der Verteilung über der Bearbeitungszeit den Verlauf einer Normalverteilung aufweist [JÜNE89], bei der das Maxi-
mum der anfallenden Fertigungsaufträge durch die durchschnittliche, während eine vernachlässigbar geringe Anzahl der Aufträge durch die minimale Soll-Versorgezeit gekennzeichnet ist. Die Streuung der Soll-Versorgezeit wird in Bild 5.5 durch zwei Kur-
ven dargestellt, die durch die jeweils gleiche Anzahl von Fertigungsaufträgen, jedoch
unterschiedliche Streubreiten charakterisiert sind, nämlich eine breite Streuung, bei der
die minimale weniger als 50% der durchschnittlichen Soll-Versorgezeit beträgt (Kurve
1), und eine schmale Streuung, bei der die minimale größer als 50% der durchschnittlichen Soll-Versorgezeit ist (Kurve 2). Da die Streubreite die Wahrscheinlichkeit charakterisiert, mit der ein Fertigungsauftrag eine bestimmte Soll-Versorgezeit verlangt, muß
sie bei der Auswahl des Materialflußsteuerungsprinzips berücksichtigt werden.

Konzept zur Planung der Aufbau- und Ablauforganisation einer Materialflußsteuerung

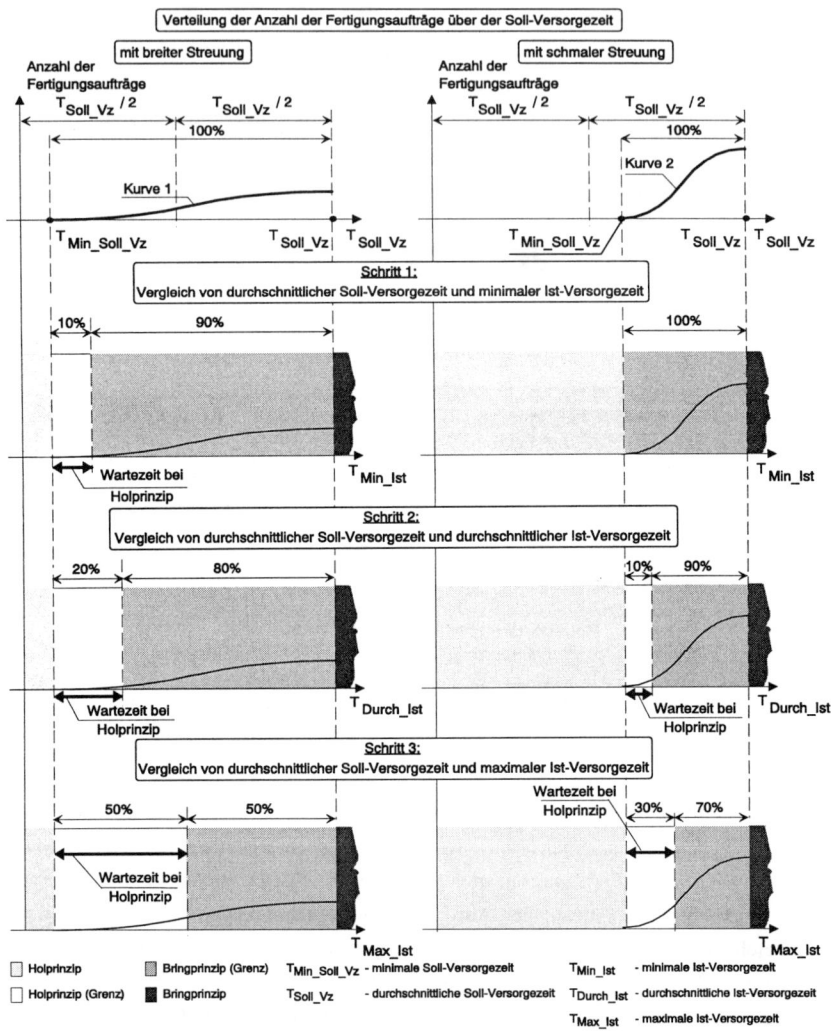

Bild 5.5: Schrittweiser Vergleich und Bewertung von Soll- und Ist-Versorgezeit

Schritt 1

Aus dem Vergleich von Soll- und minimaler Ist-Versorgezeit kann abgeleitet werden, ob ein Transportauftrag im von der Soll-Versorgezeit definierten Zeitraum überhaupt erledigt werden kann. Dies ist das strengste Kriterium der Dreischritt-Bestimmung des

Materialflußsteuerungsprinzips. Da für die Soll-Versorgezeit ein Streubereich festgelegt wurde, stellt sich die Frage, welches Materialflußsteuerungsprinzip abhängig von der Lage der Ist-Versorgezeit in diesem Streubereich sinnvoll gewählt wird. In Bild 5.5 sind die Zeitbereiche abhängig vom zugehörigen Steuerungsprinzip schraffiert dargestellt. Dazu gelten folgende Regeln:

- Ist die berechnete minimale Ist-Versorgezeit kleiner als die minimale Soll-Versorgezeit, wird das *Holprinzip* gewählt (s. Bild 5.5), da bei diesem Verhältnis der beiden Zeiten man davon ausgehen kann, daß eine rechtzeitige Bereitstellung von Material und Betriebsmitteln immer gewährleistet ist.

- Befindet sich die berechnete minimale Ist-Versorgezeit im Grenzbereich zwischen der minimalen und der durchschnittlichen Soll-Versorgezeit, so kann abhängig von der Lage der Ist-Versorgezeit in diesem Bereich *sowohl das Holprinzip als auch das Bringprinzip* eingesetzt werden (s. Bild 5.5). Der Wert, der die Einführung von Hol- und Bringprinzip abgrenzt, ist abhängig vom Verhältnis der minimalen zur durchschnittlichen Soll-Versorgezeit, und zwar dessen 50%-Grenze. Wird diese Grenze überschritten, ist die Wahrscheinlichkeit, einen Transportauftrag in der minimalen Soll-Versorgezeit ausführen zu müssen, bereits so groß, daß es zu Wartezeiten bei der Umsetzung des Holprinzips kommen kann, daher wird das Bringprinzip ausgewählt. Dies gilt somit für den kompletten Grenzbereich bei der schmalen Streuung (s. Bild 5.5), während bei der breiten Streuung unterhalb der 50%-Grenze eine Grenzbreite von 10% der Streubreite angesetzt wird, in der das Holprinzip zulässig und empfehlenswert ist (s. Bild 5.5). Diese Auswahl der Grenzbreite basiert auf der Tatsache, daß die Wahrscheinlichkeit, einen Transportauftrag in einer in diesem Bereich liegenden Soll-Versorgezeit ausführen zu müssen, gering ist, wobei als Maß die eingeschlossene Kurvenfläche betrachtet wird. Die evtl. auftretenden Wartezeiten, mit denen in diesem Streubereich gerechnet werden muß, sind vernachlässigbar klein.

Da in diesem kompletten Grenzbereich unter Umständen die Anwendung beider zur Auswahl stehenden Steuerungsprinzipien möglich ist, ermöglicht seine Existenz dem Planer, falls er das notwendig findet, unterschiedlich zur Empfehlung des Planungssystems zu wählen; z.B. wenn allen Materialflußbeziehungen außer der einen, die sich im Grenzbereich befindet, ein und dasselbe Steuerungsprinzip zugeordnet ist, können durch das einheitliche Steuerungskonzept die Systeminstallationskosten und die Systemkomplexität verringert werden, wobei gewisse Warte- bzw. Liegezeiten in Kauf genommen werden müssen.

- Ist die minimale Ist-Versorgezeit größer als die durchschnittliche Soll-Versorgezeit, so ist als Materialflußsteuerungsprinzip das *Bringprinzip* geeignet (s. Bild 5.5).

Der Einsatz des Holprinzips bei einer über der durchschnittlichen Soll-Versorgezeit gelegenen minimalen Ist-Versorgezeit ist nicht sinnvoll, da hierbei der Material-/ Betriebsmittelbedarf vom Arbeitsplatz zu einem weit vor dem tatsächlichen Starttermin des Fertigungsauftrags gelegenen Zeitpunkt anzumelden wäre, um eine rechtzeitige Bereitstellung gewährleisten und längere Wartezeiten vermeiden zu können. Dies stellt allerdings den Gegensatz der Idee des Holprinzips dar. Da mit zunehmendem Planungshorizont auch die Planungsungenauigkeit wächst, ist eine Anwendung des Bringprinzips in diesem Fall unbedingt vorzuziehen.

Schritt 2

Durch die durchschnittliche Ist-Versorgezeit wird die normale Belastung des Materialflußsystems mit Transportaufträgen beschrieben. In diesem Fall können breitere kritische Grenzsubbereiche als beim Vergleich von Soll- und minimaler Ist-Versorgezeit angesetzt werden, da der Berechnung der durchschnittlichen Ist-Versorgezeit bereits nicht mehr eine "best-", sondern eine "average-case"-Betrachtung zugrundeliegt (s. Bild 5.5).

- Ist die durchschnittliche Ist-Versorgezeit kleiner als die minimale Soll-Versorgezeit, so ergibt sich als Materialflußsteuerungsprinzip das *Holprinzip*.

- Ist die durchschnittliche Ist-Versorgezeit größer als die minimale, jedoch kleiner als die durchschnittliche Soll-Versorgezeit, so kann *Hol- oder Bringprinzip* folgen. Dabei werden wieder unter Berücksichtigung der Streubreite der Soll-Versorgezeit Grenzsubbereiche festgelegt, die dem Bild 5.5 entnommen werden können. Die angegebenen Werte stellen eine Annahme dar, die in der realen Anwendung verifiziert werden soll.

- Ist die durchschnittliche Ist-Versorgezeit größer als die durchschnittliche Soll-Versorgezeit, so wird das *Bringprinzip* ausgewählt.

Schritt 3

In der dritten Stufe sind die Auswirkungen der maximalen Ist-Versorgezeit, die von einer absoluten "worst-case"-Situation im Produktionssystem ausgeht, auf die Auswahl des Materialflußsteuerungsprinzips abzuschätzen. Als oberer Grenzwert wird die maximale Ist-Versorgezeit kaum erreicht, daher ist eine Abwertung dieses Kriteriums durch entsprechend breite Grenzsubbereiche erforderlich (s. Bild 5.5).

- Ist die maximale Ist-Versorgezeit kleiner als die minimale Soll-Versorgezeit, so ergibt sich als Materialflußsteuerungsprinzip das *Holprinzip*.

- Ist die maximale Ist-Versorgezeit zwischen der minimalen und der durchschnittlichen Soll-Versorgezeit, kann abhängig von ihrer Lage sowie der Streubreite der Soll-Versorgezeit *sowohl Hol- als auch Bringprinzip* eingesetzt werden (s. Bild 5.5).

- Ist die maximale Ist-Versorgezeit größer als die durchschnittliche Soll-Versorgezeit, so wird als Materialflußsteuerungsprinzip das *Bringprinzip* ausgewählt.

Wie auch aus Bild 5.5 ersichtlich, steigt der "Wert" des Materialflußsteuerungsprinzips vom Holprinzip über Holprinzip (Grenzbereich) und Bringprinzip (Grenzbereich) zum Bringprinzip. Für die betrachtete Materialflußbeziehung zwischen Segmenten/Zellen wird immer *der höchste ermittelte Wert aus den drei Schritten* festgelegt. Da beim jeweils nächsthöheren Schritt immer der Wert ermittelt wird, der größer oder gleich dem Wert des vorherigen Schrittes ist (wenn beispielsweise mit dem Holprinzip schon die minimale Ist-Versorgezeit die Soll-Versorgezeit überschreitet, dann kann es unmöglich bei der maximalen Ist-Versorgezeit anders sein), kann die Berechnung des Materialflußsteuerungsprinzips bereits beim Erreichen des höchsten Wertes beendet werden.

5.2.1.2 Abgleich des ermittelten Materialflußsteuerungsprinzips mit dem Erfüllungsgrad anwenderspezifischer Planungsprämissen

Die Unterstützung der in Kapitel 4.5 beschriebenen anwenderspezifischen Planungsprämissen durch das jeweilige Materialflußsteuerungsprinzip wird durch einen Wertungsfaktor im Bereich von -2 bis +2 erfaßt (Bild 5.6). Die vom Anwender an eine Planungsprämisse vergebene Priorität wird mit dem Wertungsfaktor multipliziert, alle ermittelten Werte getrennt nach den Materialflußsteuerungsprinzipien aufsummiert und verglichen. Das Steuerungsprinzip, für das der größte positive Wert ermittelt wurde, wird als das durch

Anwenderspezifische Planungsprämissen	Bewertung der Unterstützung durch das Materialflußsteuerungsprinzip		
	Bringprinzip	Kombination aus Bring- und Holprinzip	Holprinzip
Geringe Liegezeit	-2	1	1
Reduzierter Umlaufbestand	-2	0	2
Reduzierter Lagerbestand	1	0	-1
Hohe Transparenz	-2	1	2
Geringe Wartezeit	1	1	-2
Hohe Flexibilität	1	2	1
Gute Reaktionsfähigkeit	-1	0	1
Geringer Planungshorizont	-2	1	2
Hohe Planungsgenauigkeit	-2	1	2
Hohe Planungsfreiheit	1	1	-1
Geringe Investitionskosten	1	-2	-1

Wertungsfaktor	Definition
+2	wird ohne Einschränkung unterstützt
+1	wird mit Einschränkung unterstützt
0	wird nicht beeinflußt
-1	wird mit Einschränkung nicht unterstützt
-2	wird nicht unterstützt

Bild 5.6: Bewertung der Unterstützung der anwenderspezifischen Planungsprämissen durch das Materialflußsteuerungsprinzip

die anwenderspezifischen Planungsprämissen bestimmte Materialflußsteuerungsprinzip angesehen. Falls sich das Ergebnis von dem in den vorangehenden Berechnungen (Kapitel 5.2.1.1) ermittelten Prinzip unterscheidet, besteht für den Planer die Möglichkeit, eine der beiden Lösungen anzunehmen oder seine Prioritätenvorgabe noch mal zu überprüfen und damit die gesetzten Ziele mit den Eigenschaften der Fertigungsanlage anzugleichen.

5.2.2 Optimierungsstrategien

Da nicht jede Produktion dieselben Schwerpunkte bezüglich Zielvorgaben und Randbedingungen sowie die gleiche zeitliche Freiheit für die Optimierung hat, ist eine allgemeingültige, in jedem Produktionssystem einsetzbare Strategie zur Materialflußoptimierung nicht realisierbar (s. Kapitel 2.2.3.2). Daher werden hier nach einer Beschreibung von zur Lösung der gegebenen Aufgabe einsetzbaren Optimierungsverfahren, diejenigen herausgefunden, die für die konkreten, durch das Produktionsmodell und das gewählte Materialflußsteuerungsprinzip beschriebenen Randbedingungen am besten geeignet sind.

5.2.2.1 Optimierungsaufgabe

Die Optimierungsaufgabe im Bereich der Materialflußsteuerung ist die Bestimmung der nach einem besonderen Kriterium optimalen Folge einer Reihe von innerhalb des gegebenen Planungshorizonts unmittelbar anstehenden Materialflußaufträgen ohne die bestehenden Restriktionen und Nebenbedingungen zu verletzen. Da sich die beiden betrachteten Materialflußsteuerungsprinzipien in ihrer Funktionsweise fundamental unterscheiden (s. Kapitel 2.2.3.1), gestaltet sich auch die Optimierungsaufgabe beim Bring- anders als beim Holprinzip, allerdings sind ihnen die *Restriktionen*, die die Größe des Lösungsraums der Optimierungsaufgabe durch äußere Bedingungen einschränken [PAPA91a], gemeinsam:

- Echtzeitfähigkeit der verwendeten Optimierungsstrategien, d.h. deren hinreichend kurze Laufzeit: Als echtzeitfähig soll hier jede Optimierungsstrategie gelten, die in der Lage ist, ein Ergebnis in einem Zeitraum zu liefern, der den jeweiligen Planungshorizont des Materialflußablaufs nicht überschreitet. Damit wird der Lösungsraum aller Optimierungsstrategien auf eine bestimmte Anzahl von Transportaufträgen und Transportmitteln pro Optimierungslauf eingeschränkt, die von der Berechnungsmethode bzw. der maximalen Anzahl der dabei notwendigen Berechnungen abhängig ist.

- Von den Optimierungsstrategien benötigter Speicherplatz: Zwar sind moderne Rechner in der Lage, ausreichenden Speicherplatz zur Verfügung zu stellen, jedoch führen die Verwaltung, der Abruf und die Speicherung zu großer Datenmengen unweigerlich zu einer Verringerung der für Rechenoperationen verfügbaren Zeit. Betrachtet also eine Optimierungsstrategie ständig eine große Zahl unvollständiger Kombinationen, um sie zu verbessern, verringert sich automatisch die Wahrscheinlichkeit, unter Echtzeitbedingungen eine vollständige Kombination bilden zu können.

Neben den Restriktionen müssen bei der Planung günstiger Auftragsreihenfolgen *Nebenbedingungen* beachtet werden, die bei der Formulierung der Optimierungsaufgabe entstehen und die Aufgabe bzw. die Zielfunktion beeinflussen [PAPA91a]. Zwei der Nebenbedingungen treten sowohl beim Bring- als auch beim Holprinzip auf:

- die logische Reihenfolge der Transportaufträge muß eingehalten werden (z.B. zunächst Ent- und dann erst Versorgung einer Arbeitsstation) und

- der Ein-/Ausgangspuffer der Arbeitsstation muß tatsächlich unbesetzt sein, wenn ein Transportmittel entsprechend eintrifft.

Angesichts seiner Funktionsweise verfolgt die Optimierung beim *Holprinzip* das Ziel, durch Bildung optimaler Zuordnungen von Transportaufträgen und Transportmitteln, minimale Maschinenwartezeiten und Materialliegezeiten an einzelnen Arbeitsstationen entstehen zu lassen. Dieses Ziel kann in einer Gleichung, der sogenannten *Zielfunktionswertgleichung* [PAPA91a], dargestellt werden. Hierin muß auch eine Gewichtung der einzelnen Bearbeitungsmaschinen einfließen, um innerhalb der Zielfunktionswertgleichung beispielsweise eine möglichst optimale Auslastung der Engpaßmaschinen zu ermöglichen. Bei der Optimierung müssen ebenfalls in Kapitel 4.5 angesprochene Zielkonflikte gelöst werden, wozu die Zielfunktionswertgleichung auch die Gewichtung unterschiedlicher Ziele berücksichtigen soll [PLAP91]. Somit kann die Reihenfolgeoptimierung den bestmöglichen Kompromiß zwischen den verschiedenen Zielen suchen. In der Wahl der Optimierungsziele bleibt man außerdem dadurch flexibel, um je nach Unternehmenssituation den Schwerpunkt umlegen zu können. Die Zielfunktionswertgleichung lautet:

$$Z = A \sum_x (MLZ1 + MLZ2)_x + B \sum_y \beta_y (MWZ1 + MWZ2)_y$$

bei:

- MLZ1 - Materialliegezeit erster Art, Zeitraum zwischen der Bereitstellung des Materials und dem Beginn des Weitertransports, wenn die Bearbeitung des Materials auf einer Maschine x abgeschlossen und das Material zum Weitertransport bereit ist, jedoch kein Tranportmittel zur Verfügung steht

- MLZ2 - Materialliegezeit zweiter Art, Zeitraum zwischen Ende des Transports des Materials und Beginn der Bearbeitung des Materials auf einer Maschine x

- MWZ 1 - Maschinenwartezeit erster Art, Zeitdifferenz zwischen dem Ende der Bearbeitungs- und dem Beginn der Rüstzeit, wenn notwendige Betriebsmittel fehlen

- MWZ 2 - Maschinenwartezeit zweiter Art, vom Ende der Rüstzeit der Maschine y, wenn Material fehlt, bis zum Beginn der Bearbeitung, nach Abschluß des Transports des zu bearbeitenden Materials

- β - statischer Maschinengewichtungsfaktor, der jeder Maschine zugeordnet und entweder generell festgelegt oder gelegentlich aktualisiert wird

- A, B - Gewichtung der einzelnen Ziele.

Auf der Basis der Zielfunktion lautet die *Optimierungsvorschrift* beim Holprinzip:

Die Transportmittel und die Transportaufträge sollen so miteinander kombiniert werden, daß der Wert Z minimal wird.

Die speziell beim Holprinzip einzuhaltende *Nebenbedingung* ist die Sicherstellung, daß falls die Anzahl der gleichzeitig auszuführenden Transportaufträge größer ist als die der einsetzbaren Transportmittel, die Transportaufträge ausgewählt werden, die zuerst zu vergeben sind. Um eine Auswahl vornehmen zu können, muß für jeden Transportauftrag entsprechend bestimmter Kriterien eine Kennzahl - *Prioritätszahl* - errechnet werden, die als Sortierkriterium herangezogen wird: der Transportauftrag mit der höheren Prioritätszahl wird bei der Auswahl vorgezogen. Es wird unterschieden zwischen statischer und dynamischer Prioritätszahl. Kriterien für die statische Prioritätszahl können externe Priorität des Auftrags, Ver-/Entsorgevorgang oder Maschinengewichtung sein, während sich die dynamische Prioritätszahl beispielsweise aus der Dauer der Wartezeit des Transportauftrags ergibt.

Da beim **Bringprinzip** die Termine der Arbeitsvorgänge fest vorgegeben sind und daher eine Änderung der Startzeiten der Transportvorgänge Liege- und Wartezeiten nicht minimieren, sondern nur deren Verteilung zwischen den im Ablauf aufeinander folgenden Maschinen verschieben kann, kann keine für die Optimierung der Transportauftragsreihenfolge zwingend notwendige Zielfunktion erstellt werden. Die Optimierungsziele müssen vielmehr schon bei der Erstellung des Maschinenbelegungsplans berücksichtigt werden, um bei der Optimierung lediglich eine Kombination der Transportaufträge und -mittel zu finden, die durch die Einhaltung aller vorgegebenen Start- und Endtermine einzelner Transporte bei minimalen Leerfahrten der Transportmittel die Umsetzung des Maschinenbelegungsplans gewährleistet. Die *Optimierungsvorschrift* lautet demnach für Bringprinzip:

Suche _eine_ Lösung, die alle Transportaufträge bearbeitet, ohne die erlaubten Termine zu überschreiten.

Die speziell beim Bringprinzip einzuhaltende *Nebenbedingung* ist die Sicherstellung, daß die erlaubten Start- und Endezeiten eines Transportauftrags eingehalten werden.

5.2.2.2 Kriterien für die Vorauswahl der Optimierungsstrategien

Als erster Schritt bei der Auswahl der für den jeweiligen Anwendungsfall am besten geeigneten Optimierungsstrategie werden aus einer großen Zahl der in der Literatur bekannten Optimierungsstrategien für die Lösung des Reihenfolgeproblems diejenigen ausgesucht, die den Anforderungen der Materialflußsteuerung entsprechen.

Allgemeine Anforderungen an Optimierungsstrategien, die aus der Sicht einer Steuerung gestellt werden, sind:

- *schnell konvergieren*: Da beim Prozeß der Planung der Materialflußauftragsreihenfolge die Zeit für die Planerstellung von der für die Planausführung verfügbaren Zeit abgezogen werden muß, ist sie ein Maß für die Qualität des Plans. Dies bedeutet, daß dasselbe Ereignis zu einem späteren Zeitpunkt schlechter bewertet werden muß, als wenn es zu einem früheren Zeitpunkt bereitgestellt werden kann.

- *auch Lokaloptimum erlauben*: In den meisten Fällen ist in der Praxis keine absolut optimale Lösung erforderlich; eine gute Lösung stellt bereits eine wichtige Verbesserung der aktuellen Situation dar [PLAP91]. Ziel ist, in kurzer Zeit, mit wenig Aufwand zu guten Ergebnissen zu gelangen. Aufgrund sehr hoher Rechenleistung der heute einsetzbaren Rechner kann dieses Ziel bei der Wahl geeigneter Strategien erreicht werden.

Ein weiteres Kriterium für die Vorauswahl der Optimierungsstrategien ergibt sich aus der *Dimension des* vorliegenden *Problems*. Bisherige Lösungsansätze der Reihenfolgeoptimierung gehen meist von einer festen Menge von Operationen (hier Transportvorgängen) und vorgegebenen, nicht anpaßbaren Kapazitäten aus und bestimmen hierfür eine im mathematischen Sinne optimale Lösung [PLAP91]. Beide Annahmen entsprechen jedoch nur unzureichend der Praxis und führen zu einer wesentlichen Vereinfachung des Problems, da es zwei dynamische Dimensionen besitzt. Das Problem lautet: Bildung von Paaren aus den Elementen zweier voneinander unabhängigen Mengen, wobei alle voneinander unabhängigen Elemente der einen Menge (Transportaufträge) und entweder alle oder nur ein Teil der Elemente der anderen Menge (Transportmittel) verwendet werden, die einzelnen Elemente theoretisch beliebig kombinierbar sind. Eine dynamische Dimension ist, daß während der Produktionsprozeß voranschreitet, laufend Transportaufträge beendet und neue freigegeben werden. Die Zahl der in der Arbeit befindlichen Aufträge bleibt zwar in etwa gleich, jedoch ändert sich die Zusammensetzung der zu verplanenden Menge ständig. Die zweite dynamische Dimension basiert darauf, daß Transportmittel nicht kontinuierlich verfügbar, die Kapazitäten also nicht fest, sondern von der Anzahl und dem Inhalt der auszuführenden Aufträge abhängig sind. Da die Transportmittel nur ab bestimmten Zeitpunkten und an unterschiedlichen

Orten zur Verfügung stehen, sind die Fahrzeiten zur Transportquelle unterschiedlich lang, während die eigentliche Transportzeit für alle Transportmittel identisch ist. Daher werden die für jedes aus Transportmittel und -auftrag bestehende Paar berechenbaren Liege- und Wartezeiten lediglich von der Freiwerde- und Leerfahrtzeit beeinflußt.

Standardlösungsmethoden gibt es für das betrachtete Problem nicht. Dennoch kann es unter gewissen Einschränkungen mit bekannten Optimierungsstrategien gelöst werden, indem die erste Dimension des Problems umgangen wird. Dies wird dadurch erreicht, daß maximal so viele Aufträge jeweils in die Optimierung eingehen, wie es Transportmittel gibt. Die Sortierkriterien sind beim Holprinzip, wie schon erwähnt, die Prioritätszahl des Auftrags und beim Bringprinzip der Termin "frühester Beginn". Die sortierte Reihenfolge wird dann im Verlauf der Optimierung, d.h der Zuordnung der geeigneten Transportmittel zu den Transportaufträgen, beibehalten. Daß durch diese Vorgehensweise nur ein Suboptimum erreicht wird, widerspricht nicht den an die Optimierungsstrategien gestellten allgemeinen Anforderungen, ermöglicht dagegen, die Optimierungsaufgabe mit Hilfe gängiger Verfahren relativ schnell und unkompliziert zu lösen. Auch werden nur so viele Aufträge optimiert, wie es möglich ist, gleichzeitig auszuführen.

Weiterhin gilt als Kriterium bei der Vorauswahl der Optimierungsstrategien, daß sie *nicht auf dem Prinzip der Verschiebung ganzer Reihenfolgeblöcke beruhen*, sondern entweder die Reihenfolge sofort vollständig durch Anordnung aller Elemente aufbauen und dann erst prüfen oder die Reihenfolge schrittweise aufbauen, also beginnend mit einem beliebigen Element jeweils ein weiteres Element hinzufügen ohne die bisher gebildete Reihenfolge zu verändern. Da hierbei jede Zuordnung einzeln betrachtet wird, wird dabei die Zielfunktion abgeändert, indem nicht mehr alle bei den Zuordnungen entstehenden Materialliege- und Maschinenwartezeiten, sondern lediglich diejenigen, die bei der eben gebildeten Zuordnung entstehen, betrachtet werden. Der Grund für dieses Kriterium ist, daß bei einer Verschiebung der Reihenfolgeblöcke das erreichte Optimum wieder verlassen wird und der neue Zustand wieder von vorne an untersucht werden muß. Je mehr Kombinationen davon betroffen sind, desto drastischer können deren Auswirkungen auf die Zielfunktion sein. Auch die Einhaltung der Nebenbedingungen muß erneut überprüft werden. Dadurch erzeugte Komplexität mancher Strategien ist ein Ausscheidungskriterium für deren weitere Betrachtung bei der gegebenen Aufgabenstellung.

5.2.2.3 Vorausgewählte Optimierungsstrategien

Nach dem Erfüllungsgrad der aufgeführten Kriterien wurden die Prioritätsregeln zur Auftragssortierung und die Strategien zur Reihenfolgeoptimierung ausgesucht, die im Rahmen der Planung für den konkreten Anwendungsfall zur Auswahl gestellt werden.

a. Prioritätsregeln zur Auftragssortierung

Die Auftragspriorität wird, wie schon erwähnt, aus der statischen und dynamischen Priorität errechnet. Während die statische Priorität vom Disponenten vergeben wird, entsteht die dynamische durch die Anwendung von Reihenfolgeregeln. In der Literatur sind eine Vielzahl von Regeln zu finden, die für die Reihenfolgebestimmung herangezogen werden können [REFA75b] (Bild 5.7). In der praktischen Anwendung befinden sich im wesentlichen drei Regeln - die First-In-First-Out- (FIFO), die Schlupfzeitregel und die Regel der kürzesten Operationszeit [GLÄß91].

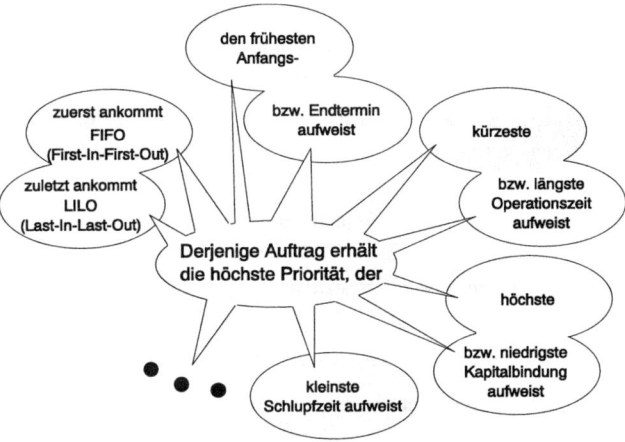

Bild 5.7:   Reihenfolgeregeln

Am einfachsten handhabbar ist die *FIFO-Regel*, da hier die Prioritäten nicht bei jedem hinzukommenden Auftrag neu berechnet werden müssen, sondern sich ausschließlich an der Reihenfolge der Auftragseinlastung orientieren. Dies bewirkt vor allem eine gute Einhaltung der Termine, durch die Angleichung der Auftragswartezeiten kommt es aber zu einer Verlängerung der Durchlaufzeiten [KIST90].

Durch die Anwendung der *Schlupfzeitregel* wird die Termintreue recht gut gewahrt: Wenn jeweils der Auftrag bevorzugt wird, der die größte negative oder kleinste positive Differenz zwischen Endtermin und noch ausstehenden Operations-, d.h. Transportzeiten aufweist, so wird jeweils der Auftrag gefördert, der in der Terminsituation am kritischsten dasteht [GEIT87, GLÄß91]. Die Kapazitätsauslastung wird bei dieser Regel ebenfalls positiv beeinflußt. Dem stehen jedoch hohe Durchlaufzeiten gegenüber [KIST90].

Die Anwendung der *Regel der kürzesten Operationszeit* bringt gute Ergebnisse, sowohl hinsichtlich der Kapazitätsauslastung und der Durchlaufzeit als auch hinsichtlich der Termintreue, obwohl es hier unter Umständen bei Aufträgen mit langer Operationszeit durch mehrfache Rückstellung zur Gefährdung der Termine kommen kann [GEIT87, KIST90].

Der Vorteil der Anwendung der Prioritätsregeln besteht darin, daß durch ihre einfache und flexible Handhabung auch die Bewältigung einer dynamischen Problemstellung möglich ist. Ihr Nachteil ist die Betrachtung der einzelnen Aufträge und nicht des Zusammenhangs, somit die Vernachlässigung der Auswirkungen der jeweiligen Entscheidung auf das zukünftige Entscheidungsfeld, so daß sich - je nach verwendeter Regel - die Aufträge mit einer ungünstigen Charakteristik in der Warteschlange stauen [KIST 90]. Die meisten Regeln tendieren dazu, auf freie Transportkapazitäten jeweils sofort Aufträge einzulasten, ohne die Güte dieser Entscheidung zu berücksichtigen, womit eine optimale Auslastung der Transportmittel selten gewährleistet ist. Dieser Nachteil verliert aber an Bedeutung, da die Prioritätsregeln hier nur zur Vorsortierung der Aufträge (s. Kapitel 5.2.2.1 und 5.2.2.2) als Basis für die Anwendung anderer Optimierungsstrategien eingesetzt werden. Die erste Lösung, von der man ausgeht, besitzt in dem Fall schon eine gewisse Qualität, womit die Berechnungszeit verringert werden kann. Die Auswahl der anzuwendenden dynamischen Prioritätsregel wird aufgrund des Einflusses auf die festgelegten anwenderspezifischen Planungsprämissen getroffen.

b. Bestehende Algorithmen der Reihenfolgeoptimierung

Die in Kapitel 5.2.2.2 angesprochene grundsätzliche Vereinfachung des Reihenfolgeoptimierungsproblems in bestehenden Algorithmen ist sicherlich ein Grund für deren geringeren Einsatz in der Praxis. Eine weitere Ursache liegt in der Komplexität, die sogar bei Bearbeitung dieser vereinfachten Modelle bewältigt werden muß, um eine optimale Lösung zu erzielen: Für die meisten Reihenfolgeoptimierungsprobleme stehen nur Lösungsverfahren bereit, deren Aufwand zur Bestimmung einer optimalen Lösung mindestens exponentiell zur Verfahrensordnung wächst, was beim praktischen Einsatz im Rahmen der Materialflußsteuerung berücksichtigt werden muß.

Da alle entsprechend den in Kapitel 5.2.2.2 aufgeführten Kriterien geeigneten Strategien (Bild 5.8) in nähere Betrachtung zu ziehen den Umfang der Arbeit sprengen würde, wurden zunächst die numerischen und die heuristischen Verfahren ausgewählt, die gute Ergebnisse liefern, nicht allzu komplex sind und zur Lösung des zweidimensionalen Problems unter beschriebenen Voraussetzungen adaptiert werden können (s. Bild 5.8). Diese werden in der Praxis auch für die Fertigungssteuerung neben den Prioritätsregeln [KIST90, SCHE89] überwiegend eingesetzt, beispielsweise Bester Nachfolger [KURZ 91], Branching and Bounding [PROK92] oder der, allerdings relativ langsame, genetische Algorithmus [KANE91]. Numerische Verfahren bedingen höheren Lösungsaufwand, erzielen jedoch bessere Ergebnisse als heuristische Verfahren, da sie fast alle tatsächlich den optimalen Punkt erreichen. Im Gegensatz dazu steuern heuristische Verfahren mit großer Wahrscheinlichkeit suboptimale Punkte an.

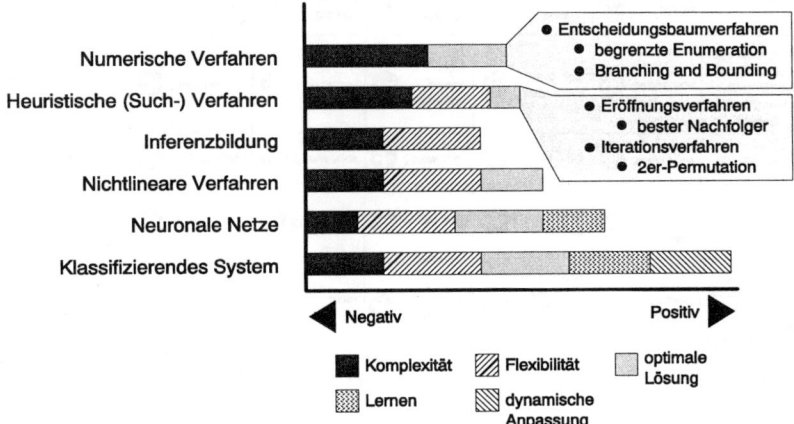

Bild 5.8:   *Bewertung von Strategien zur Optimierung der Materialflußauftragsreihenfolge (nach [MERT92])*

Unter Berücksichtigung der Kriterien für die Vorauswahl (s. Kapitel 5.2.2.2) können im einzelnen folgende Optimierungsstrategien als geeignet angesehen werden (s. Bild 5.9):

- numerische Verfahren, und zwar Entscheidungsbaumverfahren, die bereits im Laufe der Berechnung Lösungsansätze, die nicht zum Optimum führen können, ausschließen: *begrenzte Enumeration* (s. z.B. [MÜLL70]) und *Branching and Bounding* (s. z.B. [NEUM93])

- heuristische Verfahren

  - Eröffnungsverfahren, die versuchen, mittels einfacher Vorrangsregelungen eine möglichst optimale Lösung aufzustellen: *bester Nachfolger* (s. z.B. [MÜLL70])

  - Iterationsverfahren, die ausgehend von einer vorhandenen nach dem Zufallsprinzip oder durch Anwendung eines Eröffnungsverfahrens kreierten, suboptimalen Lösung durch schrittweise Verbesserung der bisher besten Kombination das Optimum suchen: Permutationsverfahren, und zwar *2er-Permutation* (s. z.B. [MÜLL70], die Beschränkung ist sinnvoll, da die Zahl der Tauschvorgänge mit zunehmender Zahl der Transportaufträge und -mittel sowie der an der Permutation beteiligten Elemente überproportional stark anwächst und dadurch die Gefahr zunimmt, daß mindestens eines der ausgetauschten Elemente mindestens eine Nebenbedingung verletzt).

Optimierungsstrategie						Matrix-enumeration
numerische		heuristische				
begrenzte Enumeration	Branching and Bounding	bester Nachfolger	erweiterter bester Nachfolger	2er-Permutation		
Optimum	wird immer erreicht (+)	meist suboptimale Lösung (−)	sub-optimale Lösung (−)	sub-optimale Lösung (−)	suboptimale Lösung, aber ausreichend gute Näherung (−)	wird immer erreicht (+)
Bildung einer vollständigen Kombination (Einhaltung der Nebenbedingungen)	vorhanden (+)	nicht immer vorhanden (−)	nicht immer vorhanden (−)	vorhanden (+)	vorhanden (+)	vorhanden (+)
Speicherplatz	sehr wenig (+)	sehr wenig (+)	sehr wenig (+)	sehr wenig (+)	sehr wenig (+)	sehr wenig (+)
Rechenzeit	sehr rechenintensiv (−)	relativ gering (+)	sehr gering (+)	sehr gering (+)	sehr gering (+)	ab einer bestimmten Anzahl von Transportaufträgen rechenintensiv (−)
Zahl der in die Optimierung aufzunehmenden Transportmittel und Transportaufträge	ziemlich beschränkt (−)	so viele Transportmittel wie Transportaufträge vorhanden (−)	nicht beschränkt (+)	nicht beschränkt (+)	so viele Transportmittel wie Transportaufträge vorhanden (−)	nicht beschränkt (+)

Bild 5.9:   Bewertung der ausgewählten Optimierungsstrategien

Die entscheidenden vor- und nachteilhaften Eigenschaften der ausgewählten Optimierungsstrategien sind in Bild 5.9 aufgeführt. Alle Strategien mit Ausnahme des Besten Nachfolgers haben einen bedeutenden Nachteil: sie können nur ebenso viele Transportmittel in die Optimierung aufnehmen, wie Transportaufträge vorhanden sind (s. Bild 5.9). Dies kann durch eine allerdings sehr umständliche Vorgehensweise kompensiert werden, indem alle möglichen Zusammensetzungen aus der der Anzahl vorhandener Transportaufträge gleicher Anzahl der Transportmittel geprüft werden. Eine allgemeingültige Bewertung, welche Strategie für die Optimierungsaufgabe der Materialflußsteuerung am besten geeignet ist, kann nur aufgrund der Charakteristika des konkreten Anwendungsfalls wie angewandte Materialflußsteuerungsprinzipien oder geforderte anwenderspezifische Planungsprämissen getroffen werden (s. Kapitel 5.2.2.4).

c. Neuentwickelte Algorithmen der Reihenfolgeoptimierung

Da also zur Lösung der Problematik der Zuordnung von Transportaufträgen und -mitteln unter Berücksichtigung von Restriktionen und Nebenbedingungen keine gängige Strategie ideal ist, wurden hier die viel versprechende (s. Bild 5.9) Strategie des besten Nachfolgers erweitert, um den Nachteil der Unvollständigkeit der Lösung (s. Bild 5.9) zu umgehen, sowie eine auf das Problem zugeschnittene Strategie - Matrixenumeration - entwickelt. Die Eigenschaften der beiden Strategien sind ebenfalls in Bild 5.9 aufgeführt.

Als *Erweiterung* der Strategie *des besten Nachfolgers* wird einem Transportauftrag, für den kein geeignetes freies Transportmittel gefunden wurde, eines der bereits zugeordneten Transportmittel zugeteilt und unter den noch freien Transportmitteln dasjenige gesucht, das den nun wieder unbelegten Transportauftrag innerhalb der vorgegebenen Termine ausführen kann. Die Prozedur wird so lange fortgeführt, bis ein erfolgreicher Austausch möglich war oder alle Transportmittel untersucht wurden. Damit ist sichergestellt, daß wenn die Bildung einer vollständigen Kombination, die alle Transportaufträge termingetreu bearbeitet, möglich ist, diese auch gefunden wird. Allerdings ist sie nicht mehr optimal, da nicht allen Transportaufträgen das am besten geeignete Transportmittel zugeordnet werden konnte. Trotzdem erfüllt die erweiterte Strategie mehr Bewertungskriterien (s. Bild 5.9) und ist daher besser geeignet für die betrachtete Aufgabenstellung als die klassische.

Die Grundidee der *Matrixenumeration* ist die Berechnung der Leerfahrtzeiten aller Transportmittel zur Quelle eines Transportauftrags und deren Sortierung nach zunehmender Dauer, so daß man eine auf den jeweiligen Transportauftrag individuell abgestimmte, nach Güte gestaffelte Lösungsmenge von Transportmitteln erhält, die in einer Matrix angeordnet wird (Bild 5.10). Um sicherzugehen, daß jedem Transportauftrag mindestens ein Transportmittel zugeordnet werden kann, werden in jeder Lösungsmenge mindestens ebenso viele Transportmittel aufgenommen, wie Transportaufträge vorhanden sind. Dabei können zwar mehrere Transportaufträge um dasselbe Transportmittel konkurrieren, eine optimale Kombination, die die Zielfunktion minimiert, existiert aber mit Sicherheit innerhalb der Matrix. Um diese ausfindig zu machen, werden systematisch alle möglichen Kombinationen der einzelnen Zuordnungen gebildet und deren Zielfunktionswert berechnet. Dabei werden die Kombinationen, bei denen ein Transportmittel mehreren Transportaufträgen zugeordnet wurde, nicht weiterverfolgt (s. Bild 5.10) und nur die Kombination mit kleinstem erreichtem Zielfunktionswert abgespeichert.

Die Matrixenumeration betrachtet als Kriterium für die Auswahl der in die optimalen Kombinationen eingehenden Transportmittel den Freiwerdestandort und die damit verbundene Leerfahrtzeit der Transportmittel zur Quelle des Transportauftrags. Somit kann die Zahl der Transportmittel in den Lösungsmengen auf die Zahl der vorhandenen Transportaufträge eingeschränkt werden. Dementsprechend ist die Zahl der notwendigen Berechnungen geringer als bei den Strategien, die die Transportmittel nur nach Freiwerdezeit auswählen und ebenfalls alle damit möglichen Kombinationen bilden. Durch die auftragbezogenen Lösungsmengen wird garantiert, daß die beste Kombination gefunden wird, allerdings wächst die Zahl der zu untersuchenden Kombinationen schnell über jede Grenze. Ab einer bestimmten, von der Leistungsfähigkeit des optimierenden Rechners abhängigen Zahl von Transportaufträgen ist eine Optimierung unter Echtzeitbedingungen nicht mehr möglich.

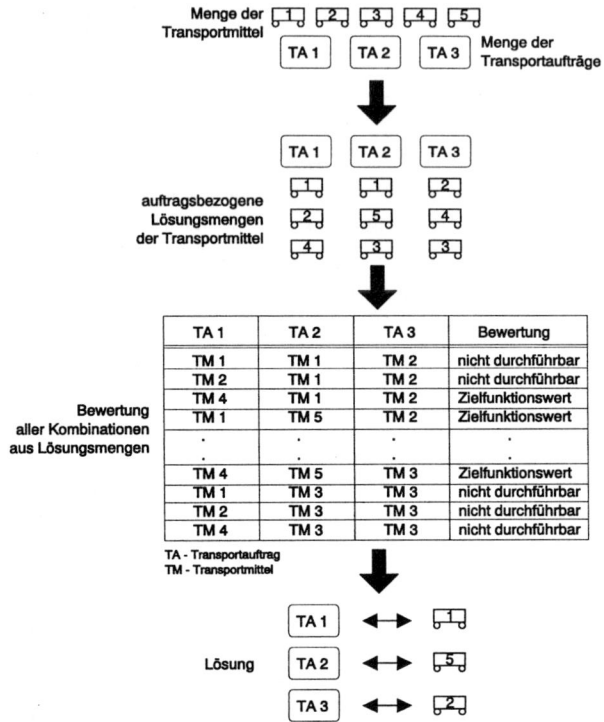

Bild 5.10: Optimierungsstrategie der Matrixenumeration

Da bei Bringprinzip lediglich eine und nicht wie bei Holprinzip die beste Kombination gesucht wird, kann die Matrixenumeration hierfür wesentlich beschleunigt werden: Es wird nach der ersten Kombination ohne mehrfache Zuordnung der Transportmittel gesucht, indem jedem Transportauftrag aus seiner Lösungsmenge das erste noch freie, also einem früher auszuführenden Transportauftrag noch nicht zugeordnete, Transportmittel zugeteilt wird. Diese Vorgehensweise entspricht der Strategie Bester Nachfolger mit einer auftragsbezogenen Lösungsmenge. Hierbei ist zu beachten, daß die Transportaufträge im Unterschied zur normalen Matrixenumeration nach Dringlichkeit sortiert werden müssen, da sich der Freiheitsgrad ab der ersten Zuordnung Transportauftrag-Transportmittel verringert. Muß die Bildung einer Kombination nach der *erweiterten Matrixenumeration* abgebrochen werden, da alle Transportmittel in der Lösungsmenge eines Transportauftrags bereits verteilt wurden, werden die erstellten Zuordnungen aufgelöst und nach der normalen Matrixenumeration eine Kombination gebildet. Dies ist auch der Nachteil der erweiterten Matrixenumeration.

5.2.2.4 Auswahl der Optimierungsstrategie für den konkreten Anwendungsfall

Die Auswahl der Optimierungsstrategie für den konkreten Anwendungsfall findet abhängig vom Materialflußsteuerungsprinzip unter Berücksichtigung der entsprechenden Optimierungsvorschrift sowie der Restriktionen und Nebenbedingungen (s. Kapitel 5.2.2.1) statt.

Da beim *Bringprinzip*, wie in Kapitel 5.2.2.1 dargelegt, kein optimaler Punkt innerhalb des Lösungsraums angesteuert, sondern beim Erreichen einer Kombination, die alle Restriktionen und Nebenbedingungen erfüllt, die Berechnung abgebrochen wird, sind für das Bringprinzip alle in Kapitel 5.2.2.3 vorgestellten Optimierungsstrategien geeignet. Auf die Kombination eines Eröffnungs- und Iterationsverfahrens kann allerdings verzichtet werden, da das Eröffnungsverfahren bereits eine durchführbare Kombination findet und eine Verbesserung durch die Iteration beim Bringprinzip nicht notwendig ist. Die einzusetzenden Strategien sind im folgenden nach ihrer Einsatzpriorität geordnet:

1. Bester Nachfolger

2. Erweiterte Matrixenumeration

3. Begrenzte Enumeration

5. Branching and Bounding

5. 2er-Permutation.

Die ersten zwei Strategien sind am besten geeignet, da sie gezielt auf die einzelnen Zuordnungen eingehen und ihr Suchvorgang weniger komplex als der anderen Strategien ist. Die Matrixenumeration braucht jedoch mehr Zeit zur Lösungfindung, was bei kurzen zur Verfügung stehenden Berechnungszeiten (abhängig vom Planungshorizont der Materialflußsteuerung sowie von Soll-Versorgezeiten) zu berücksichtigen ist.

Die Auswahl der Optimierungsstrategie beim *Holprinzip* hängt von anwenderspezifischen Zeitmodell und Planungsprämissen ab. Wenn die bestehenden Soll-Versorgezeiten nur sehr kurze Berechnungszeit erlauben, wird die Anzahl der von einer Methode zur Lösungsfindung notwendigen Berechnungen bzw. die dafür benötigte Zeit als Maßstab zugrundegelegt. Dabei ergibt sich folgende Reihenfolge (Bild 5.11):

1. Bester Nachfolger

2. Kombination von Bester Nachfolger und 2er-Permutation

3. Branching and Bounding

5. Matrixenumeration

5. 2er-Permutation

6. Begrenzte Enumeration.

Wird aufgrund der anwenderspezifischen Planungsprämissen die Genauigkeit der ermittelten Lösung als Maßstab genommen, ergibt sich folgende Reihenfolge (s. Bild 5.11):

1. Matrixenumeration

2. Begrenzte Enumeration

3. Kombination von Bester Nachfolger und 2er-Permutation

5. Branching and Bounding

5. 2er-Permutation

6. Bester Nachfolger.

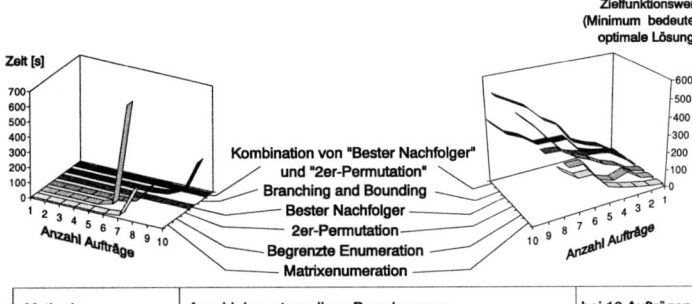

Methode	Anzahl der notwendigen Berechnungen	bei 10 Aufträgen
Matrix-enumeration	$n^n * n$	10^{11}
Begrenzte Enumeration	$\binom{m}{n} n! * n$	$- 6*10^{12}$
2er-Permutation	$\binom{m}{n} 3 \sum_{x=1}^{n-1} 2x$	10^{10}
Bester Nachfolger	$\sum_{x=1}^{n} (m-x+1)$ bis $\sum_{x=1}^{n} (m-x+1)+x+x(m-x+1)$	155 bis 980
Branching and Bounding	$\binom{m}{n} \sum_{x=1}^{n} x$	$-10*10^{6}$
Kombination von "Bester Nachfolger" und "2-er Permutation"	$\left(\sum_{x=1}^{n} (m-x+1) \text{ bis } \sum_{x=1}^{n} (m-x+1)+x+x(m-x+1) \right) * 3 \sum_{x=1}^{n-1} 2x$	425 bis 1250

n   - Anzahl Transportaufträge
m = 2n - Anzahl Transportmittel

Bild 5.11: Verschiedene Optimierungsstrategien im Vergleich

Die Matrix- und die begrenzte Enumeration finden stets die beste Kombination, und zwar die Matrixenumeration immer die tatsächlich optimale und die begrenzte Enumeration die mit den in die Optimierung eingehenden Transportmitteln beste Kombination.

Vergleicht man beide obigen Reihenfolgen kann die Schlußfolgerung gezogen werden, daß im allgemeinen die Matrixenumeration und die Kombination aus bestem Nachfolger und 2er-Permutation die für die Optimierung beim Holprinzip besten Strategien sind.

Welche Optimierungsstrategien unter welchen Bedingungen (z.B. Anzahl der in die Optimierung eingehenden Aufträge, s. Bild 5.11) letztendlich im jeweiligen Anwendungsfall eingesetzt werden, wird aufgrund der Simulationsergebnisse entschieden (s. Kapitel 5.4).

5.2.3   Informationssystemstruktur

5.2.3.1   Alternativen für die Informationssystemstruktur einer Materialflußsteuerung

Ausgehend von den Ebenen der hierarchischen Aufteilung der informationsverarbeitenden Systeme in der Produktion (s. Kapitel 2.2.2.1) gibt es drei unterschiedliche Alternativen für die Informationssystemstruktur einer Materialflußsteuerung (Bild 5.12):

- *in der Leitebene als Bestandteil eines Fertigungsleitsystems*, das u.a. den Transportsystemsteuerungen übersteht (Bild 5.12.a). Hier existiert kein eigenständiger Materialflußrechner. Die administrativen, dispositiven und operativen Aufgaben der Materialflußsteuerung übernimmt das Fertigungsleitsystem, wobei die operativen Aufgaben je nach Anwendungsfall auch die vom Transportsystemhersteller zur Verfügung gestellte Transportsystemsteuerung durchführen kann (s. Kapitel 5.2.4).

- *in der Leitebene als eigenständiger Materialflußrechner*, der dem Fertigungsleitsystem neben- und den Transportsystemsteuerungen übergeordnet (Bild 5.12.b) und für alle anfallenden Aktivitäten des Materialflusses zuständig ist, wobei er mit dem Fertigungsleitsystem und den Transportsystemsteuerungen, sofern vorhanden, kommuniziert. Die Steuerungen können auch hier die operativen Aufgaben übernehmen.

- *in der Zellenebene als Materialflußzellenrechner*, der dem Fertigungsleitsystem unter- und den Transportsystemsteuerungen übergeordnet ist (Bild 5.12.c). Die Aufgaben des Materialflußzellenrechners entsprechen denen des Materialflußrechners, wobei zusätzlich horizontale Kommunikation mit den jeweiligen vorhandenen Zellenrechnern besteht. Die Idee des Materialflußzellenrechners basiert auf der Komplettierung der aus den Produktionszellen wie Bearbeitungs- oder Meß-/Prüfzelle bestehenden Zellenebene durch eine Materialflußzelle, deren Aufgabenbereich den Transport, die

Konzept zur Planung der Aufbau- und Ablauforganisation einer
Materialflußsteuerung

Lagerung und die Handhabung von Werkstücken und Betriebsmitteln umfaßt [GROH 88]. Es handelt sich dabei ausschließlich um den zellenübergreifenden Materialfluß als verbindendes Strukturelement bei der Verkettung von Produktionszellen.

5.2.3.2 Kriterien für die Auswahl der Informationssystemstruktur

Die im folgenden aufgelisteten Kriterien werden zur Entscheidungsfindung bezüglich der Informationssystemstruktur der Materialflußsteuerung herangezogen (Bild 5.13).

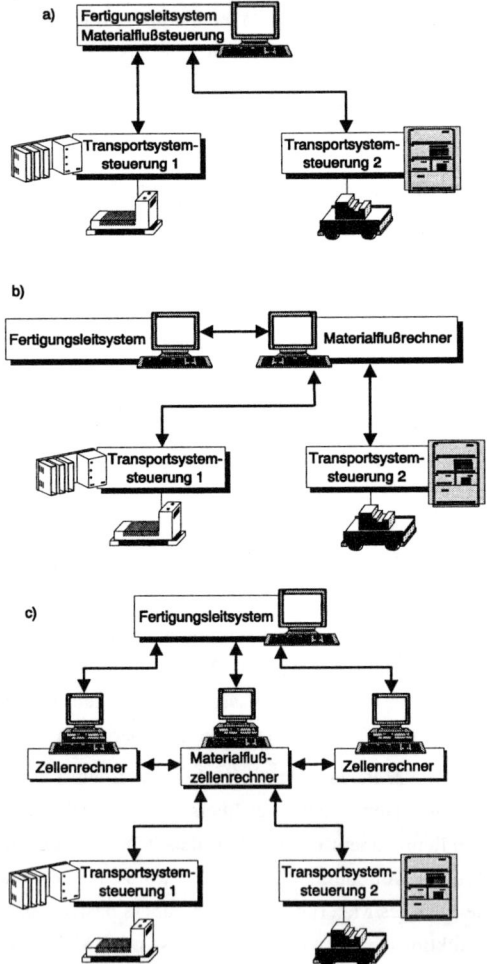

Bild 5.12: Alternative Informationssystemstrukturen der Materialflußsteuerung

Sie stehen unter dem Zeichen des Strebens zu einer anlagenspezifischen Dezentralisierung und enkoppelten Hierarchisierung (s. Bild 5.13).

Die *Komplexität des Produktionssystems* spiegelt sich in der Anzahl der notwendigen Daten-Schnittstellen in vertikaler Richtung (d.h. zwischen den Ebenen der Informationssystemstruktur) und der Daten- und Materialfluß-Schnittstellen in horizontaler Richtung wider. Diese werden durch die Fertigungsanlage im Fertigungssystem-Modell (s. Kapitel 4.2.3) und die Art der Schnittstelle des Transportsystems zur übergeordneten Instanz im Materialflußsystem-Modell (s. Kapitel 4.3.1) beschrieben. Mit zunehmender Anzahl der Schnittstellen ist eine dezentrale (nach Bild 5.12.b oder .c) einer zentralen Informationssystemstruktur (entsprechend Bild 5.12.a) vorzuziehen.

Die *Kontinuität der Datenerfassung* ist abhängig von der Reaktions- und Zykluszeit im Rahmen der gewählten Informationssystemstruktur. Die *Reaktionszeit* kann als Zeitspanne zwischen dem Eintreten eines Ereignisses und dem Einleiten einer auf das Ereignis reagierenden Maßnahme definiert werden. Beim Aufbau der Informationssystemstruktur ist zu berücksichtigen, daß die Reaktionszeit in vertikaler Richtung von der Zellen- zur Leitebene zu-, parallel dazu jedoch der Detaillierungsgrad der Daten und der Reaktionsbedarf abnimmt. Die *Zykluszeit* kann als Zeitspanne zwischen dem Auslösen eines Ereignisses und der Beendigung einer auf das Ereignis reagierenden Maßnahme definiert werden. Die zur Verfügung stehende Zykluszeit nimmt ebenso wie die Reaktionszeit in vertikaler Richtung von der Zellen- zur Leitebene zu. Je kleiner diese Zeiten sind, desto breiter und öfter kann die Datenerfassung erfolgen. Somit sind die erfaßten Zustandsdaten von Fertigungs- und Materialflußsystem aktueller und gewährleisten eine an der momentanen Situation in der Produktion orientierte Entscheidung.

Die Betriebssicherheit und Verfügbarkeit eines Rechner- und damit auch des Produktionssystems nehmen mit zunehmender *Redundanz* zu [NASS90]. Dabei läßt sich die *Hardware-Redundanz* durch Installation zusätzlicher, zu den im Betrieb befindlichen parallel geschalteten (in kalter Redundanz arbeitenden) Hardware-Komponenten, erreichen. Die *funktionelle Redundanz* zeichnet sich durch die Mehrfach-Installation von Funktionen auf den unterschiedlichen Ebenen der Informationssystemstruktur aus. Dabei ist zu beachten, daß die Funktionen abhängig von der Installationsebene einen unterschiedlichen Implementierungsumfang aufweisen und an den Zeithorizont der zur Verarbeitung anstehenden Daten sowie an die Reaktions- und Zykluszeit abgestimmt sein müssen. Im Zusammenhang mit der funktionellen Redundanz kann von einer Integration gesprochen werden, die dadurch gekennzeichnet ist, daß die in verschiedenen Systemen der Informationssystemstruktur der Materialflußsteuerung ablaufenden Prozesse logisch und datenmäßig aufeinander abgestimmt und verzahnt sind [WECK90].

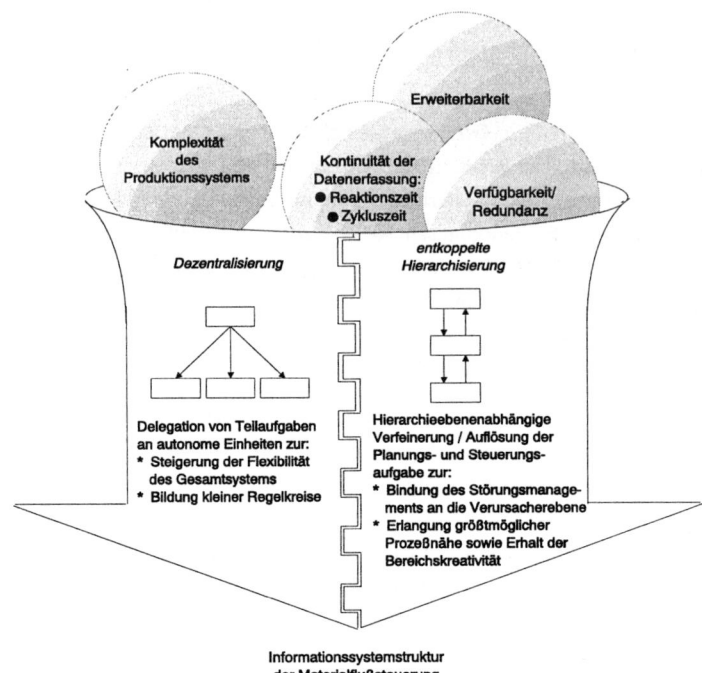

*Bild 5.13: Kriterien zur Auswahl der Informationssystemstruktur der Materialflußsteue-
rung*

Die *Erweiterbarkeit* der Materialflußsteuerung betrifft ihren Ausbau um Hardware-
und Software-Komponenten. Diese Aufgabe wird um so komplexer, je höher die Dichte
der in einer Ebene bereits zusammengefaßten Funktionen ist bzw. je mehr Aufgaben
einer Komponente bereits übertragen sind. Daher erscheint es zweckmäßig, bei der
Bestimmung der Informationssystemstruktur darauf zu achten, daß eine Ergänzung des
bestehenden Systems um weitere Komponenten einfach erfolgen kann.

5.2.3.3 Auswahl der Informationssystemstruktur für den konkreten Anwendungsfall

Die Informationssystemstruktur der Materialflußsteuerung wird unter Berücksichtigung
der in Kapitel 5.2.3.2 aufgeführten Kriterien, aufbauend auf dem Produktionsmodell
sowie dem ermittelten Materialflußsteuerungsprinzip festgelegt, wobei nur die Leit-,
Zellen- und Steuerungsebene betrachtet werden (s. Bild 5.12).

Auf der Leitebene wird das *Fertigungsleitsystem* als die den Fertigungsablauf planende Rechnerinstanz standardmäßig vorgesehen. Dieses System stellt außerdem eine Voraussetzung für die Anwendung des Bringprinzips dar.

Bei der Auswahl des *Materialflußrechners* werden folgende Daten berücksichtigt:

- Typ des Transportsystems: Wird ein manuell bedientes Transportsystem (z.B. Gabelstapler) eingesetzt, so ist die Einführung eines Materialflußrechners als zusätzliche, den Materialfluß verwaltende Rechnerinstanz nicht sinnvoll. Die Aufgaben der Materialflußsteuerung werden an das Fertigungsleitsystem vergeben.

- Anzahl der im Materialflußsystem zusammengefaßten Transportsysteme, Anzahl der Transportmittel: Bei mehreren Transportsystemen oder einem komplexen Transportsystem ist ein Materialflußrechner notwendig.

- Art der Schnittstelle eines Transportsystems zur übergeordneten Instanz: Materialflußrechner nur bei Rechner-Mensch- und Rechner-Rechner-Schnittstelle

- Segmenttyp: Liegt ein produktorientiertes Fertigungssegment mit einem segmentinternen Transportsystem vor, so wird der Materialflußrechner nicht in der Leitebene, sondern in der Zellenebene als *Materialflußzellenrechner* implementiert, der dem Fertigungsleitsystem oder evtl. einem Inselrechner untergeordnet ist.

Ein *Inselrechner* kann für einen abgegrenzten Fertigungsbereich vorgesehen werden, der dem Fertigungsleitsystem untergeordnet ist. Dabei ist die Art der im Fertigungssystem zusammengefaßten Fertigungssegmente zu betrachten. Liegt neben anderen Segmenten auch ein produktorientiertes Fertigungssegment mit einem eigenen Transportsystem (z.B. flexibles Fertigungssystem mit FTS) vor, so wird ein Inselrechner bestimmt. Hier hat das Kriterium der Kontinuität der Datenerfassung besondere Bedeutung.

Ein in der Zellenebene angesiedelter *Zellenrechner* ist dann vorzusehen, wenn ein produktorientiertes Fertigungssegment mit einem eigenen automatisierten Transportsystem (z.B. FFS) betrachtet wird. Trifft dies nicht zu, so ist in der Steuerungsebene standardmäßig *BDE* zu implementieren, um eine Erfassung der Ist-Daten des Materialflußsystems sowie im Fall des Holprinzips die Erzeugung von Materialflußanforderungen sicherzustellen.

Eine *Transportsystemsteuerung* wird bei mechanisierten und automatisierten Transportsystemen (z.B. FTS) standardmäßig vorgesehen. Ist ein Materialflußrechner vorhanden, so wird die Transportsystemsteuerung diesem Rechner und ansonsten dem Fertigungsleitsystem untergeordnet.

5.2.4 Funktionalität und Verteilung der Funktionen einer Materialflußsteuerung

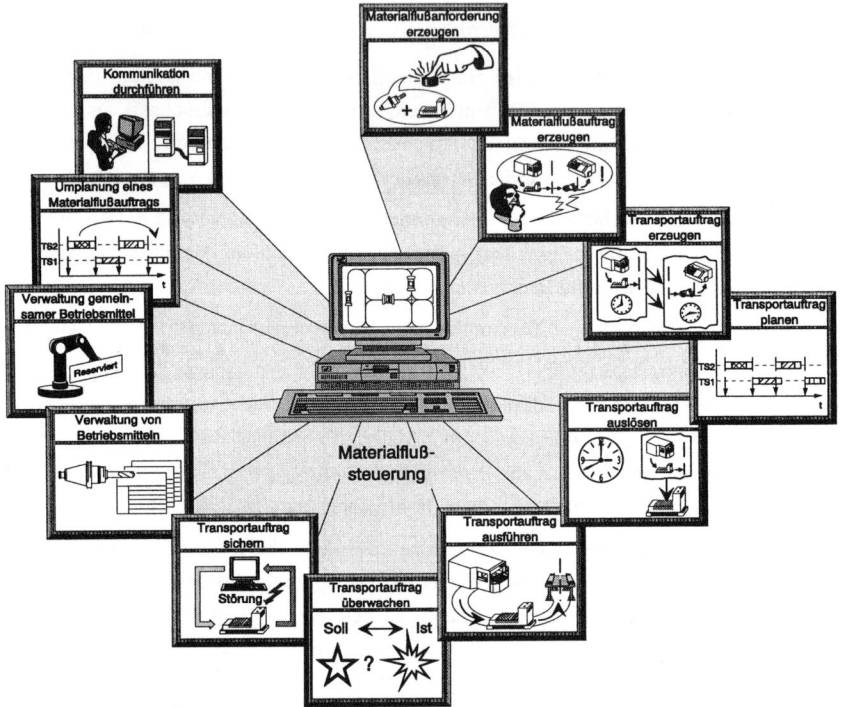

Bild 5.14: Funktionen der Materialflußsteuerung

Der hier benutzte Funktionsbegriff beschreibt nur "was" die Aufgaben der Materialflußsteuerung sind und nicht "wie" sie durchgeführt werden. Die globalen Funktionen der Materialflußsteuerung (s. Kapitel 2.1) werden zunächst soweit in Elementarfunktionen zerlegt, bis sie einen nicht mehr weiter sinnvoll aufteilbaren Vorgang darstellen und dann wieder prozeßorientiert zu zwölf Funktionsgruppen zusammengesetzt. Bei einer prozeßorientierten Gruppierung werden die Funktionen, die in einem abgeschlossenen Teilprozeß hintereinander ablaufen, zusammengefaßt [KELL91]. Die zwölf Funktionsgruppen lösen in ihrer Gesamtheit vollständig die umfangreiche Aufgabe zur Steuerung des innerbetrieblichen Materialflusses (Bild 5.14), werden allerdings nicht in jedem Anwendungsfall im vollen Umfang benötigt. Die Auswahl der Funktionen ist anwendungsspezifisch und unterscheidet sich jeweils von Betrieb zu Betrieb, oft auch innerhalb eines Betriebs von Bereich zu Bereich signifikant. Sie hängt von verschiedenen im Datenmodell abgebildeten Faktoren sowie von dem Steuerungsprinzip und der Informationssystemstruktur der Materialflußsteuerung ab (Bild 5.15, s. auch [SCHW91]), worauf in folgenden Kapiteln näher eingegangen wird.

Funktion	wird beeinflußt von							
	Aufbau- und Ablauforganisation der Materialflußsteuerung		Materialflußsystem				Fertigungssystem	
	Materialfluß-steuerungs-prinzip	Informations-system-struktur	Art der Schnittstelle zur übergeordneten Instanz	Anzahl der Transport-systeme	Anzahl der Transportmittel im Transport-system	Typ des Transport-systems (Automati-sierungsgrad, Intelligenz etc.)	Automatisierungs-grad (z.B. automa-tisierter Betriebs-mittelfluß)	Vorhanden-sein gemein-samer Be-triebsmittel
Materialfluß-anforderung erzeugen	●	●	●					
Materialfluß-auftrag erzeugen		●	●	●				
Transport-auftrag erzeugen		●	●	●				
Transport-auftrag planen		●	●					
Transport-auftrag auslösen		●						
Transport-auftrag ausführen		●	●	●		●		
Transport-auftrag überwachen		●	●			●		
Transport-auftrag sichern		●	●	●	●	●		
Verwaltung von Betriebs-mitteln	●	●					●	
Verwaltung von gemeinsamen Betriebsmitteln	●	●						●
Umplanung eines Material-flußauftrags		●	●	●		●		
Kommunikation durchführen	●	●	●	●		●		

Bild 5.15: Einflußfaktoren auf die Auswahl und Verteilung der Funktionen zur Material-flußsteuerung

Die Verteilung der Funktionen der Materialflußsteuerung auf die Informationssystem-struktur ist im Gegensatz zu den gängigen Konzepten [BECK91] nicht starr vorgegeben, sondern im vollen Umfang frei konfigurierbar. Als Ergebnis dieses Planungsschrittes wird für den jeweiligen Anwendungsfall der optimale Funktionsumfang der Material-flußsteuerung ("so wenig wie möglich, so viel wie nötig") bestimmt und auf die Ebenen der Informationssystemstruktur verteilt (s. Bild 5.2).

5.2.4.1 Begriffsdefinitionen

In einem Materialflußsystem sind die nachfolgend beschriebenen Begriffe bezüglich
der Auftragsbearbeitung zu unterscheiden (Bild 5.16).

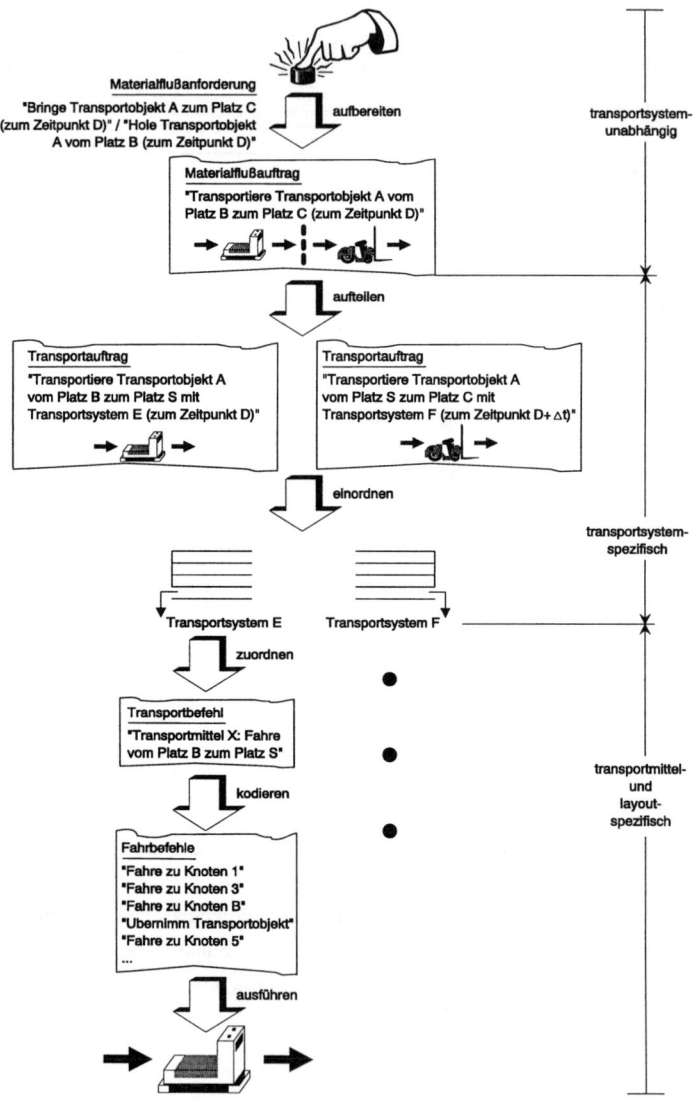

Bild 5.16: Verarbeitung von Materialflußaufträgen

Die *Materialflußanforderung* wird, nachdem der Bedarf an Ressourcen für einen bevorstehenden Fertigungsauftrag festgestellt wurde, ausgelöst und enthält als Informationen das Transportobjekt, bei Entsorge-Aufträgen die Transportquelle bzw. bei Versorge-Aufträgen das Transportziel und evtl. den Transporttermin.

Der *Materialflußauftrag* wird aufbauend auf der Materialflußanforderung transportsystemunabhängig erzeugt und enthält als Informationen das Transportobjekt, die Transportquelle, das Transportziel und evtl. den Transporttermin. Die allgemeine Form eines Materialflußauftrags gilt sowohl für Entsorge- als auch für Versorge-Aufträge.

Der Materialflußauftrag wird abhängig von der Anzahl der Transportsysteme in der Produktionsanlage, die auf der Basis der Quell- und Zielangabe am Transport beteiligt sein müssen, in mehrere transportsystemspezifische *Transportaufträge* unterteilt. Jedem durch den Materialflußauftrag betroffenen Transportsystem ist ein Transportauftrag zuzuordnen. Bei nur einem beteiligten Transportsystem gleicht der Transport- dem Materialflußauftrag, ansonsten enthält er als Information das Transportobjekt, die Transportquelle, das Transportziel sowie das Transportsystem und evtl. den Transporttermin.

Ausgehend vom Transportauftrag wird bei seiner Auslösung ein *Transportbefehl* für das auszuführende Transportmittel erzeugt, der die Informationen Transportquelle und -ziel sowie evtl. das Transportobjekt und das zugeordnete Transportmittel enthält.

Die Transportbefehle werden in der Transportsystem- oder Transportmittelsteuerung in layout- und transportmittelspezifische *Fahrbefehle* codiert, die für die Wegewahl bei der Ausführung des Transports sorgen und dessen Form in Bild 5.16 dargestellt ist.

5.2.4.2 Funktion 1: Materialflußanforderung erzeugen

Ist der Materialfluß nach dem Bringprinzip organisiert, wird die Materialflußanforderung zeitbezogen vom Fertigungsleitsystem erzeugt, während sie beim Holprinzip bedarfsbezogen vom Arbeitsplatz, d.h. vom Zellenrechner oder vom Werker über BDE ausgelöst wird. Liegt eine Kombination aus Bring- und Holprinzip vor, so ist die Funktion sowohl auf der Leit- als auch in der Zellenebene vorzusehen (Bild 5.17).

Im Leitsystem wird, bei einem während der Verfügbarkeitsprüfung im Rahmen der Zuteilung der Arbeitsvorgänge festgestellten Bedarf, die termingerechte Bereitstellung der für die Fertigung eines Auftrags am Arbeitsplatz benötigten Ressourcen (Betriebsmittel, Material) bzw. die Entsorgung der nicht mehr benötigten Ressourcen veranlaßt [BECK 91, KUPE91, MAI 92b]. Am Arbeitsplatz wird aus den auftragsbegleitenden Bruttobedarfsdaten (Teil des Fertigungsplans), die darüber Auskunft geben, an welchem Speicherplatz sich die zum Auftrag benötigten Ressourcen vor Beginn der Bearbeitung befinden müssen, und den systemabbildenden Ortsdaten, die die aktuelle Belegung jeder Speicherkomponente am Arbeitsplatz widerspiegeln, der Nettobedarf ermittelt [GROH 88]. Auf dieser Basis wird die Ressourcenbereitstellung bzw. -entsorgung akut veranlaßt.

Die einzelnen Unterfunktionen zur Aufbereitung der Materialflußanforderungen im veranlassenden System können dem Bild 5.17 entnommen werden. Es ist sinnvoll, immer alle Unterfunktionen zu implementieren, mit Ausnahme der Bestimmung des Transporttermins, der beim Holprinzip in der Regel "sofort" ist und deswegen entfallen kann bzw. bei einer Mensch-Mensch- oder Mensch-Rechner-Schnittstelle des Transportsystems zur übergeordneten Instanz aufgrund der in diesem Fall auftretenden Planungsungenauigkeiten entfällt (s. Bild 5.17).

1 Materialflußanforderung erzeugen	Bringprinzip				Holprinzip				Kombination			
	LS	ZR	MR	TSS	LS	ZR	MR	TSS	LS	ZR	MR	TSS
1.1 Materialbedarf feststellen	●				●				●	●		
1.2 Verfügbarkeit des durch die Materialbedarfsmeldung definierten Transportobjekts in den Grenzen des Materialflußsystems prüfen und melden	●				●				●	●		
1.3 Materialflußanforderung formulieren	●				●				●	●		
1.3.1 Aus Materialbedarf Transportobjekt ableiten	●				●				●	●		
1.3.2 Bei Entsorge-Anforderung Transportquelle ermitteln	●				●				●	●		
1.3.3 Bei Versorge-Anforderung Transportziel ermitteln	●				●				●	●		
1.3.4 Transporttermin bestimmen (aus der Dringlichkeit des Materialbedarfs oder dem gewünschten Fertigungstermin)	◐								◐			
1.3.5 Priorität der Anforderung aus der Dringlichkeit des Materialflußbedarfs oder dem gewünschten Transporttermin ableiten	●				●				●	●		
1.4 Plausibilität der in der Materialflußanforderung enthaltenen Informationen prüfen (z.B. Zuordnung von Transportobjekt und Transportquelle bzw. -ziel)	○			○	○			○	○			○

LS - Leitsystem
ZR - Zellenrechner / Bediener über BDE
MR - Materialflußrechner
TSS - Transportsystemsteuerung

● - vorhanden
○ - vorhanden, Implementierung im Materialflußrechner falls vorhanden
◐ - abhängig von der Art der Schnittstelle des Transportsystems zur übergeordneten Instanz, nicht bei der Mensch-Mensch- und Mensch-Rechner-Schnittstelle

Bild 5.17: Funktion "Materialflußanforderung erzeugen"

5.2.4.3 Funktion 2: Materialflußauftrag erzeugen

Sind im Materialflußsystem mehrere Transportsysteme durch übergreifenden Materialfluß verknüpft, so wird aufbauend auf der in Funktion 1 erzeugten Materialflußanforderung der zugehörige Materialflußauftrag transportsystemübergreifend (s. Bild 5.16) unabhängig vom festgelegten Materialflußsteuerungsprinzip im Materialflußrechner oder alternativ, wenn dieser nicht vorhanden ist, im Fertigungsleitsystem erstellt (Bild 5.18). Falls nur ein Transportsystem besteht, wird diese Funktion nicht benötigt und es wird gleich zur Funktion "Transportauftrag erzeugen" übergangen.

2 Materialflußauftrag erzeugen	für alle Materialfluß-steuerungsprinzipien			
	LS	ZR	MR	TSS
2.1 Materialflußauftrag unter Berücksichtigung der Materialflußanforderung formulieren	O		O	
2.1.1 Transportobjekt bestimmen	O		O	
2.1.2 Transportquelle bestimmen	O		O	
2.1.3 Transportziel bestimmen	O		O	
2.1.4 Transporttermin bestimmen (aus der Dringlichkeit des Materialbedarfs oder dem gewünschten Transporttermin ableiten)	O, ◑		O, ◑	
2.1.5 Priorität des Materialflußauftrags festlegen (z.B. aus der Priorität der Materialflußanforderung ableiten)	O		O	
2.2 Plausibilität der im Materialflußauftrag enthaltenen Informationen prüfen (z.B. Zuordnung von Transportobjekt und Transportquelle bzw. -ziel)	O		O	

O   - vorhanden, Implementierung im Materialflußrechner falls vorhanden
◑   - abhängig von der Art der Schnittstelle des Transportsystems zur übergeordneten Instanz, nicht bei der Mensch-Mensch- und Mensch-Rechner-Schnittstelle

Bild 5.18: Funktion "Materialflußauftrag erzeugen"

Da bei Transportsystemen mit Mensch-Mensch- oder Mensch-Rechner-Schnittstelle der Transporttermin für den Materialflußauftrag nur ungenau bestimmt werden kann, ist die zugehörige Unterfunktion in diesem Fall nicht vorzusehen (s. Bild 5.18).

5.2.4.4 Funktion 3: Transportauftrag erzeugen

Der Transportauftrag wird aufbauend auf dem Materialflußauftrag bzw. der Material-flußanforderung transportsystemspezifisch im Materialflußrechner oder alternativ im Fertigungsleitsystem erzeugt (Bild 5.19). Bei transportsystemübergreifenden Transporten stimmen die im Transportauftrag enthaltenen Angaben zu Transportquelle und -ziel nicht mit den entsprechenden Angaben im Materialflußauftrag überein: der Material-flußauftrag wird aufgeteilt und als Ziel des ersten und Quelle des nächsten Auftrags eine Schnittstelle an der Grenze der Transportsystembereiche festgelegt. Die Transport-aufträge werden entsprechend zu den unterschiedlichen Transportsystemen zugeordnet [HÄRD91], wobei unter Umständen auch die Art des Transportmittels (z.B. Tragkraft abhängig vom Transportobjekt [WZL 91] oder Art der Lastübergabe abhängig von Eigenschaften der Transportquelle bzw. des Transportziels) eine Rolle spielt.

Abhängig von der Art der Schnittstelle des Transportsystems zur übergeordneten Instanz wird der Transportauftrag über Datenschnittstelle oder in Form von Transportpapieren

vergeben. Da jedem Transport ein Transportauftrag zugrundeliegt, soll diese Funktion
standardmäßig vorgesehen werden (s. auch [BECK91]).

3 Transportauftrag erzeugen	für alle Materialfluß-steuerungsprinzipien			
	LS	ZR	MR	TSS
3.1 Transportauftrag unter Berücksichtigung der Materialfluß-anforderung bzw. des Materialflußauftrags formulieren	O		O	
3.1.1 Transportobjekt bestimmen	O		O	
3.1.2 Transportsystem bestimmen	O, ◑		O, ◑	
3.1.3 Transportquelle in Grenzen des Transportsystems bestimmen	O		O	
3.1.4 Transportziel in Grenzen des Transportsystems bestimmen	O		O	
3.1.5 Transporttermin in Grenzen des Transportsystems bestimmen (aus der Dringlichkeit des Materialbedarfs oder dem gewünschten Transporttermin unter Berücksichtigung der Auftragsabhängigkeiten ableiten)	O, ◐		O, ◐	
3.1.6 Priorität des Transportauftrags festlegen (z.B. aus der Priorität der Materialflußanforderung ableiten)	O		O	
3.2 Plausibilität der im Transportauftrag enthaltenen Informationen prüfen (z.B. Zuordnung von Transportobjekt und Transportquelle bzw. -ziel)	O		O	

O - vorhanden, Implementierung im Materialflußrechner falls vorhanden
◐ - abhängig von der Art der Schnittstelle des Transportsystems zur übergeordneten
     Instanz, nicht bei der Mensch-Mensch- und Mensch-Rechner-Schnittstelle
◑ - bei mehreren Transportsystemen

Bild 5.19: Funktion "Transportauftrag erzeugen"

5.2.4.5   Funktion 4: Transportauftrag planen

Die angestrebte hohe Auslastung des Fertigungs- und Materialflußsystems, vor allem
in bedienerarmen Schichten, wird u.a. aufgrund mangelnder Planungsfunktionalität (s.
Kapitel 2.2.2.2 und 2.2.2.3) oft nicht erreicht [WECK91a]. Daher ist es erforderlich,
innerhalb der Materialflußsteuerung, im Materialflußrechner oder alternativ im Fertigungsleitsystem, die Funktionen zur Planung des Transportauftrags zu implementieren.

Hierbei wird nach den in Bild 5.20 aufgeführten Schritten, ähnlich wie bei der Planung
der Fertigungsaufträge, die Termin- und Kapazitätsplanung der Transportmittel durchgeführt [EVER90, WZL 91], wobei beachtet werden muß, daß die Transportaufträge
durch die Benutzung der gemeinsamen Transportwege voneinander abhängig sind. Sie
können nicht beliebig innerhalb des vorgegebenen Zeitraums verschoben werden, da
sich dadurch die komplette Transportsituation ändert. Die Termin- und Kapazitätsplanung kann sinnvollerweise unter Berücksichtigung der Routenplanung [WZL 91] durch
die Simulation unterstützt werden, nicht zuletzt um die Pläne in Abhängigkeit der Ziele
wie termin-, kapazitätstreu, kostenoptimal u.ä. bewerten zu können. Gleichzeitig ein-
treffende Materialflußanforderungen auf gleiche Transportobjekte sind dabei zu koordinieren.

4 Transportauftrag planen	für alle Materialfluß-steuerungsprinzipien			
	LS	ZR	MR	TSS
4.1 Bedarf und Bestand an Transportkapazität bestimmen und vergleichen	$\bigcirc$, $\mathbb{O}$		$\bigcirc$, $\mathbb{O}$	
4.2 Termin für den Transportauftrag unter Berücksichtigung von dessen Priorität und/oder dem gewünschten Transporttermin ermitteln; Materialflußanforderungen für gleiche Transportobjekte koordinieren	$\bigcirc$, $\mathbb{O}$		$\bigcirc$, $\mathbb{O}$	
4.3 Transportkapazität für die Durchführung des Transportauftrags beschaffen	$\bigcirc$, $\mathbb{O}$		$\bigcirc$, $\mathbb{O}$	
4.3.1 Kapazitätsanpassung unter Berücksichtigung der Priorität des Transportauftrags und der Routenplanung durchführen (z.B. Transportkapazität aus anderen Transportsystemen anfordern)	$\bigcirc$, $\mathbb{O}$		$\bigcirc$, $\mathbb{O}$	
4.3.2 Kapazitätsabgleich unter Berücksichtigung der Priorität des Transportauftrags und der Routenplanung durchführen	$\bigcirc$, $\mathbb{O}$		$\bigcirc$, $\mathbb{O}$	
4.3.3 Simulation	$\bigcirc$, $\mathbb{O}$		$\bigcirc$, $\mathbb{O}$	
4.4 Transportkapazität für den anstehenden Transportauftrag belegen	$\bigcirc$, $\mathbb{O}$		$\bigcirc$, $\mathbb{O}$	
4.5 Status des Transportauftrags festlegen	$\bigcirc$, $\mathbb{O}$		$\bigcirc$, $\mathbb{O}$	
4.6 Transportauftrag freigeben	$\bigcirc$		$\bigcirc$	

$\bigcirc$ - vorhanden, Implementierung im Materialflußrechner falls vorhanden

$\mathbb{O}$ - abhängig von der Art der Schnittstelle des Transportsystems zur übergeordneten Instanz, nicht bei der Mensch-Mensch- und Mensch-Rechner-Schnittstelle

Bild 5.20: Funktion "Transportauftrag planen"

Für die Implementierung dieser Funktion werden, abgesehen von der Unterfunktion zur Freigabe des Transportauftrags, Transportsysteme mit Rechner-Mensch- oder Rechner-Rechner-Schnittstelle zur übergeordneten Instanz vorausgesetzt (s. Bild 5.20). Ist das Transportsystem durch eine Mensch-Mensch- oder Mensch-Rechner-Schnittstelle charakterisiert, so ist eine Planung des Transportauftrags nicht sinnvoll, da eine Abschätzung der mit dem Transport verbundenen Zeiten nicht möglich ist.

5.2.4.6 Funktion 5: Transportauftrag auslösen

Nachdem der Transportauftrag erzeugt und evtl. eingeplant wurde, wird er nach umfassender Überprüfung der Durchführbarkeit und Optimierung der Reihenfolge aller anstehenden Transportaufträge (s. Kapitel 5.2.2.1) zur Ausführung freigegeben (Bild 5.21). Ein nicht durchführbarer Transportauftrag wird zurückgestellt, bis der für seine Ausführung erforderliche Transportsystem-Zustand vorliegt. Unter Berücksichtigung derer Priorität werden dagegen die durchführbaren Transportaufträge geordnet [MEIN89, NEDE91] und die Reihenfolge der Transportaufträge der jeweils gleichen Priorität wird nach vorgegebenen Optimierungskriterien festgelegt. Mit dem Ziel der Produktivitätssteigerung erfolgt dabei, wenn möglich, eine Zusammenfassung geeigneter Transportaufträge [WZL 91], z.B. in Form von Bring- und Holspielen oder einem gemeinsamen Transport mehrerer Transportobjekte.

5 Transportauftrag auslösen		für alle Materialfluß-steuerungsprinzipien			
		LS	ZR	MR	TSS
5.1	Transportauftrag vorbereiten	O, ◑		O, ◑	
5.1.1	Zugänglichkeit des Transportobjekts durch das Transportsystem prüfen	O, ◑		O, ◑	
5.1.2	Bei fehlender Zugänglichkeit Bereitstellung des Transportobjekts an einem für das Transportsystem zugänglichen Ort veranlassen	O, ◑		O, ◑	
5.1.3	Durchführbarkeit des Transportauftrags anhand des Status des Transportsystems und seiner Peripherie prüfen	O, ◑		O, ◑	
5.1.4	Nicht durchführbaren Transportauftrag zurückstellen	O, ◑		O, ◑	
5.1.5	Status des Transportauftrags festlegen	O, ◑		O, ◑	
5.2	Reihenfolgebestimmung	O		O	
5.2.1	Kombination des betrachteten Transportauftrags mit weiteren Transportaufträgen prüfen	O, ◑		O, ◑	
5.2.2	Transportaufträge nach Priorität ordnen	O		O	
5.2.3	Transportaufträge gleicher Priorität nach vorgegebenen Optimierungskriterien sortieren	O, ◑		O, ◑	
5.2.4	Ablaufvorschrift für die Transportausführung generieren	O, ◑		O, ◑	
5.3	Transportauftrag auslösen	O		O	
5.3.1	Transportaufträge einzeln oder in Gruppe der Reihe nach auslösen	O		O	
5.3.2	Status des Transportauftrags bzw. der Gruppe von Transportaufträgen ändern	O		O	

O - vorhanden, Implementierung im Materialflußrechner falls vorhanden

◑ - abhängig von der Art der Schnittstelle des Transportsystems zur übergeordneten Instanz, nicht bei der Mensch-Mensch- und Mensch-Rechner-Schnittstelle

Bild 5.21: Funktion "Transportauftrag auslösen"

Die Funktion "Transportauftrag auslösen" wird standardmäßig im Materialflußrechner oder alternativ im Fertigungsleitsystem eingesetzt, wobei bei der Auswahl der Unterfunktionen die Art der Schnittstelle des Transportsystems zur übergeordneten Instanz zu berücksichtigen ist (s. Bild 5.21). Bei der Mensch-Mensch- und Mensch-Rechner-Kopplung ist nämlich die Implementierung der Unterfunktionen 5.1 und 5.2 außer der prioritätsmäßigen Ordnung der Aufträge nicht sinnvoll.

5.2.4.7 Funktion 6: Transportauftrag ausführen

Die Ausführung des Transportauftrags findet unter Aufsicht der Ablaufsteuerung nach der in Funktion 5 generierten Ablaufvorschrift statt. Die Unterfunktionen der Transportauftragsausführung, deren Implementierungsbedingungen sowie Verteilung auf die Ebenen der Informationssystemstruktur der Materialflußsteuerung sind in Bild 5.22 dargestellt.

Aufgrund nicht standardisierter Kommunikationsschnittstellen der Gerätesteuerungen zur übergeordneten Ebene ist es notwendig, die Form des Transportauftrags an die Kommunikationsschnittstelle der jeweiligen Transportsystemsteuerung anzupassen (sog. Komponentenanpassungsprozeß bzw. Treiber), um dem Transportsystem den Auftrag erteilen zu können [GROH88, HÄRD91]. Diese Funktion kann mit der Einführung von Standard-Schnittstellen wie z.B. MAP entfallen [HENN89, MILL91]. Das für den

Transportauftrag benötigte Transportmittel wird unter Berücksichtigung der anlagen-
(z.B. Auslastungsoptimierung, kürzester Weg, Minimierung von Leerfahrtanteilen)
[EGBE82, MEIN89, MOLD86] und auftragsspezifischen Randbedingungen (z.B. Zeit-
optimierung bei Eilaufträgen) ausgewählt. Als Unterstützung dieser Funktion ist eine
Simulation möglich [BECK91, MEIN89].

Für den Ablauf des Transportauftrags sind abhängig vom Automatisierungsgrad des
Transportsystems die Unterfunktionen zum Steuern der Transportrouten (s. Bild 5.22,
Funktion 6.5) vorzusehen [HÄRD91, MEIN89, WZL 91]. Bei den meisten intelligenten,
mechanisierten und automatisierten Transportsystemen, wie z.B. Elektrohängebahn oder
fahrerloses Transportsystem, werden diese Unterfunktionen und oft sogar die Unterfunktionen für die Auswahl des geeigneten Transportmittels (s. Bild 5.22, Funktion

6 Transportauftrag ausführen		für alle Materialfluß-steuerungsprinzipien				Bemerkung
		LS	ZR	MR	TSS	
6.1	Ablaufsteuerung	○,◐		○,◐		
6.2	Transportauftrag an die Kommunikationsschnittstelle der Transportsystemsteuerung zur Umsetzung in die entsprechenden Transportbefehle anpassen	○,◐,▽		○,◐,▽		bei standardisierter Schnittstelle der TSS zur übergeordneten Instanz (wie MAP) nicht notwendig
6.3	Transportsystem-Peripherie verwalten (z.B. Reservierung von Übernahme- und Übergabestelle im Transportsystem für die Dauer des Transportauftrags)	○,◐,▽		○,◐,▽		
6.4	Ein oder mehrere Transportmittel des Transportsystems für den Transportauftrag belegen	△		△	△	
6.4.1	Transportmittel unter Berücksichtigung der anlagen- und auftragsspezifischen Randbedingungen auswählen	△,◐,▽		△,◐,▽	△,◐	
6.4.2	Zugriff auf das/die Transportmittel für den Transportauftrag prüfen	△		△	△	
6.4.3	Plausibilität der im Transportauftrag enthaltenen Informationen prüfen (z.B. Zuordnung von Transportobjekt, -quelle, -ziel und -mittel)	△		△	△	
6.4.4	Transportauftrag einem Transportmittel zuweisen	△		△	△	
6.4.5	Transpotauftrag starten	△,◑,▽		△,◑,▽	△,◑	
6.5	Ablauf des Transportauftrags steuern	△,◑,▽		△,◑,▽	△	
6.5.1	Koordinierungssteuerung (Ablaufsteuerung der Aufträge auf der Transportmittelebene)	△,◑,▽		△,◑,▽	△	
6.5.2	Wegeoptimierung	△,◑,▽		△,◑,▽	△	
6.5.3	Kollisionvermeidung (Verkehrsregelung)	△,◑,▽		△,◑,▽	△	
6.5.4	Fahrwegoptimierung bei Engpässen	△,◑,▽		△,◑,▽	△	
6.5.5	Platzverwaltung	△,◑,▽		△,◑,▽	△	

○ - vorhanden, Implementierung im Materialflußrechner falls vorhanden
◐ - abhängig von der Art der Schnittstelle des Transportsystems zur übergeordneten Instanz, nicht bei der Mensch-Mensch- und Mensch-Rechner-Schnittstelle
◑ - bei mehreren Transportsystemen
△ - vorhanden, Implementierung in einer intelligenten Transportsystemsteuerung (in käuflichen Transportsystemsteuerungen meistens vorhanden), ansonsten im Materialflußrechner falls vorhanden, oder im Leitsystem
▽ - abhängig vom Automatisierungsgrad des Transportsystems, nicht bei manuell bedienten Transportsystemen, außer wenn Kommunikation möglich

Bild 5.22: Funktion "Transportauftrag ausführen"

6.4) von der Transportsystemsteuerung übernommen [FROG91, GUNS89, HELL91, JÜNE89, JUNG91, MEIN89, OBSC85, OSTE91, WAGN82]. Falls mehrere Transportsysteme im Materialflußsystem existieren, wird allerdings die Funktion 6.5 im Materialflußrechner bzw. im Leitsystem implementiert, da nur wenige Transportsystemsteuerungen imstande sind, fremde Transportsysteme mit zu koordinieren. Die Funktionen, die bei manuell bedienten Transportsystemen normalerweise entfallen (s. Bild 5.22) werden, wenn eine Kommunikation zum System möglich ist (z.b. mit Funk versehene Gabelstapler [BODE92, N.N.90, N.N.91a, TIMM91]), vom Materialflußrechner bzw. Leitsystem übernommen.

5.2.4.8 Funktion 7: Transportauftrag überwachen

Die Funktion zur Überwachung des Transportauftrags [BECK91, EVER90, WZL 91] (Bild 5.23) ist eine Zusatzfunktion der Transportauftragsausführung. Eine grundlegende Voraussetzung hierfür ist eine aktuelle Datenbasis, in der sowohl alle dem Transportauftrag zugrundeliegenden, aus Erfahrung oder mittels Simulation des Transportablaufs abgeleiteten Solldaten, wie z.B. Fahrzeiten [BECK91] oder Terminvorgaben [WZL 91], als auch alle aktuellen auftrags-, fertigungs- und materialflußbezogenen, für die Materialflußsteuerung interessanten Istdaten, wie z.B. der aktuelle Status der Transportmittel und der Transportsystem-Peripherie [BECK91, MAI 92b, WZL 91], beinhaltet sind. Die Detaillierung der benötigten Daten hängt dabei im starken Maße vom Automatisierungsgrad der Fertigungs- und Transporteinrichtungen ab [MAI 92b]. Die Unterfunktionen zur Bereitstellung der Soll- und Istdaten sind in Bild 5.23 (Funktion 7.1 und 7.2) dargestellt.

Es ist außerdem wichtig, die administrativen Aufgaben mit dem Ziel eines umfassenden Transportabbildes [WECK90] durchzuführen, wie Transportauftrags- und Transportsystemdatenverwaltung (Aktualisierung der Materialflußsystembelegung, Verwaltung von Transportsystemstammdaten wie Fahrzeugstammdaten, Wartungsdateien etc.) sowie Führung von für eine Optimierung der Systemabläufe erforderlichen Statistiken wie Leistungskennzahlen (z.B. Anzahl Transportmittel/Zeiteinheit), Kapazitätsauslastung der Transportsysteme, Termintreue, Durchlaufzeiten, fahrzeugbezogene Daten (Fehlerereignisprotokoll, Fahrzeuglaufzeitdaten), Anlagendaten (Störungen der Übergabestationen, Ausfall der Rechner u.ä.) etc. [BECK91, EVER90, WZL 91] (s. Bild 5.23, Funktion 7.3). Die sich aus dem Vergleich von Soll- und Istdaten ergebende Abweichung wird durch die Diagnosefunktion beurteilt. Die verwendeten Bewertungskriterien sind anwendungsspezifisch auszuwählen.

Die Implementierungsbedingungen der Unterfunktionen sowie die Verteilung auf die Ebenen der Informationssystemstruktur sind in Bild 5.23 dargestellt.

7 Transportauftrag überwachen	für alle Materialfluß-steuerungsprinzipien			
	LS	ZR	MR	TSS
7.1 Solldaten für Transportauftrag ermitteln	O		O	
7.1.1 Solldaten aus Erfahrung oder Simulation bestimmen	O		O	
7.1.2 Solldaten auf Vollständigkeit und Plausibilität prüfen	O		O	
7.1.3 Fehlende Solldaten ergänzen bzw. fehlerhafte Solldaten berichtigen	O		O	
7.2 Istdaten für Transportauftrag ermitteln	◖	◗	◖	◗
7.2.1 Aktuellen Status des Transportmittels, des Transportauftrags und der vom Transportauftrag betroffenen Transportsystem-Peripherie erfassen	◖	◗	◖	◗
7.2.2 Istdaten auf Vollständigkeit und Plausibilität prüfen	O		O	
7.2.3 Fehlende Istdaten ergänzen bzw. fehlerhafte Istdaten berichtigen	◖	◗	◖	◗
7.2.4 Istdaten visualisieren	O		O	
7.3 Administrative Aufgaben	O		O	
7.3.1 Transportauftragsverwaltung	O		O	
7.3.2 Datenverwaltung (alle die Materialflußsteuerung betreffenden Daten wie Transportsystem-, Transportsystemperipherie-, Betriebsmittel- und Materialdaten)	O		O	
7.3.3 Führung von Statistiken	O		O	
7.4 Soll- und Istdaten für Transportauftrag zuordnen und vergleichen	O		O	
7.5 Diagnose	O		O	
7.5.1 Bewertungskriterien nach Erfahrung oder Ergebnissen aus Simulation auswählen und Anwendbarkeit auf den Transportauftrag prüfen	O,◐, ▽		O,◐, ▽	
7.5.2 Soll-Istdaten-Abweichung bewerten	O		O	
7.5.3 Ergebnisse aus Diagnose auf Plausibilität prüfen	O,◐, ▽		O,◐, ▽	

O - vorhanden, Implementierung im Materialflußrechner falls vorhanden

◐ - abhängig von der Art der Schnittstelle des Transportsystems zur übergeordneten Instanz, nicht bei der Mensch-Mensch- und Mensch-Rechner-Schnittstelle

▽ - abhängig vom Automatisierungsgrad des Transportsystems, nicht bei manuell bedienten Transportsystemen, außer wenn Kommunikation möglich

◖ - Auftrags- und evtl. Transportsystem-Peripheriedaten, im Materialflußrechner falls vorhanden

◗ - Transportmittel- und evtl. Transportsystem-Peripheriedaten, in der Transportsystemsteuerung falls vorhanden, oder über BDE

Bild 5.23: Funktion "Transportauftrag überwachen"

5.2.4.9 Funktion 8: Transportauftrag sichern

Da im Produktionsbereich häufig Störungen auftreten, gewinnt neben der Unterstützung des Normalablaufs besonders die Störungsbehandlung an Bedeutung [JAES92, WZL 91]. Der Produktionsprozeß der Zukunft verlangt daher eine Materialflußsteuerung, die auch auf unvorhergesehene Ereignisse, wie z.B. Ausfall einer Zelle oder verstellte Fahrwege, flexibel reagiert (Bild 5.24). Die Transportauftragssicherung ist eine Zusatzfunktion der Transportauftragsüberwachung, ohne deren Anwendung sie sinnlos ist.

Tritt während der Ausführung des Transportauftrags eine Störung ein, wird sie aufgrund der fortlaufenden Überwachung erfaßt und an die zuständige Instanz gemeldet, die die Störungsart (Transportmittel-, Betriebsmittel-, Personalstörung, Planungsfehler etc.), -ort und -ursache ermittelt und anhand von Prüfkriterien verifiziert. Darauf aufbauend sind die Lösungsvorschläge für die Störungsbehebung aus einem Katalog oder unter Anwendung der KI-Werkzeuge auszuarbeiten und durchzusetzen. Der Maßnahmenkatalog kann u.a. Punkte beinhalten wie kurzfristige Instandsetzung des Transportmittels, Einsatz eines Reserve- oder eines Ausweich-Transportmittels, manuelle Bereitstellung des Transportobjekts, Ausführung ergänzender Transportvorgänge, Beschaffung fehlender bzw. Korrektur fehlerhafter Transportdaten. Wirkt sich der Eingriff in den Transportauftrag auch auf die anderen Transportaufträge innerhalb eines oder mehrerer Transportsysteme aus, so ist eine Umplanung vorzunehmen.

Liegt ein manuell bedientes Transportsystem bzw. Mensch-Mensch- oder Mensch-Rechner-Schnittstelle zur übergeordneten Instanz vor, so entfällt die automatische Störungsbehebung (s. Bild 5.24, Funktion 8.3), die ermittelte Behebungsmaßnahme soll vom Bediener des Transportsystems durchgeführt werden. Bei der Funktionsauswahl ist ebenfalls die Anzahl der im Materialflußsystem zusammengefaßten Transportsysteme bzw. die Anzahl der Transportmittel in einem Transportsystem zu berücksichtigen: bei einem Transportsystem entfällt die Funktion 8.3.2, bei nur einem Fahrzeug ist gar keine Umplanung notwendig (Funktion 8.3.3).

8 Transportauftrag sichern		für alle Materialfluß-steuerungsprinzipien				Bemerkung
		LS	ZR	MR	TSS	
8.1	Störungslokalisierung	O		O		
8.1.1	Störungsart, -ort und -ursache ermitteln	O		O		
8.1.2	Störungsart, -ort und -ursache verifizieren	O		O		
8.2	Ableitung von Maßnahmen zur Störungsbehebung	O		O		
8.2.1	Maßnahmen zur Beseitigung der Störung ausarbeiten	O		O		
8.2.2	Zuständigkeit für die Beseitigung der Störung klären	O		O		
8.2.3	Zugriff auf die Maßnahmen zur Beseitigung der Störung prüfen	O		O		
8.3	Störungsbehebung	O, ◖		O, ◖		
8.3.1	Ausgewählte Maßnahmen durchführen	O, ◖		O, ◖		
8.3.2	Transportsystemübergreifende Umplanung unter Berücksichtigung der bereits eingeplanten und sich in Ausführung befindenden Materialfluß- bzw. Transportaufträge vornehmen	O, ◖, ◗		O, ◖, ◗		
8.3.3	Transportsysteminterne Umplanung unter Berücksichtigung der bereits eingeplanten und sich in Ausführung befindenden Materialfluß- bzw. Transportaufträge vornehmen	O, ◖		O, ◖		nicht bei einem Transportmittel innerhalb eines Transportsystems

O   - vorhanden, Implementierung im Materialflußrechner falls vorhanden

◖   - abhängig von der Art der Schnittstelle des Transportsystems zur übergeordneten Instanz, nicht bei der Mensch-Mensch- und Mensch-Rechner-Schnittstelle

◗   - bei mehreren Transportsystemen

Bild 5.24: Funktion "Transportauftrag sichern"

5.2.4.10 Funktion 9: Verwaltung von Betriebsmitteln

Die Funktion zur Verwaltung von Betriebsmitteln bezüglich deren Flusses in der Produktion, ist im Materialflußrechner oder alternativ im Fertigungsleitsystem anzuordnen (Bild 5.25). Diese Funktion baut auf den bereits beschriebenen Funktionen 1 - 8 auf.

Zusätzliche Funktionen sind die Generierung eines Bereitstellungsauftrags für ein fehlendes Betriebsmittel sowie die Fortschreibung der Orts- und evtl. Zustandsdaten für die

Betriebsmittel nach jedem abgeschlossenen Transportauftrag, da auch hier eine aktuelle Datenbasis eine grundlegende Voraussetzung für die Materialflußsteuerung ist [NEDE93].

9 Verwaltung von Betriebsmitteln	Bringprinzip				Holprinzip				Kombination			
	LS	ZR	MR	TSS	LS	ZR	MR	TSS	LS	ZR	MR	TSS
9.1 Materialflußanforderung erzeugen; neben der Verfügbarkeitsprüfung sind zusätzlich folgende Funktionen vorzusehen:	●				●				●	●		
9.1.1 Überprüfung, ob Betriebsmittel mehrfach vorhanden / Verfügbarkeit	●				●				●			
9.1.2 Bei fehlender Verfügbarkeit Bereitstellungsauftrag erzeugen	●				●				●			
9.2 Betriebsmitteldaten aktualisieren	○		○		○		○		○		○	

● - vorhanden
○ - vorhanden, Implementierung im Materialflußrechner falls vorhanden

Bild 5.25: Funktion "Verwaltung von Betriebsmitteln"

Die Implementierung dieser Funktion setzt einen automatisierten Betriebsmittelfluß im Fertigungssystem bzw. -segment voraus.

5.2.4.11 Funktion 10: Verwaltung von gemeinsamen Betriebsmitteln

Die Funktion zur Verwaltung von im Produktionssystem gemeinsam genutzten Betriebsmitteln (s. Kapitel 2.1), wie z.B. mobilem Roboter, ist im Materialflußrechner, wenn vorhanden, ansonsten im Fertigungsleitsystem zu implementieren (Bild 5.26). Diese Funktion baut ebenfalls auf den bereits beschriebenen Funktionen auf.

Die zentrale Aufgabe dieser Funktion ist die Koordination der Anwendung gemeinsamer Betriebsmittel: Treffen mehrere Materialflußanforderungen für ein gemeinsames Be-

10 Verwaltung von gemeinsamen Betriebsmitteln	Bringprinzip				Holprinzip				Kombination			
	LS	ZR	MR	TSS	LS	ZR	MR	TSS	LS	ZR	MR	TSS
10.1 Materialflußanforderung erzeugen (muß nicht immer einen Transport zur Folge haben)	●				●				●	●		
10.2 Koordination der Anwendung von gemeinsamen Betriebsmitteln	○		○		○		○		○		○	
10.2.1 Anforderungen auf gleiche Betriebsmittel synchronisieren	○		○		○		○		○		○	
10.2.2 Einsatzplan für gemeinsame Betriebsmittel aufbauend auf den Anforderungen erzeugen	○		○		○		○		○		○	
10.2.3 Gemeinsame Betriebsmittel nach Zuteilungsalgorithmus (z.B. Berücksichtigung von Prioritäten) reservieren	○		○		○		○		○		○	
10.2.4 Materialflußauftrag erzeugen, wenn erforderlich	○		○		○		○		○		○	
10.3 Betriebsmitteldaten aktualisieren	○		○		○		○		○		○	

● - vorhanden
○ - vorhanden, Implementierung im Materialflußrechner falls vorhanden

Bild 5.26: Funktion "Verwaltung von gemeinsamen Betriebsmitteln"

triebsmittel ein, so sind diese aufeinander abzustimmen und entsprechend ein Einsatzplan für das Betriebsmittel zu erstellen. Das Betriebsmittel wird nach dem ausgewählten Zuteilungsalgorithmus für den jeweiligen Einsatz reserviert, um gleichzeitigen Zugriff mehrerer Benutzer zu vermeiden. Falls ein Transport des Betriebsmittels zum Einsatzort notwendig ist, wird ein entsprechender Materialflußauftrag erzeugt.

Die Voraussetzung für die Implementierung dieser Funktion ist die Existenz von gemeinsamen Betriebsmitteln im Produktionssystem.

5.2.4.12 Funktion 11: Umplanung eines Materialflußauftrags

Eine Umplanung des Transportablaufs (Bild 5.27) findet aufgrund von Eilaufträgen oder Störungen (s. Funktion 8) statt, mit dem Ziel, die neu entstandene Situation in der Anlage bei der Abwicklung des Materialflusses zu berücksichtigen, um wenn möglich trotz veränderter Bedingungen die vorgegebenen Termine aller Aufträge einhalten und die Stillstandszeiten verringern zu können. Diese Funktion bildet die Grundlage für die Materialfluß- und damit Produktionsregelung.

Auf der Basis der aktuellen Auftrags- und Anlagensituation wird, falls die Notwendigkeit dazu besteht, in einem Störungsfall wenn die Störungsbehebungsmaßnahmen

11 Umplanung eines Materialflußauftrags	für alle Materialfluß-steuerungsprinzipien				Bemerkung
	LS	ZR	MR	TSS	
11.1 Nach der Überprüfung der Notwendigkeit der Umplanung, Planung (Funktion 4) anstoßen, auf der Basis der veränderten Auftrags- und/oder Anlagensituation	O, ◐		O, ◐		Einsatzkriterien, s. Funktion 4
11.2 Materialfluß-/Transportauftrag unterbrechen	O		O		
11.2.1 Status und Priorität der zur Auslösung anstehenden oder bereits eingelasteten Aufträge ermitteln und vergleichen	O		O		
11.2.2 Zu unterbrechende Aufträge auswählen	O		O		
11.2.3 Puffer, in den das zum zu unterbrechenden Auftrag gehörende Transportobjekt ausgelagert werden soll, auswählen und belegen	O, ◐		O, ◐		
11.2.4 Status dieses Materialflußauftrags und der damit verbundenen Transportaufträge ändern	O		O		
11.2.5 Materialflußauftrag unterbrechen	O		O		
11.3 Neuen Auftrag durchführen	O		O		Einsatzkriterien, s. Funktion 6
11.4 Unterbrochenen Auftrag aufnehmen und beenden	O		O		
11.4.1 Status des unterbrochenen Materialflußauftrags und der damit verbundenen Transportaufträge ändern	O		O		
11.4.2 Puffer, in den das zum Auftrag gehörende Transportobjekt ausgelagert worden ist, identifizieren und freigeben	O, ◐		O, ◐		
11.4.3 Auftrag beenden	O		O		

O - vorhanden, Implementierung im Materialflußrechner falls vorhanden

◐ - abhängig von der Art der Schnittstelle des Transportsystems zur übergeordneten Instanz, nicht bei der Mensch-Mensch- und Mensch-Rechner-Schnittstelle

Bild 5.27: Funktion "Umplanung eines Materialflußauftrags"

nicht ausreichend schnell durchgeführt werden können, bei einem Eilauftrag wenn er nicht in die bestehende Auftragssituation ohne Überlappungen eingeplant werden kann, die Auftragsplanung (Funktion 4) angestoßen. Dabei ist zu überprüfen, ob die eingelasteten Materialfluß- bzw. Transportaufträge noch durchgeführt werden können. Diejenigen Aufträge, die nicht mehr durchführbar sind, müssen unter Berücksichtigung derer Stati und Prioritäten unterbrochen und die Transportobjekte in die entsprechenden Puffer ausgelagert werden. Der anstehende Eilauftrag bzw. die eingeleitete Störungsbehebung kann nun eingelastet und durchgeführt werden, wobei auf die bereits aufgeführten Funktionen zurückgegriffen wird. Nachdem der Eingriff abgeschlossen ist, können die unterbrochenen Aufträge wieder aufgenommen und beendet werden.

Da diese Funktion nur im Zusammenhang mit den Funktionen der Planung und Ausführung des Transportauftrags Sinn hat, werden für sie die gleichen Einsatzkriterien verwendet (s. Bild 5.27 sowie 5.20 und 5.22).

5.2.4.13 Funktion 12: Kommunikation durchführen

Der Informationsfluß im Rahmen der Materialflußsteuerung wird durch die Kommunikation zwischen deren verschiedenen Rechnern sowie zwischen Bediener und Mate-

12 Kommunikation durchführen	Bringprinzip				Holprinzip				Kombination			
	LS	ZR	MR	TSS	LS	ZR	MR	TSS	LS	ZR	MR	TSS
12.1 Bedienerdialog	O		O		O		O		O		O	
12.1.1 Abfrage von Orts- und Zustands- sowie Auftragsstatusdaten des Materialflußsystems	O,▽		O,▽		O,▽		O,▽		O,▽		O,▽	
12.1.2 Manuelle Eingabe nicht automatisch erfaßbarer Orts- und Zustandsdaten des Materialflußsystems (auch als Notstrategie)	O		O		O		O		O		O	
12.1.3 Visualisierung des Ist-Zustands des Materialflußsystems (z.B. Fahrzeugbewegungen)	O,▽		O,▽		O,▽		O,▽		O,▽		O,▽	
12.1.4 Einlastung von Materialfluß- / Transportaufträgen	O		O		O		O		O		O	
12.1.5 Bedienerdialog zur Störungsbehandlung	O,▽		O,▽		O,▽		O,▽		O,▽		O,▽	
12.2 Rechnerkommunikation	●		●		●		●		●		●	
12.2.1 Mit dem Fertigungsleitsystem (Auftragseinlastung, Rückmeldungen, Datentransfer)		●	O	O		●	O	O		●	O	O
12.2.2 Mit dem Materialflußrechner (Auftragseinlastung, Rückmeldungen, Datentransfer)	●*				●*	●*	●*		●*	●*	●*		●*
12.2.3 Mit BDE / Zellenrechner (Auftragseinlastung, Rückmeldungen, Auftragsfortschritt, Zellenstatus, Anforderungen)							O	O			O	O
12.2.4 Mit dem Lagerrechner (Auftragfortschritt, Lagerstatus, Datentransfer)	O*		O*		O*		O*		O*		O*	
12.2.5 Mit einer Transportsystemsteuerung (Auftragsvergabe, Rückmeldungen, Datentransfer, Statusinformationen)	O*,◑		O*,◑		O*,◑		O*,◑		O*,◑		O*,◑	
12.2.6 Mit der Datenbasis (Datentransfer)	●		●		●		●		●		●	
12.2.7 Mit einem Identifikationssystem (Datentransfer: Orts- und Zustandsdaten von Werkzeugen und Werkstücken bzw. Transporthilfsmitteln)	O*		O*		O*		O*		O*		O*	
12.3 Verwaltung der Schnittstellen zwischen den Transportsystemen			●,◐				●,◐				●,◐	

● - vorhanden
O - vorhanden, Implementierung im Materialflußrechner falls vorhanden
◑ - abhängig von der Art der Schnittstelle des Transportsystems zur übergeordneten Instanz, nicht bei der Mensch-Mensch- und Mensch-Rechner-Schnittstelle
◐ - bei mehreren Transportsystemen
▽ - abhängig vom Automatisierungsgrad des Transportsystems, nicht bei manuell bedienten Transportsystemen, außer wenn Kommunikation möglich
* - nur wenn das entsprechende System vorhanden

Bild 5.28: Funktion "Kommunikation durchführen"

rialflußsteuerung definiert [EVER90, GROH88] (Bild 5.28). Daher erfolgt die Implementierung der in dieser Funktion enthaltenen Unterfunktionen abhängig von der vorhandenen Informationssystemstruktur sowie der Art der Schnittstelle des Transportsystems zur übergeordneten Instanz (s. Bild 5.28).

Die Unterfunktionen des Bedienerdialogs sind in Bild 5.28 (Funktion 12.1) dargestellt. Als Grundlage einer effizienten und sicheren Prozeßüberwachung können die entsprechenden Informationen dem Bediener komprimiert und überschaubar in einer grafischen Benutzeroberfläche als Visualisierung dynamischer Abläufe präsentiert werden [WECK 90]. Durch die damit geschaffene Anlagentransparenz können die Interpretations-, Fehlererkennungszeiten und folglich auch Störzeiten [LOHS90] erheblich reduziert werden.

Welche Rechner der Materialflußsteuerung miteinander kommunizieren müssen, ist abhängig von der gewählten Informationssystemstruktur [GROH88, NEDE93] (s. Bild 5.28, Funktion 12.2). Beim Einsatz mehrerer Transportsysteme kann zwischen ihnen zur Schnittstellenverwaltung (Platzverwaltung im Puffer, Koordination von Übernahme- und Übergabestelle, Datentransfer) eine Kommunikation erforderlich sein.

5.2.5 Abprüfung der Konfiguration

Um sicherzustellen, daß eine vom Planer manuell erstellte Konfiguration der Aufbau- und Ablauforganisation der Materialflußsteuerung keine Schwachstellen in bezug auf Vollständigkeit, Konsistenz, Plausibilität und Geschwindigkeit der Auftragsverarbeitung aufweist, wird sie nach diesen Überprüfungskriterien kontrolliert. Dem Planer müssen dabei Lücken und deren Behebungsmöglichkeiten angezeigt werden. Als Basis dafür dient die vom Planungssystem automatisch generierte Lösung.

- *Vollständigkeit*: Die Aufbau- und Ablauforganisation ist vollständig definiert, wenn allen bestehenden Materialflußbeziehungen ein Materialflußsteuerungsprinzip zugeordnet wurde und auch die notwendige Mindestfunktionalität (im wesentlichen Funktion 1, Funktion 2 oder 3, Funktion 6 und 12) gewährleistet ist.

- *Konsistenz*: Hierzu muß überprüft werden, ob alle zusammenhängenden Funktionen der Materialflußsteuerung, die ohne einander nicht funktionieren können, sowie die den einzelnen Materialflußsteuerungsprinzipien zugeordneten Funktionen in die erstellte Konfiguration aufgenommen wurden. Außerdem soll die unnötige funktionelle Redundanz in verschiedenen Ebenen der Informationssystemstruktur vermieden werden.

- *Plausibilität* wird dadurch gewährleistet, daß keine unsinnigen Entscheidungen bezüglich der Aufbau- und Ablauforganisation erlaubt werden.

- *Geschwindigkeit der Auftragsverarbeitung* ist von Bedeutung bei der Auswahl der Optimierungsstrategien, deren Berechnungszeit einerseits kleiner als die durchschnittliche Soll-Versorgezeit aller Segmente des Produktionssystems und andererseits nicht wesentlich größer als die einzelnen Soll-Versorgezeiten sein darf, um nicht durch den Optimierungsvorgang den Produktionsablauf zu gefährden.

5.3 Stufe 2: Konfiguration des Materialfluß-Steuerungssystems

Um dem Softwareanbieter zu ermöglichen, schon während der Planung die Güte der in der ersten Planungsstufe bestimmten Aufbau- und Ablauforganisation der Materialflußsteuerung analysieren zu können, muß diese getestet werden. Für diesen Zweck muß eine modellhafte Materialflußsteuerung konfiguriert werden, die direkt an ein Simulationssystem angekoppelt (Bild 5.29) und in der dritten Planungsstufe verifiziert wird.

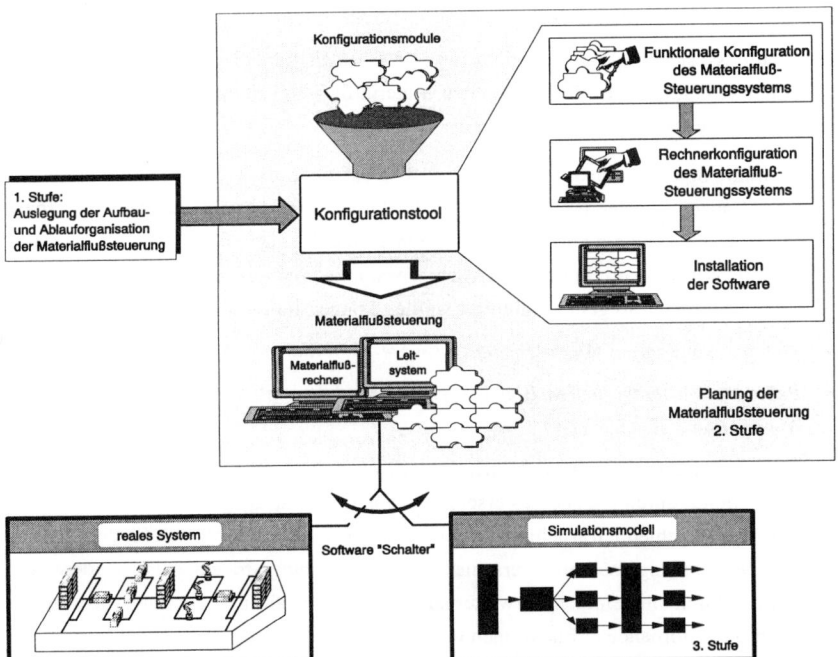

Bild 5.29: Zweite Stufe der Planung der Aufbau- und Ablauforganisation einer Materialflußsteuerung

Konzept zur Planung der Aufbau- und Ablauforganisation einer Materialflußsteuerung

Unter *Konfigurieren* wird ein planerischer Prozeß verstanden, der die Auswahl von Komponenten, in diesem Fall Funktionsmodulen, aus einer vorgegebenen Menge von Komponenten, die in einer sogenannten Komponentenbibliothek vorliegen, und die Organisation dieser ausgewählten Komponenten zu einem der Anforderungsdefinition entsprechenden Gesamtsystem zum Ziel hat [EICH89]. Die Anforderungsdefinition ergibt sich hier aus den Ergebnissen der ersten Planungsstufe - der Struktur und Funktionalität sowie den ausgewählten Optimierungsstrategien der Materialflußsteuerung, die direkt ein Funktionsmodul als Bestandteil der Konfiguration festlegen. Die Organisation von Modulen beinhaltet allgemein den Aufbau von Beziehungen zwischen ihnen. Daraus ergibt sich folgende Vorgehensweise in der zweiten Planungsstufe (s. Bild 5.29):

- funktionale Konfiguration des Materialfluß-Steuerungssystems
- Rechnerkonfiguration des Materialfluß-Steuerungssystems
- Installation der Software.

Hierbei soll entsprechend unterschiedlichen Anforderungsdefinitionen ein flexibles Konfigurieren und Aufteilen der Materialflußsteuerung in verschiedene Ebenen der gewählten Informationssystemstruktur ermöglicht werden (s. auch Kapitel 2.3.1). Die Basis dafür bildet ein Strukturgerüst mit einer breiten Materialfluß-Steuerungsfunktionalität, an das folgende Anforderungen gestellt werden:

- *modulare Softwarestruktur*: Da der Begriff "Konfigurieren" hier als Zusammenstellen eines Ganzen aus mehreren Einzelteilen verstanden wird, besteht eine konfigurierbare Materialfluß-Steuerungssoftware definitionsgemäß aus mehreren vorgefertigten Softwaremodulen, die im Sinne der Wiederverwendung von Software anwenderspezifisch nach bestimmten Regeln kombiniert werden können [GLAS93, KOHE86]. Daher:

- *funktionsabhängiges Aufteilen der Software in Module,*

- *Behalten von individuellen Eigenheiten der Module unabhängig von der jeweiligen Applikation* [GLAS93].

- *offene, eindeutig definierte Schnittstellen zwischen den Modulen*: Somit kann einerseits jedes Modul durch ein anderes ersetzt werden, das zwar die gleiche Funktion erfüllt, jedoch unterschiedlich arbeitet, was beispielsweise eine Voraussetzung für die Auswahl und Verwendung mehrerer verschiedenen Optimierungsstrategien ist. Andererseits wird dadurch eine einfache Erweiterbarkeit der Materialfluß-Steuerungssoftware um noch nicht vorhandene Funktionen ermöglicht. Dies und

- *geeignete, einheitliche Basisstruktur der Software* (z.B. das sogenannte Client-Server-Konzept, s. [GLAS93, ZÖBE87]) ermöglichen, durch ein strukturiertes Zusammenfügen einzelner Softwaremodule eine effektive Konfigurierbarkeit der Materialfluß-Steuerungssoftware [IWB 91, KEND83].

Die wiederverwendbaren Softwaremodule basieren auf der Unterprogrammtechnik, wobei einzelne Programmteile als sogenannte Funktionen oder Prozeduren realisiert werden, die vom übergeordneten Hauptprogramm oder von anderen Unterprogrammen mehrfach aufgerufen werden können [GLAS93]. Ein oder mehrere, falls mehrere Funktionen voneinander abhängig sind und nur in ihrer Gesamtheit eingesetzt werden können, Unterprogramme werden zu einem Programmodul zusammengefaßt. Da der Umfang der Anwendung in meisten Fällen relativ groß ist und verschiedene Teilaufgaben innerhalb der Anwendung, die inhaltlich keine Verbindungen aufweisen, wie z.B. Auftragsplanung und -durchführung, im Hinblick auf die Durchlaufzeitverkürzung sinnvollerweise parallel zueinander ablaufen sollen, soll die Materialfluß-Steuerungssoftware über eine dezentrale (verteilte) Struktur verfügen. Die einzelnen Teilaufgaben werden dabei von mehreren koexistierenden Prozessen, die die dazugehörigen Programmodule beinhalten, erledigt (s. [IWB 91]).

5.3.1 Funktionale Konfiguration des Materialfluß-Steuerungssystems

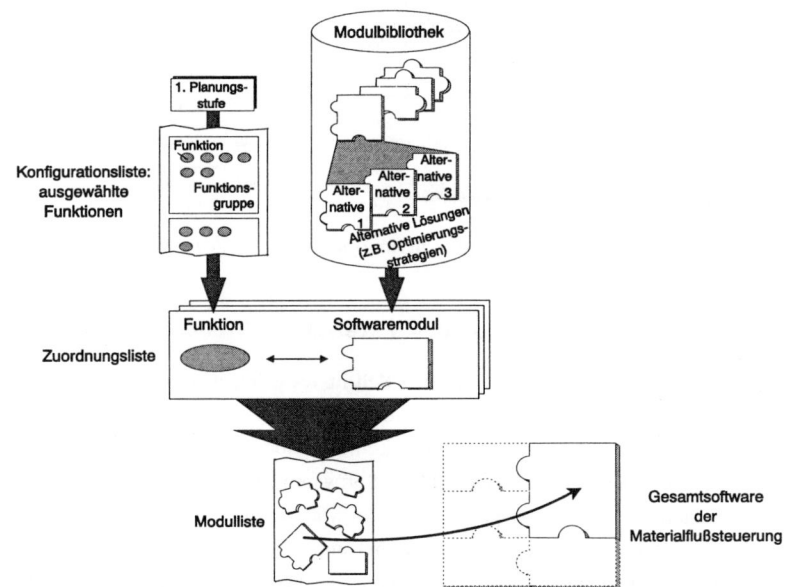

Bild 5.30: Funktionale Konfiguration des Materialflußsteuerungs-Systems

Die funktionsabhängigen Softwaremodule werden in einer Modulbibliothek aufbewahrt. Zum Generieren der Gesamtsoftware wird für jede in der ersten Planungsstufe ausgewählte und in der Konfigurationsliste angegebene Funktion der Materialflußsteuerung aus der Modulbibliothek anhand der vom Planer definierten Zuordnungsliste das geeignete Modul ausgesucht, das an die dafür vorgesehene Stelle in die Software eingebunden werden soll (Bild 5.30). Um zu vermeiden, daß die Materialfluß-Steuerungssoftware beim Testen verschiedener Optimierungsstrategien für jede zu erprobende Strategie erneut konfiguriert werden muß, werden alle nach den Ergebnissen der ersten Planungsstufe für den Anwendungsfall geeigneten Optimierungsstrategien in die funktionale Konfiguration aufgenommen und mit einem Parameter versehen, der während der Laufzeit entscheidet, welches Softwaremodul jeweils auszuführen ist.

Die bei der funktionalen Konfiguration erstellte Liste der ausgewählten Module wird nach Vollständigkeit überprüft, wodurch auf noch nicht realisierte Funktionen hingewiesen werden kann. In der vollständigen Liste werden die Module wiederum nach einem vorgegebenen Schema zu verschiedenen Prozessen zusammengefaßt (Bild 5.31).

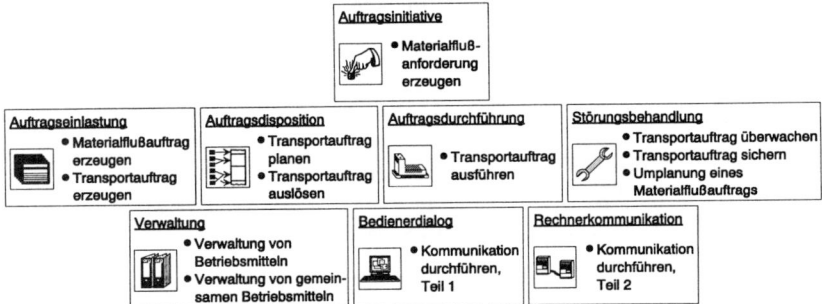

Bild 5.31: Zuordnung der Materialflußsteuerungsfunktionen zu den parallel ablaufenden Prozessen

5.3.2 Rechnerkonfiguration des Materialfluß-Steuerungssystems

Auf der Grundlage der im vorangehenden Schritt festgelegten funktionalen Konfiguration sowie der in der ersten Planungsstufe bestimmten Informationssystemstruktur und Funktionsverteilung erfolgt die Rechnerkonfiguration des Materialfluß-Steuerungssystems. Hierbei werden die ausgewählten Softwaremodule nach der Vorschrift der Funktionsverteilung verschiedenen Systemen der Materialflußsteuerung wie Fertigungsleitsystem oder Materialflußrechner zugeordnet und entsprechend der beim Anwender bzw. beim Softwareanbieter für diese Systeme zur Verfügung stehenden Rechnerumgebung (Betriebssystem der anzuwendenden Rechner) die rechnerabhängige Anweisungen für die bevorstehende Installation, sogenannte Makefiles, formuliert (Bild 5.32).

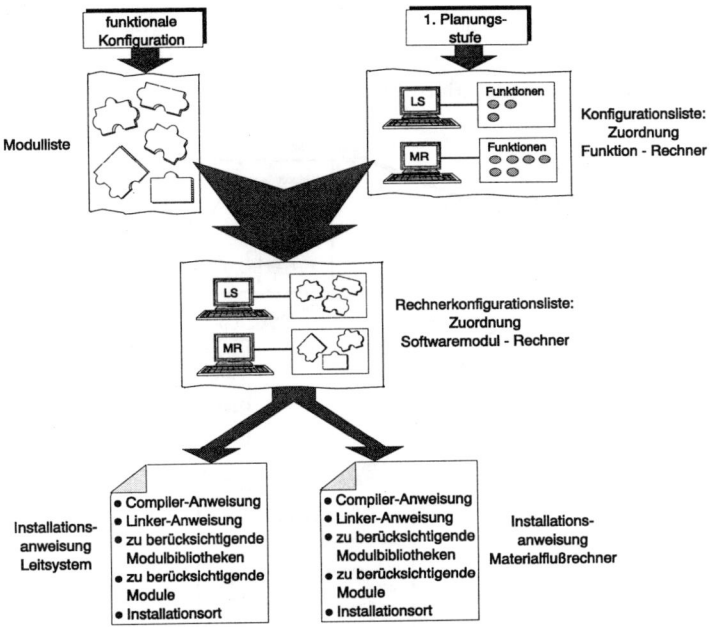

Bild 5.32: Rechnerkonfiguration des Materialfluß-Steuerungssystems

5.3.3 Installation der Software

Nach der funktionalen und Rechnerkonfiguration wird die Materialfluß-Steuerungssoftware in der Installationsphase auf der jeweiligen Rechner-Hardware angelegt. Das bedeutet im wesentlichen, daß zunächst jeweils rechnerabhängig nach den im vorangegangenen Schritt erstellten Anweisungen aus den sich in der Modulbibliothek schon in der übersetzten, programmspracheunabhängigen und auf Syntax überprüften Form befindenden Modulen ein lauffähiges Programm erstellt wird. Da bei diesem Vorgang auch Aufrufe an das Betriebssystem "dazugebunden" werden, muß er direkt am jeweiligen Rechner durchgeführt werden. Dies kann automatisch vom Planungssystem aus initiiert werden, setzt allerdings voraus, daß verschiedene Rechner und unter Umständen auch Rechnerwelten miteinander vernetzt sind. Ansonsten muß dieser Schritt unabhängig vom Planungssystem, interaktiv am jeweiligen Rechner erfolgen.

Bevor man mit der Software eine konkrete Anlage real oder in der Simulationsumgebung steuern kann, müssen ihr weitere Anlageneigenschaften mitgeteilt werden, da die Materialflußsteuerung einen anderen Detaillierungsgrad braucht, als bei ihrer Planung notwendig war (Bild 5.33). Mit dieser Produktionssystemkonfiguration, in der die

Grenzen der zu steuernden Anlage festgehalten und deren Materialflußkomponenten beschrieben werden, ist dann die Installation der Materialfluß-Steuerungssoftware abgeschlossen und man kann zur dritten Planungsstufe übergehen.

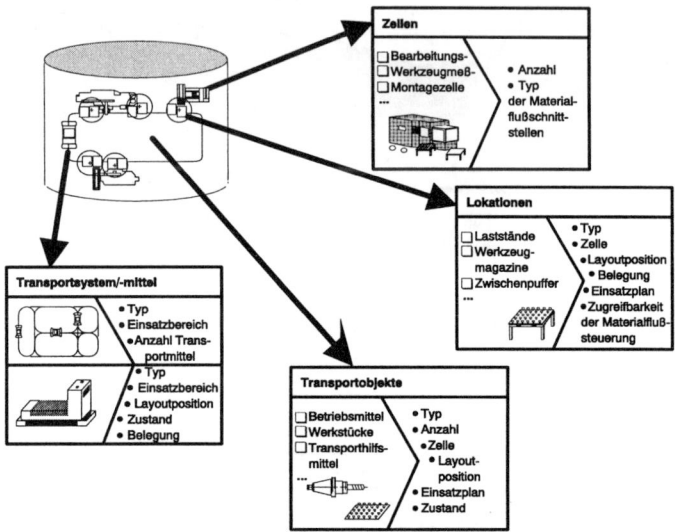

Bild 5.33: Anlagenbeschreibung für die Steuerung des Materialflusses

5.4 Stufe 3: Verifikation der geplanten Aufbau- und Ablauforganisation einer Materialflußsteuerung

5.4.1 Bedeutung der Simulation für die Planung der Aufbau- und Ablauforganisation einer Materialflußsteuerung

Nach der VDI-Richtlinie 3633 [VDI 83] wird die Simulation als "die Nachbildung eines dynamischen Prozesses in einem Modell, um zu Erkenntnissen zu gelangen, die auf die Wirklichkeit übertragbar sind" definiert.

Um die Risiken bei der Planung der Aufbau- und Ablauforganisation der Materialflußsteuerung gering zu halten, ist es sinnvoll, die Planungsergebnisse zu verifizieren, indem über die Optimalität des erstellten Konzeptes im Sinne eines ganzheitlichen Ergebnisses im Produktionssystem qualitative (Funktionsprüfung) und quantitative (Prüfung der Auswirkungen der eingesetzten Materialflußsteuerungsprinzipien und Optimierungsstrategien) Aussage getroffen wird. Die Objektivität einer solchen Aussage ergibt sich nur aus der Kenntnis des dynamischen Systemverhaltens und einer Betrachtung über einen größeren Zeitraum. Zu diesem Zweck wird als Testumgebung der in der ersten Planungsstufe definierten und in der zweiten Planungsstufe konfigurierten Aufbau- und Ablauforganisation der Materialflußsteuerung ein Simulationssystem verwendet (Bild 5.34). Hierbei werden in bezug auf angegebene Kriterien wie z.B. Wartezeit auf den

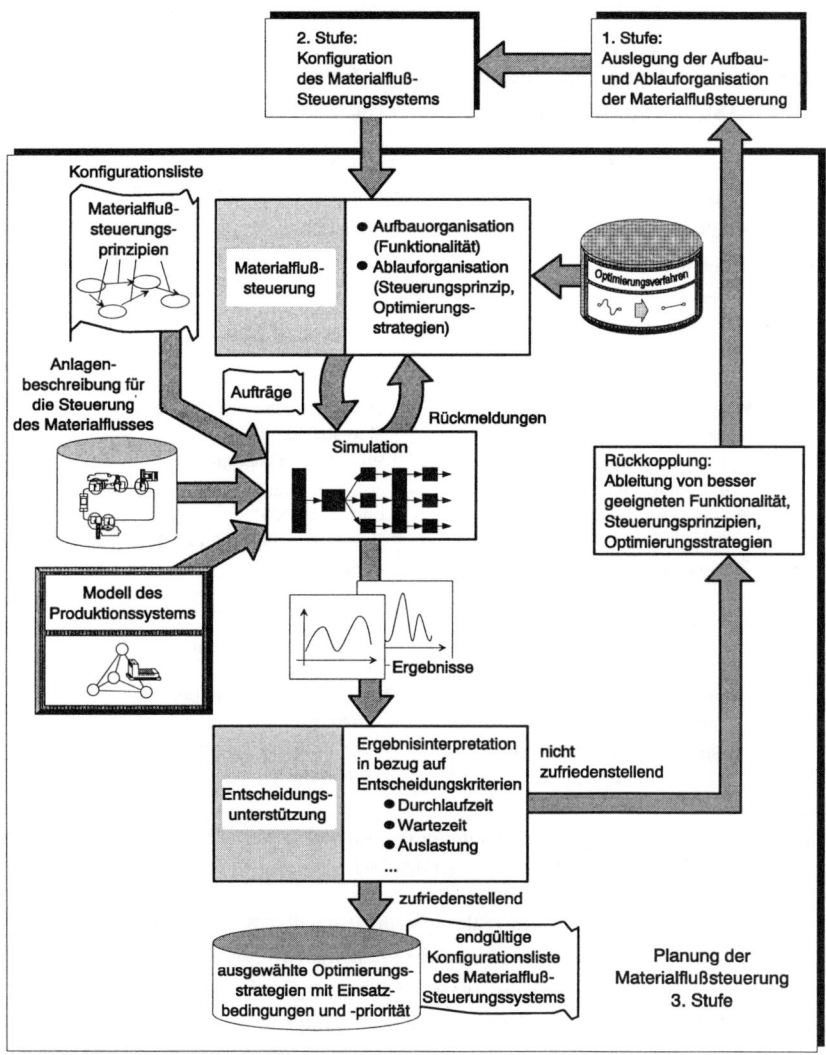

Bild 5.34: Dritte Stufe der Planung der Aufbau- und Ablauforganisation einer Material-flußsteuerung

Transport, Auslastung des Transportsystems oder Reaktionszeit auf eine Materialflußanforderung einzelne Konzepte bewertet und verschiedene Alternativen verglichen.

Die Suche nach der optimalen Lösung der Materialflußsteuerung wird im iterativen Ablauf zwischen konzeptioneller Auslegung und überprüfender Simulation durchgeführt (s. Bild 5.34), wodurch die Qualität der Lösung entscheidend gesteigert werden kann [AMAN94].

5.4.2 Besonderheiten der Simulation beim Testen der Aufbau- und Ablauforganisation einer Materialflußsteuerung

Die Anforderungen, die an die Simulation bei der Verwendung als Testumgebung für eine Steuerungssoftware gestellt werden, wurden in [AMAN94] untersucht (Bild 5.35). Hier wird daher nur auf die Besonderheiten beim Testen der Aufbau- und Ablauforganisation der Materialflußsteuerung(s-Software) eingegangen.

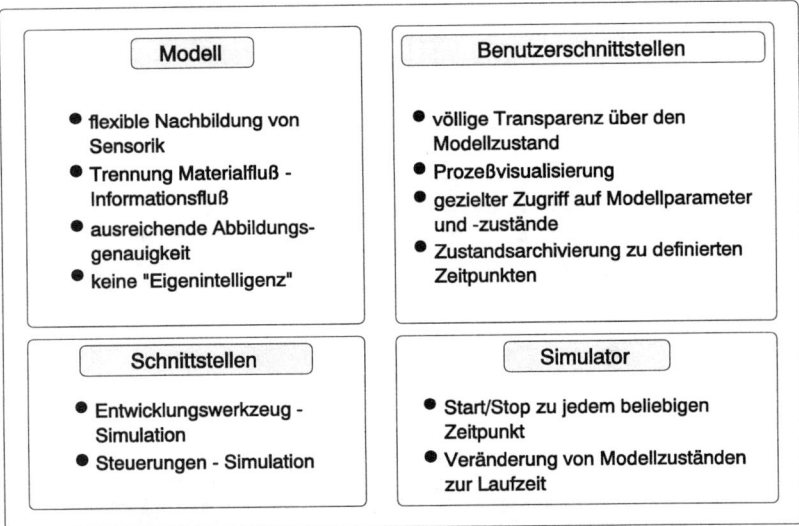

Bild 5.35: Anforderungen an das Simulationssystem bei der Verwendung als Testumgebung für Steuerungssoftware [AMAN94]

Das *Simulationsmodell* muß das reale System so detailgetreu nachbilden, daß es aus Sicht der Materialflußsteuerung das gleiche Verhalten wie die reale Anlage aufweist. Dadurch kann die Wechselwirkung zwischen Steuerung und "realem System" am Modell untersucht werden. Für die Überprüfung der Richtigkeit der Aufbau- und Ablauforganisation der Materialflußsteuerung sind Ablaufsimulationsmodelle geeignet, die auf einer diskreten Nachbildung der realen Anlage beruhen, da sie weniger rechenzeitintensiv sind und so mit ihnen im gleichen Zeitraum eine wesentlich größere Anzahl von Testfällen erzeugt werden kann [AMAN94]. Von entscheidender Bedeutung ist es dabei, daß im Simulationsmodell keine "Eigenintelligenz" enthalten ist, so daß falsche Entscheidungen der konzipierten Materialflußsteuerung nicht durch eine im Simulationsmodell vorhandene Logik korrigiert werden können.

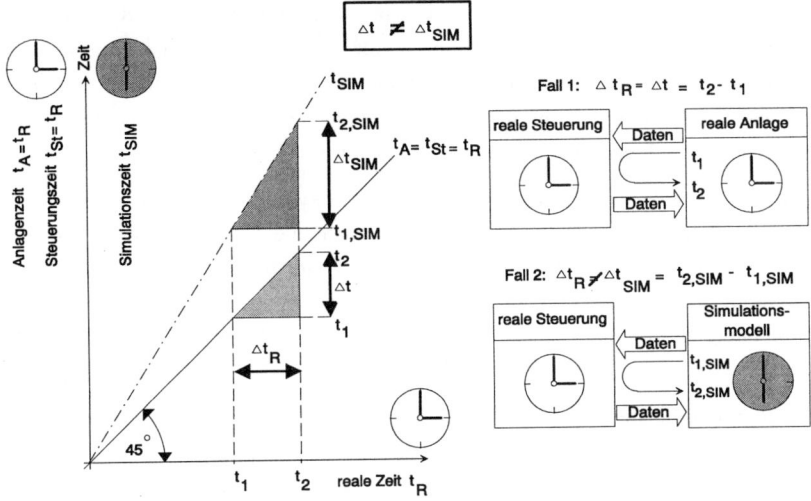

Bild 5.36: *Verfälschung der Simulationsergebnisse bei fehlender Synchronisierung zwischen Simulation und Steuerungssoftware [AMAN94]*

Beim Testen der Ablauforganisation der Materialflußsteuerung tritt erschwerend das Problem auf, daß es sich hier um eine Echtzeit-Software handelt, die die in einem laufenden Produktionsprozeß auftretenden Aktivitäten steuert [GLAS80], so daß laufend Daten zwischen der Materialflußsteuerung und dem Prozeß - hier dem Simulationsmodell - ausgetauscht werden. Es ist besonders zu beachten, daß es durch den Datenaustausch zu keiner Verfälschung des Prozeßabbildes im Simulationsmodell kommt. Werden während eines Simulationslaufs aufgezeichnete Daten für die spätere Auswertung seitens des Planungssystems (s. Kapitel 5.4.3.3) in eine Datenbank geschrieben, hat dies keine Verfälschung der Simulationsergebnisse zur Folge, da sich der Datenbank- und der Simulationsprozeß nicht gegenseitig beeinflussen. Anders ist es bei der ständigen Wechselwirkung zwischen Materialflußsteuerung und Simulation. Die Gefahr der Verfälschung der Simulationsergebnisse basiert hier auf der Tatsache, daß die Verarbeitungsgeschwindigkeit der realen Steuerung begrenzt ist und daher eine gewisse Zeit Δt_R für die Reaktion auf eine Meldung benötigt wird. Bis zum Eintreffen des nächsten

Befehls vergeht dabei im realen System eine nicht vorherbestimmbare, von den verwendeten Algorithmen und der Leistungsfähigkeit der Steuerung sowie der Übertragungsmedien abhängige Zeitspanne $\Delta t = \Delta t_R$ (Bild 5.36, Fall 1), die in der Regel im Sekundenbereich liegt. Wird das reale System durch die Simulation ersetzt, arbeitet sie unabhängig von der realen Zeit so viele diskrete Ereignisse wie möglich ab - die Simulationszeit t_{SIM} ist nicht an die reale Zeit t_R gekoppelt und kann damit im Zeitraum Δt_R um einen unbestimmten, in der Regel größeren Zeitraum Δt_{SIM} fortgeschritten sein (Bild 5.36, Fall 2). So trifft die Reaktion der Steuerung im Simulationsmodell nicht wie im realen System um Δt sondern um Δt_{SIM} versetzt ein, was eine unzulässige Verfälschung des Prozeßabbildes in der Simulation darstellt [AMAN94].

Um diesen Abbildungsfehler zu umgehen, wird eine Synchronisierung zwischen Simulations- und Realzeit durchgeführt. Um dabei nicht die Simulationsgeschwindigkeit durch die Ankopplung an die Realzeit zu senken, wird bei einer Interaktion mit der Materialflußsteuerung, bei der eine Reaktion der Steuerung folgt, nach dem Abschicken der Meldung an die Steuerung bis zum Eintreffen ihrer Antwort die Simulation angehalten. Bei der Fortsetzung der Simulation werden drei Testmodi unterschieden:

- Überprüfen der festgelegten Steuerungsprinzipien für die Materialflußbeziehungen
- Überprüfen der Optimierungsstrategien bezüglich ihrer Logik
- Überprüfen der Optimierungsstrategien bezüglich ihrer Leistungsfähigkeit.

In ersten zwei Modi wird die Simulationszeit, nachdem die Rückmeldung der Materialflußsteuerung eingetroffen ist, an der Stelle der Unterbrechung weiter fortgesetzt, als ob die Steuerung unendlich schnell gewesen wäre und keine Zeit für die Informationsverarbeitung gebraucht hätte. Damit wird zwar der Fehler begangen, die in der Realität durchaus auftretenden Ausführungszeiten der Steuerung außer acht zu lassen [AMAN94], dies spielt aber bei der Fragestellung der ersten beiden Simulationstestmodi keine wesentliche Rolle. Zum einen ist für die Überprüfung der Materialflußsteuerungsprinzipien die Bearbeitungszeit der Steuerung im Vergleich zur gesamten Ist-Versorgezeit vernachlässigbar; zum anderen ist für die Effizienz der Optimierungsstrategien zunächst ihre Logik und erst dann ihre Leistungsfähigkeit ausschlaggebend. Es ist dadurch zu erwarten, daß der zweite und der dritte Simulationstestmodus mehrmals iterativ durchgeführt werden müssen, da eine zufriedenstellende Optimierungslogik nicht immer im Einklang mit ihrer Echtzeit-Fähigkeit steht. Der Vorteil dieses Synchronisationsmechanismus ist aber, daß die Simulation relativ schnell durchgeführt werden kann und damit auch die ersten Ergebnisse schnell zur Verfügung stehen.

Im dritten Modus des Simulationstests, in dem die Leistungsfähigkeit der Optimierungsstrategien verglichen wird, wird die Realzeit zwischen dem Abschicken der Meldung an die Steuerung und deren Antwort, während der die Simulation gehalten wurde,
gemessen. Um diese Zeitspanne versetzt wird das Eintreffen der Rückmeldung in der
fortgesetzten Simulation berücksichtigt. Auf diese Art wird die spätere Wechselwirkung
zwischen realem System und der Materialflußsteuerung im Simulationsmodell korrekt
nachgebildet. Ein Nachteil dieses Verfahrens ist, daß die Simulationsergebnisse nicht
reproduzierbar sind, da die für die Bearbeitung und Übertragung verschiedener Aktionen
benötigte Zeit Schwankungen unterworfen ist, die sich u.a. aus der Belastung des
Rechners ergeben. Dies wird bewußt in Kauf genommen, da für die Verifikation der
Optimierungsstrategien gerade das reale Zeitverhalten verschiedener Strategien im
Vergleich, im Hinblick auf die Zeit, die sie für die Lösung derselben Problemsitua-
tion brauchen, von Bedeutung ist und diese Frage nur durch die Berücksichtigung der
realen Zeit während der Informationsverarbeitung der Materialflußsteuerung wahrheits-
gemäß beantwortet werden kann. Außerdem kann die Methode, mit der Hilfe eines
Zufallszahlengenerators die zu berücksichtigende Zeitspanne zu bestimmen [AMAN94],
die eine Reproduzierung der Simulationsläufe ermöglicht, nicht eingesetzt werden, da
die Zeit, die eine Optimierungsstrategie für die Berechnung der Auftragsreihenfolge
braucht, auch von der Anzahl der Aufträge abhängt und für sie während der Planung
keine Richtwerte vorhanden sind, um die Zufallszahlen zu bestimmen. Die notwendige
Simulationszeit ist überdies so klein, daß man mit dem ausgewählten Synchronisations-
verfahren keine zeitliche Probleme bekommt.

5.4.3   Durchführung der Simulation

5.4.3.1   Simulationsmodell

Der Aufbau des Simulationsmodells zur Verifikation der Aufbau- und Ablauforganisation der Materialflußsteuerung basiert auf den in bestehenden Simulationssystemen
angewandten Modellierungsmethoden, wobei besonderes Augenmerk den von Amann
[AMAN94] entwickelten Modellbausteinen und den sie beschreibenden, simulations-
relevanten Attributen gilt. Die Beschreibung des kompletten erstellten Modells in allen
Details würde den Rahmen dieser Arbeit sprengen, deswegen soll es hier nur auf seine
Spezifika eingegangen werden.

Zur Erstellung des Simulationsmodells wird, genauso wie für das der Planung zugrundeliegende Datenmodell, ein großer Umfang von Daten benötigt. Deswegen soll dabei sinnvollerweise, um auch eine wiederholte Generierung von Grunddaten zu vermeiden, auf die

im Datenmodell (s. Kapitel 4) bzw. in der Anlagenbeschreibung für die Steuerung des Materialflusses (s. Kapitel 5.3.4) vorhandenen Daten zurückgegriffen werden (s. Bild 5.34).

Außerdem sind viele Daten im realen System nicht immer exakt analytisch erfaßbar, wie z.b. die Bearbeitungszeiten oder das Störverhalten des Produktionsprozesses. Um diese zufallsabhängigen Ereignisse im Modell nachzubilden, ohne sie einfach nur durch einen globalen Mittelwert zu beschreiben, werden sie durch eine Verteilungsfunktion charakterisiert [JÜNE89], die als Basis für den Zufallszahlengenerator der Ereignisse dient. Dabei wird beispielsweise bei Maschinenbearbeitungszeiten, wie in der Simulation üblich [JÜNE89] eine Normalverteilung verwendet, die sich aus den für die Planung erfaßten Werten der durchschnittlichen Belegungszeit der Maschinen sowie der Streuung in Richtung minimaler Belegungszeit ergibt (s. Kapitel 4.4.1).

Für die Simulation der Abläufe im Produktionssystem werden dieselben repräsentativen Arbeitspläne genommen, die auch für die Ermittlung der bestehenden Materialflußbeziehungen und ihrer Versorgeanteile benutzt wurden (s. Kapitel 4.3.2). Nur so kann eine Durchgängigkeit in der Planung der Materialflußsteuerung gewährleistet sein. Für die Einlastung der Aufträge werden Daten wie "was wird wann generiert" gebraucht [AMAN94]. Dabei wird von einem bestimmten prozentualen Anteil der einzelnen Produkte am gesamten Produktionsprogramm ausgegangen. Die Häufigkeit der Einlastung der Aufträge zu den einzelnen Arbeitsplänen hängt dabei mit den Versorgeanteilen der aus dem in jedem Produktionssystem existierenden Wareneingang(slager) bzw. aus den nachfolgenden Subsystemen des Produktionssystems (Segmente, Zellen) ausgehenden Materialflußbeziehungen direkt zusammen. Die Reihenfolge der einzelnen Aufträge und ihre Eintrittszeiten (Taktzeit) werden über Zufallszahlengeneratoren ermittelt.

Den einzelnen Subsystemen des Produktionssystems im Simulationsmodell werden von außen, seitens des Planungssystems, über einen offenen Parameter des Simulationsmodells, auf den gezielt zugegriffen werden kann, die Steuerungsprinzipien für ihre jeweiligen Materialflußbeziehungen zugeordnet. Falls eine Materialflußbeziehung nach dem Holprinzip bedient wird, bedeutet das für ihre Zielstation, daß sie eine gewisse Zeit vor dem vorgesehenen Ende des aktuellen Arbeitsvorgangs, und zwar genau zum Zeitpunkt "Ende der Bearbeitung - minimale Ist-Versorgezeit" (s. Kapitel 4.4.2) das Material für den nächsten Arbeitsvorgang bei der Materialflußsteuerung bestellen soll, und für ihre Quellstation, daß das abzuholende Material so lange in ihrem Ausgangspuffer bleibt bis es auf die Initiative der Zielstation abgeholt wird. Beim Bringprinzip wird automatisch für die Entsorgung der Quellstation gesorgt, sobald die Bearbeitung abgeschlossen ist, während die Zielstation auf die Versorgung wartet, ohne die Initiative dazu zu ergreifen. Die zu bedienende Materialflußbeziehung wird dem dem Auftrag zugrundeliegenden Arbeitsplan entnommen.

Die Problemstellung bei der Simulation ist es, die Güte der Materialfluß- und nicht der Produktionssteuerung zu beurteilen. Daher müssen diese voneinander entkoppelt werden, indem man davon ausgeht, daß die Fertigungsaufträge richtig geplant, d.h. "ideal" aufeinander abgestimmt sind, und es nur an der Ablauforganisation der Materialflußsteuerung liegt, ob der Materialfluß ohne Materialliegezeiten und Maschinenwartezeiten stattfinden kann. Dies wird durch folgende Vereinfachungen im Auftragsablauf erreicht:

- Bei einer Bring-Beziehung wird davon ausgegangen, daß der Eingangspuffer der Zielstation "unendlich" ist und jederzeit Transportobjekte annehmen kann.

- Bei einer Hol-Beziehung wird davon ausgegangen, daß im Ausgangspuffer der Quellstation das benötigte Transportobjekt immer vorhanden ist und abgeholt werden kann.

Damit wird eine Verfälschung der Ergebnisse vermieden, bei der ein Teil der entstandenen Liege- und Wartezeiten, der auf die Planungsunstimmigkeiten der Produktionssteuerung zurückzuführen wäre, dem mangelhaften Materialflußsteuerungskonzept zugeschrieben würde. Dadurch, daß hier eigentlich der "worst case" für die Materialflußsteuerung, d.h. das höchte Transportaufkommen, aufgezeigt werden soll und daß durch die ständige "Beschäftigung" des Transportsystems eher der Fehler begangen wird, zu viele als zu wenige Transportaufträge durchführen zu müssen, kann diese Art der Vereinfachung der Fertigungsabläufe erlaubt werden. In der Realität muß das Verhalten des Systems bei der in dieser Weise getesteten Ablauforganisation bedeutend besser sein als in der Simulation.

Die Materialflußanforderungen, Bring- wie Hol-, werden an das Materialfluß-Steuerungssystem weitergeleitet. Unter Beachtung vorgegebener Optimierungskriterien werden in der Materialflußsteuerung mit Hilfe der ausgewählten Optimierungsstrategien Entscheidungen über die Reihenfolge der Transportaufträge und die Zuordnung von Aufträgen und Transportmitteln getroffen und der Simulation mitgeteilt, wo die Transporte ausgeführt werden.

5.4.3.2 Kommunikation zwischen Planungs, Materialfluß-Steuerungs- und Simulationssystem

Um den iterativen Ablaufkreis bei der Planung der Materialflußsteuerung (s. Bild 5.34) schließen zu können, ist eine Kommunikation zwischen dem Planungs-, dem Simulations- und dem konfigurierten Materialfluß-Steuerungssystem notwendig (Bild 5.37).

Konzept zur Planung der Aufbau- und Ablauforganisation einer Materialflußsteuerung

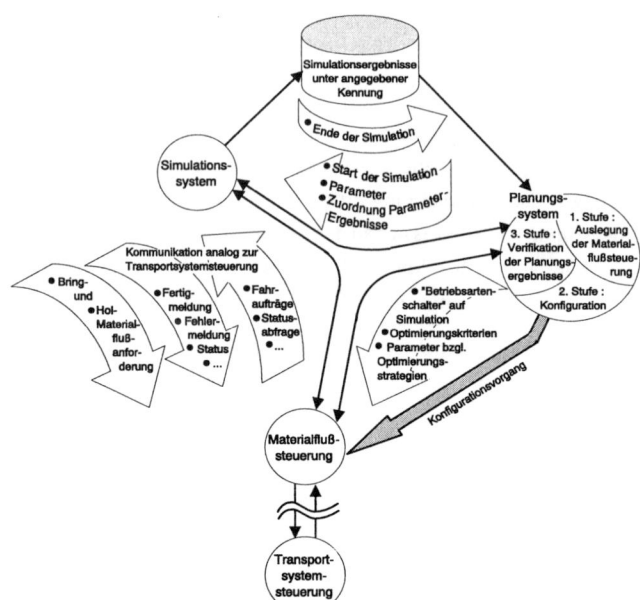

Bild 5.37: Datenaustausch zwischen Planungs-, Materialfluß-Steuerungs- und Simulations-system

Hierfür bestehen die gleichen Schnittstellen von der Materialflußsteuerung zur Simulation, wie sie im Realbetrieb einerseits zur Transportsystemsteuerung zur Steuerung und Überwachung der Transportaufträge und andererseits zu den Arbeitsplätzen zur Auslösung der Hol-Materialflußanforderungen vorgesehen sind (s. Bild 5.37). Über die selbe Schnittstelle werden ebenfalls die Bring-Materialflußanforderungen übermittelt, die in der Realität von einem Fertigungsleitsystem generiert würden.

Vom Planungssystem aus wird das Simulationssystem gestartet, wobei die wesentlichen Parameter für den jeweiligen Simulationslauf, vor allem die Steuerungsprinzipien für verschiedene Materialflußbeziehungen, übergeben werden. Für die Auswertung der Simulationsergebnisse ist es ebenfalls wichtig, der Simulation eine Kennung zur Zuordnung der Ergebnisse des jeweiligen Simulationslaufs oder -läufe zum bestimmten zu überprüfenden Materiaflußsteuerungskonzept mitzuteilen, mit der Ergebnisse in der Datenbank abgelegt werden, da ihre Auswertung im Planungssystem nicht online, sondern erst nach der abgeschlossenen Simulation erfolgt.

In der Materialflußsteuerung wird der "Betriebsartenschalter" von seiten des Planungssystems auf "Simulation" gestellt und ihr die Optimierungskriterien und der Parameter zur Auswahl der auszuführenden Optimierungsstrategie (s. Kapitel 5.3.2) durchgegeben.

5.4.3.3 Testen des Materialflußsteuerungsprinzips und der Optimierungsstrategien

Während eines Simulationslaufs werden die für die Analyse der Güte der Ablauforganisation der Materialflußsteuerung benötigten Kenngrößen, die das dynamische Verhalten des Produktionssystems beschreiben, aufgezeichnet. Dies sind die Kapazitätsauslastung der Bearbeitungsmaschinen und Transportsysteme, die erzielten Durchlaufzeiten, die sich daraus ergebenden Terminabweichungen sowie die Bestände im System. Bei der Kapazitätsauslastung interessieren besonders die Wartezeit- und bei der Durchlaufzeit die Liegezeitanteile an den einzelnen Maschinen. Da bei der Verteilung der Fertigungsaufträge kein planendes System eingeschaltet ist, muß die Aufzeichnung der Liege- und Wartezeiten so stattfinden, daß man den Einfluß der Materialfluß- und der Produktionssteuerung entkoppeln sowie die bei der Modellierung vorgenommenen Vereinfachungen (s. Kapitel 5.4.3.1) berücksichtigen kann. Dies wird dadurch erreicht, daß bei einer Bring-Beziehung die Wartezeit an der Zielstation bzw. bei einer Hol-Beziehung die Liegezeit an der Quellstation, falls es eine gibt, erst von dem Zeitpunkt an berechnet wird, an dem die entsprechende Materialflußanforderung ausgelöst wird. Damit wird eine Entstehung der Warte- und Liegezeiten durch die Unstimmigkeiten zwischen den Fertigungsaufträgen auf verschiedenen Stationen, die aufgrund der fehlenden Planung auftreten, außer acht gelassen.

Außer den oben genannten Werten, die immer einen Bestandteil der Materialflußuntersuchungen darstellen, wird ebenfalls das Antwortzeitverhalten bei den Materialflußanforderungen aufgezeichnet, das in bezug auf die Bestimmung der Materialflußsteuerungsprinzipien für die einzelnen Materialflußbeziehungen und der anzuwendenden Optimierungsstrategien (Dauer eines Optimierungsvorgangs bei der Berechnung einer neuen Situation) bewertet werden soll. Der Schwerpunkt liegt dabei auf dem Einfluß der Materialflußsteuerung und nicht der Anlagenkonfiguration (z.B. Anzahl der Transportmittel). Diesbezüglich ist auch die Stördauer, im Sinne der für die Umgehung einer Störung benötigten Zeit, von Interesse. Für die Bewertung der Optimierungsstrategien wird zusätzlich die Anzahl der entstandenen Engpaßsituationen in der Streckenführung aufgenommen.

Um die Ablauforganisation der Materialflußsteuerung zu überprüfen, werden mehrere Simulationsläufe in verschiedenen Situationen durchgeführt. Je länger dabei der reale Betrieb simuliert wird, umso mehr erfolgt eine Annäherung an den Idealfall, daß die Reaktion der Steuerung auf alle möglichen Betriebszustände untersucht wurde, womit auch die Wahrscheinlichkeit steigt, die Ablauforganisation richtig beurteilen zu können [AMAN94]. Es läßt sich zunächst schließen, ob das Ziel, das bei der Bestimmung der Materialflußsteuerungsprinzipien verfolgt wurde, nämlich eine optimale Durchführung des Materialflusses bezüglich des Gesamtergebnisses im Produktionssystem, insbesondere der Minimierung der Liege- und damit Auftragsdurchlaufzeiten sowie der Maschinenwartezeiten, erreicht worden ist. Dabei können, falls notwendig, durch die entsprechende Parameteränderung im Simulationsmodell seitens des Planungssystems (s. Kapitel 5.4.3.1) mehrere Alternativen verglichen werden, in meisten Fällen, mit Ausnahme der Anwendungen, wo ursprünglich ein reines Bring- oder Holprinzip herrschte, direkt, ohne weitere Schritte der ersten und zweiten Planungsstufe, zur dritten Planungsphase übergehend. Bei der Auswahl der am besten geeigneten Optimierungsstrategie für das betrachtete Produktionssystem werden für verschiedene Strategien mehrere Simulationsläufe unter gleichen Bedingungen für die jeweilige Strategie durchgeführt, um ihr Verhalten in denselben Situationen vergleichen zu können.

5.4.4 Interpretation und Umsetzung der Simulationsergebnisse

Das Planungssystem sammelt und analysiert die Ergebnisse der Simulationsuntersuchungen. Dabei darf nicht außer acht gelassen werden, daß diese statistische Größen sind und Zufallscharakter besitzen, da die Eingangsdaten u.a. Verteilungen und Häufigkeiten sind und während der Simulation stochastische Ereignisse eingesetzt werden. Daher sind die Simulationsergebnisse immer durch einen gewissen Vertrauensbereich gekennzeichnet, was man bei deren Interpretation - Übertragung auf die Realität - beachten muß [ARMB86, GROß86].

Die in Kapitel 5.4.3.3 angesprochenen Simulationsergebnisse werden in Tabellen und Grafiken dargestellt (Bild 5.38). Die Auswertungen werden aus den während des

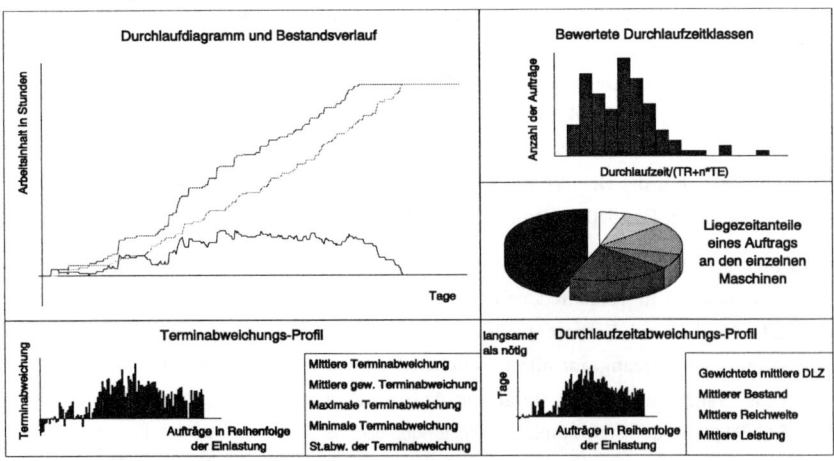

Bild 5.38: Beispielhafte Darstellungsmöglichkeiten der Simulationsergebnisse

Simulationslaufs aufgezeichneten Daten zusammengestellt, womit die Effekte der Ablauforganisation der Materialflußsteuerung quantifiziert werden. Falls der Planer mit den erzielten Ergebnissen nicht zufrieden ist, sollen sie über eine Rückkopplung (s. Bild 5.34) in Vorschläge zu möglichen Planungsalternativen umgesetzt werden. Wenn beispielsweise die Wartezeiten bei der Hol-Beziehungen zu groß sind, kann der Planer zunächst durch einen Parameter des Simulationsmodells den Zeitpunkt der Auslösung der Hol-Materialflußanforderung nach hinten verschieben, allerdings sinnvollerweise maximal bis zum Zeitpunkt "Ende der Bearbeitung - maximale Ist-Versorgezeit" (s. Kapitel 4.4.2). Ansonsten hat er die Möglichkeit, die Steuerungsprinzipien einzelner Materialflußbeziehungen zu ändern und damit weitere Simulationsläufe zu starten. Ebenfalls kann er weitere Optimierungsstrategien austesten.

Der Planer vergleicht die Ergebnisse verschiedener Materialflußsteuerungskonzepte und bestimmt auf dieser Basis die endgültige Lösung. Dementsprechend wird die endgültige Konfigurationsliste der Materialflußsteuerung ausgegeben und ein Pool von gemäß den Simulationsergebnissen am besten geeigneten, abgesicherten und ausgetesteten Optimierungsstrategien dem Materialfluß-Steuerungssystem zur Verfügung gestellt. Die Optimierungsstrategien werden mit Einsatzpriorität und -bedingungen (s. Kapitel 5.2.2.4) versehen, womit dem Steuerungssystem die Möglichkeit gegeben wird, während der Laufzeit die Optimierungsstrategie den dauerhaft veränderten Fertigungsverhältnissen anzupassen.

6 Systembeschreibung mit Anwendungsbeispiel

6.1 Entwicklungsumgebung

Um den Anforderungen nach einer höchstmöglichen Flexibilität und Erweiterbarkeit des entwickelten Systems zur Planung der Aufbau- und Ablauforganisation (s. Kapitel 3.1) zu genügen, wurde das System objektorientiert, in der Standard-Programmiersprache C++ und auf dem Standard-Betriebssystem UNIX, realisiert.

6.2 Systemaufbau

6.2.1 Bestandteile des Planungssystems

Das Planungssystem der Aufbau- und Ablauforganisation der Materialflußsteuerung ist entsprechend der Mehrstufigkeit des Planungsprozesses (s. Kapitel 5.1) modular aufgebaut (Bild 6.1). Dies erlaubt, die vom Anwender lediglich verwendete erste Planungsstufe von den beiden anderen nur vom Softwareanbieter benutzten Planungsstufen (s. Kapitel 5.1) zu trennen. Zusätzlich zu den Planungsstufen war es erforderlich, ein Modul aufzubauen, das dem Benutzer ermöglicht, einerseits die Modellparametrierung, also die Abbildung des konkreten Anwender-Produktionssystems im der Planung der Aufbau- und Ablauforganisation der Materialflußsteuerung zugrundeliegenden Datenmodell (s. Kapitel 4), durchzuführen und andererseits, sich durch die Planungsstufen zu bewegen (s. Bild 6.1).

6.2.2 Benutzeroberfläche

Entsprechend den in Kapitel 3.1 gestellten Anforderungen an die Benutzerfreundlichkeit wurde für das Planungssystem eine grafische Benutzeroberfläche entwickelt, die durch Fenstertechnik, hierarchische Menüstrukturen und Maussteuerung für Übersichtlichkeit der Planungsvorgänge sorgt. Alle Planungsstufen werden am grafischen Bildschirm durchgeführt, da jedoch für jede eigene Bearbeitungsfunktionen notwendig sind, wird ihnen im einheitlichen Erscheinungsbild jeweils eine eigene Oberfläche zugeordnet (s. Bild 6.1).

Auf der *Hauptoberfläche* (s. Bild 6.1) erfolgt die *Modellparametrierung*. Von dieser Oberfläche aus wird der Planer auch durch die drei Planungsstufen geführt: Die *Planungsoberfläche* bietet die Funktionen zur Auslegung der Aufbau- und Ablauforganisation (Stufe 1, s. Bild 6.1), während die *Konfigurationsoberfläche* die Funktionen

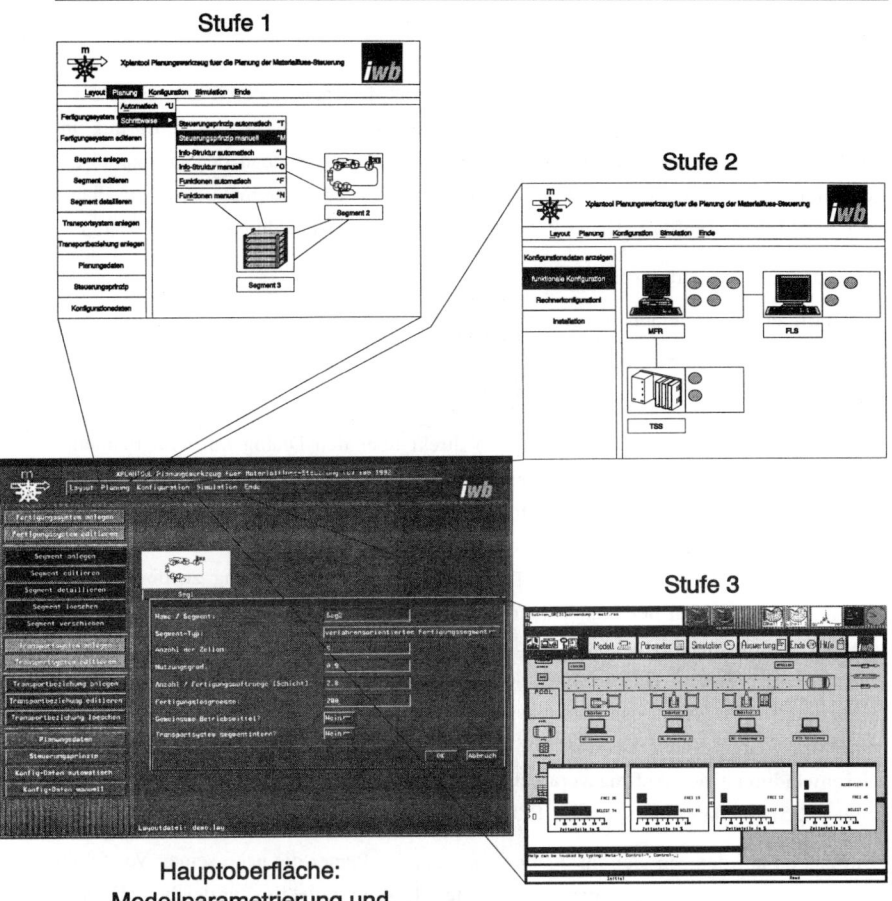

Hauptoberfläche:
Modellparametrierung und
Führung durch die Planungsstufen

Bild 6.1:   Benutzeroberflächen des Planungssystems

zur Konfiguration und Installation der Materialfluß-Steuerungssoftware zur Verfügung stellt (Stufe 2, s. Bild 6.1). Die *Simulationsoberfläche* dient der Durchführung von Simulationsexperimenten, wobei hier sowohl die Ereignisse während der Simulation mittels einer mitlaufenden Animation beobachtet als auch die Simulationsergebnisse in Tabellen und Grafiken dargestellt werden können (Stufe 3, s. Bild 6.1).

6.2.3   Betriebsarten

Das entwickelte Planungssystem soll den Planer bei der Entscheidung über die Aufbau- und Ablauforganisation der Materialflußsteuerung unterstützen und nicht ihm die Entscheidung vollständig abnehmen. Da die Kreativität des Planers durch eine ausschließlich automatisch, nach dem in Kapitel 5 beschriebenen Konzept generierte Lösung unnötig eingeschränkt wäre, wird vom Planungssystem entsprechend den in Kapitel 3.1 gestellten Anforderungen parallel zur automatischen Lösung eine manuelle, vom Planer gestaltete Lösung geführt. Dabei kann der Planer die Entscheidungsfindung bezüglich

- Materialflußsteuerungsprinzipien

- Optimierungsstrategien

- Informationssystemstruktur

- Funktionalität und Verteilung der Funktionen

der Materialflußsteuerung (s. Kapitel 5.2) direkt über den Dialog mit dem Planungssystem beeinflußen. Es ist zwar dabei möglich, ohne Berücksichtigung der automatischen Lösung zu planen, es ist jedoch sinvoll, den jeweiligen Planungsschritt zunächst automatisch durchzuführen. Der Grund dafür ist, daß sich einerseits dem Planer immer gleichzeitig die Möglichkeit bietet, Teile der automatischen Lösung zu übernehmen, und andererseits kann der Planer dann bei jedem Schritt nur Änderungen vornehmen, die zu letztlich sinnvollen Lösungen der Aufbau- und Ablauforganisation der Materialflußsteuerung führen. Unsinnige Änderungen sind nicht möglich, da der Zugriff des Planers auf diese durch das Planungssystem gesperrt wird. Damit werden schon während des Planungsvorgangs die Vollständigkeit, Konsistenz, Plausibilität sowie die Geschwindigkeit der Auftragsverarbeitung der erstellten Lösung gewährleistet (s. Kapitel 5.2.5), so daß eine spezielle Prüfung dieser Kriterien nicht notwendig ist.

Aufbauend auf den Simulationsergebnissen kann der Planer die nach seinen Vorstellungen gestaltete mit der automatisch erzeugten Lösung objektiv vergleichen. Er kann ebenfalls mehrere Alternativen der Aufbau- und Ablauforganisation entwerfen bis das Gesamtverhalten des Produktionssystems seinen Erwartungen entspricht.

6.3   Modellparametrierung

6.3.1   Beschreibung des Anwender-Produktionssystems

Das Anwender-Produktionssystem wird grafisch interaktiv wie folgend beschrieben:

- Anlegen des Produktionssystems

- Beschreibung des Fertigungssystem-Modells

- Beschreibung des Materialflußsystem-Modells

- Erstellung des Zeitmodells

- Angabe der anwenderspezifischen Planungsprämissen.

Das *Fertigungssystem-Modell* wird durch seine Segmente beschrieben, wobei sie grafisch dargestellt und die dazugehörigen Daten (s. Kapitel 4.2) vom Planer über eine beim Aufruf des entsprechenden Menüpunktes für ihn sichtbar gemachte Eingabeanweisung eingegeben werden (s. Hauptoberfläche in Bild 6.1). Ein Segment mit einem segmentinternen Transportsystem kann detailliert werden, wobei die in ihm zusammengefaßten Zellen in der selben Art und Weise wie ein Segment beschrieben werden (s. Kapitel 4.2).

Das *Materialflußsystem-Modell* wird durch die Eigenschaften des Transportsystems und die Materialflußbeziehungen zwischen den Segmenten beschrieben (Bild 6.2). Die Materialflußbeziehungen werden dabei durch das Anklicken des entsprechenden Start- und Zielsegments angegeben. Im Gegensatz zur dialogorientierten besteht dadurch bei der grafisch-orientierten Anlagenbeschreibung die Möglichkeit, daß der Planer aufgrund der Komplexität eines Produktionssystems vergißt, manche Materialflußbeziehungen in das Planungssystem einzugeben. Es ist ebenfalls denkbar, daß er den einzelnen Materialflußbeziehungen unkorrekte Werte zuweist. Zur Erkennung von fehlenden oder fehlerhaften Materialflußbeziehungen wurde im Planungssystem eine Überprüfungsroutine implementiert, die auf der Darstellung der Materialflußbeziehungen mittels Graphen basiert (s. Kapitel 6.3.2).

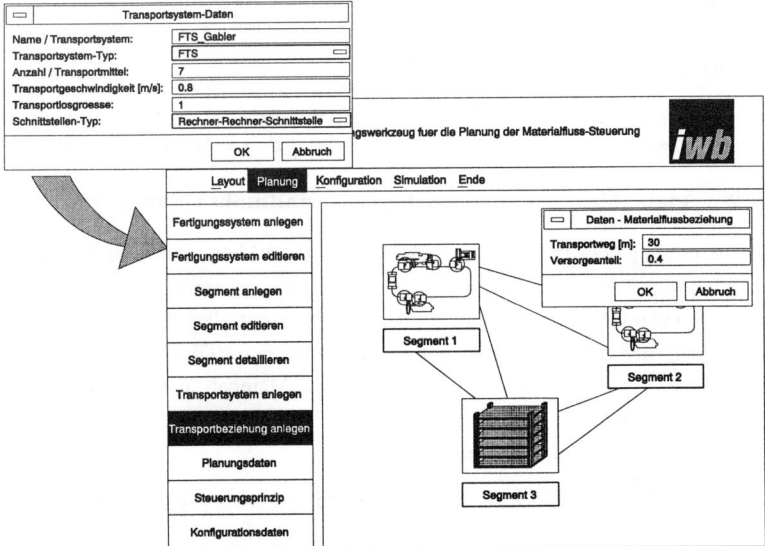

Bild 6.2:   Beschreibung des Materialflußsystem-Modells

Anhand der bisher angegebenen Daten wird vom Planungssystem automatisch, nach den in Kapitel 4.4.1 und 4.4.2 bzw. im Anhang beschriebenen Formeln, das *Zeitmodell* des betrachteten Produktionssystems erstellt. Dabei wird allerdings die Hilfe des Planers benötigt, um die untere Grenze der Streuung von ermittelten Belegungszeiten einzelner Segmente/Zellen in jeweils 10%-Bereichen erfassen zu können (Bild 6.3).

Den vorgegebenen möglichen anwenderspezifischen Planungsprämissen ordnet der Anwender eine Priorität im Bereich von 0 (wird nicht als Ziel bei der Planung betrachtet) bis 5 (äußerst wichtig) zu (Bild 6.4).

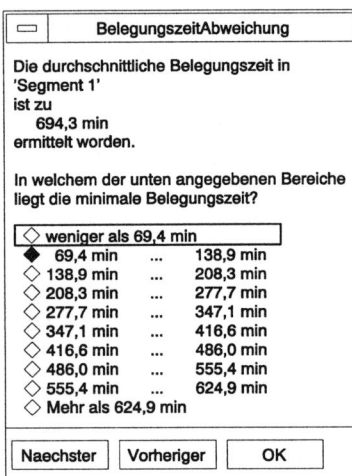 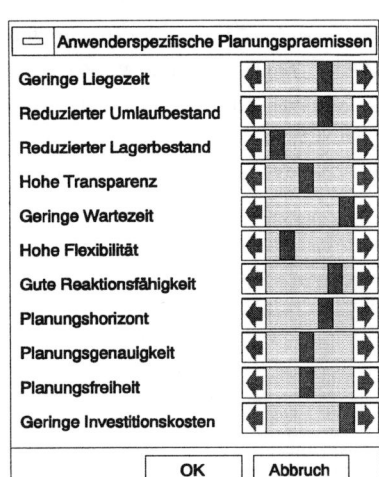

Bild 6.3:   *Erfassung der Abweichung der ermittelten Belegungszeiten*   *Bild 6.4:*   *Prioritätsvergabe an die anwenderspezifischen Planungsprämissen*

6.3.2 Plausibilitätskontrolle der Materialflußbeziehungen

Zur Überprüfung der Materialflußbeziehungen wird der Materialflußgraph des Produktionssystems (s. Kapitel 4.3.2) durch eine modifizierte Adjazenzmatrix [PAPA91b] beschrieben, indem die Verknüpfungen aller n Knoten mit allen m Bögen des Graphen mit n Zeilen- und n Spaltenvektoren der Adjazenzmatrix A(G) dargestellt werden (Bild 6.5). Sind zwei Zellen bzw. Segmente durch eine Materialflußbeziehung miteinander verknüpft, so wird also der dazugehörige Versorgeanteil in die entsprechende Zeile und Spalte der Adjazenzmatrix eingetragen.

Die Materialflußbeziehungen werden in folgender Vorgehensweise überprüft: für jeden Knoten x_i; $i = 0...n$ (n - Anzahl der Zellen bzw. Segmente)

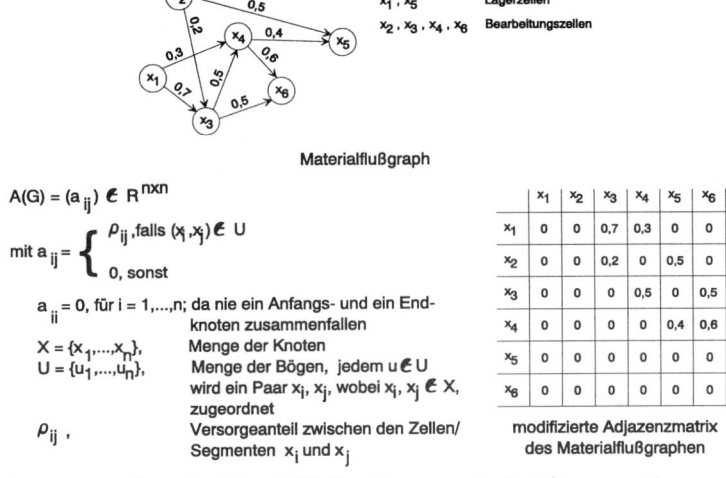

Materialflußgraph

A(G) = (a$_{ij}$) $\in$ R^{nxn}

mit a$_{ij}$ = $\begin{cases} \rho_{ij} \text{ ,falls } (x_i,x_j) \in U \\ 0, \text{ sonst} \end{cases}$

a$_{ii}$ = 0, für i = 1,...,n; da nie ein Anfangs- und ein End-
knoten zusammenfallen

X = {x$_1$,...,x$_n$}, Menge der Knoten
U = {u$_1$,...,u$_n$}, Menge der Bögen, jedem u$\in$U
  wird ein Paar x$_i$, x$_j$, wobei x$_i$, x$_j$ $\in$ X,
  zugeordnet

ρ_{ij} , Versorgeanteil zwischen den Zellen/
  Segmenten x$_i$ und x$_j$

	x$_1$	x$_2$	x$_3$	x$_4$	x$_5$	x$_6$
x$_1$	0	0	0,7	0,3	0	0
x$_2$	0	0	0,2	0	0,5	0
x$_3$	0	0	0	0,5	0	0,5
x$_4$	0	0	0	0	0,4	0,6
x$_5$	0	0	0	0	0	0
x$_6$	0	0	0	0	0	0

modifizierte Adjazenzmatrix
des Materialflußgraphen

Bild 6.5:   Darstellung der Materialflußbeziehungen mittels Adjazenzmatrix

- Bildung der Zeilensumme Z$_i$ = Σ ρ_{ij}
- Auswertung der Summe, gegebenenfalls interaktiver Dialog mit dem Planer
- Bildung der Spaltensumme S$_i$ = Σ ρ_{ki}
- Auswertung der Summe, gegebenenfalls interaktiver Dialog mit dem Planer.

Laut Definition (s. Kapitel 4.3.2) muß die Summe, der von einem Segment/Zelle ausgehenden Versorgeanteile immer Eins ergeben. Durch *Bildung der einzelnen Zeilensummen* der modifizierten Adjazenzmatrix läßt sich daher überprüfen, ob dies erfüllt ist. Ein Wert der Zeilensumme ungleich Eins drückt aus, daß ein Eingabefehler von seiten des Planers vorliegen muß (z.B. Zeile 2 in Bild 6.5), der entweder vergessen hat, eine oder mehrere Materialflußbeziehungen anzugeben oder den vorhandenen Materialflußbeziehungen falsche Werte zugewiesen hat. In diesem Fall erfolgt ein *interaktiver Dialog mit dem Planer*, wobei dieser zu einer Korrektur der Materialflußbeziehungen aufgefordert wird, indem er für die fehlerhafte Zelle/Segment die Versorgeanteile nochmal vergibt. Danach werden seine Eingaben erneut überprüft.

Sonderfälle ergeben sich, wenn der Wert der Zeilensumme gleich Null ist. In diesem Fall muß es sich nicht um einen Fehler handeln. Der Wert Null bedeutet, daß von der bestimmten Zelle/Segment kein Material mit dem segmentinternen bzw. -übergreifenden Transportsystem abtransportiert wird. Dies ist z.B. bei Lagern (Lagerzelle bzw. -segment) der Fall, die nur als Entsorgelager fungieren oder bei Bearbeitungszellen bzw.

Fertigungssegmenten, die über Transportsysteme entsorgt werden, die nicht vom Planungssystem unterstützt werden, wie z.B. Rollenbahn, Hubwagen etc. Ein weiterer Sonderfall ergibt sich bei Bearbeitungs- oder Lagerzellen, die **nur** eine oder mehrere Zellen eines **anderen** ablauf- oder produktorientierten Fertigungssegments mit Material versorgen. Da der Versorgeanteil solcher Zellen den Materialflußbeziehungen zwischen den Segmenten zugeordnet wird, ist der Wert der Zeilensumme der modifizierten Adjazenzmatrix gleich Null (z.B. Zelle x_6 in Bild 6.5).

Die Überprüfungsroutine kann die beschriebenen Sonderfälle erkennen. Daraufhin wird ein Dialog mit dem Planer geführt. Der Planer muß dabei dem Planungssystem mitteilen, ob die Eingabedaten korrekt sind oder ein Eingabefehler vorliegt. Bei einer fehlerhaften Eingabe wird der Planer zu einer Korrektur aufgefordert.

Mit Hilfe der Spaltensumme der modifizierten Adjazenzmatrix wird überprüft, ob eine Zelle/Segment mit Material versorgt wird. Ist der Wert einer Spaltensumme gleich Null, so bedeutet dies, daß bestimmte Zelle/Segment nicht mit Material von anderen Zellen/Segmenten mit dem segmentinternen bzw. -übergreifenden Transportsystem versorgt wird. Analog zu den oben betrachteten Sonderfällen muß dies nicht auf einen Fehler hinweisen. Lagerzellen bzw. -segmente die nur als Versorgelager fungieren, werden nicht mit Material vom segmentinternen bzw. -übergreifenden Transportsystem versorgt. Ebenso trifft dies auf Bearbeitungszellen bzw. Fertigungssegmente zu, die nur über Transportsysteme versorgt werden, die nicht vom Planungssystem unterstützt werden. Eine weitere Möglichkeit ergibt sich für die Bearbeitungs- oder Lagerzellen, die nur von einer oder mehreren Zellen eines anderen ablauf- oder produktorientierten Fertigungssegments mit Material versorgt werden, wobei ihr Versorgeanteil den Materialflußbeziehungen zwischen den Segmenten zugeordnet wird (z.B. Zelle x_2 in Bild 6.5).

Ist der Wert einer Spaltensumme gleich Null, erfolgt ein *Dialog mit dem Planer*, wobei dieser dem Planungssystem mitteilen muß, ob die Eingabedaten korrekt sind oder ein Eingabefehler vorliegt, in welchem Fall er zu einer Korrektur aufgefordert wird.

6.4 Durchführung der Planung der Aufbau- und Ablauforganisation der Materialflußsteuerung

6.4.1 Durchführung der Stufe 1: Auslegung der Aufbau- und Ablauforganisation der Materialflußsteuerung

Die Auslegung der Aufbau- und Ablauforganisation der Materialflußsteuerung kann, wie schon erwähnt, komplett automatisch durchlaufen und der Planer kann sich dann die gesamten Planungsergebnisse, wie festgelegte Steuerungsprinzipien für verschiedene Materialflußbeziehungen, Optimierungsstrategien oder Informationssystemstruktur und Verteilung der Funktionen der Materialflußsteuerung (Bild 6.6) anzeigen lassen.

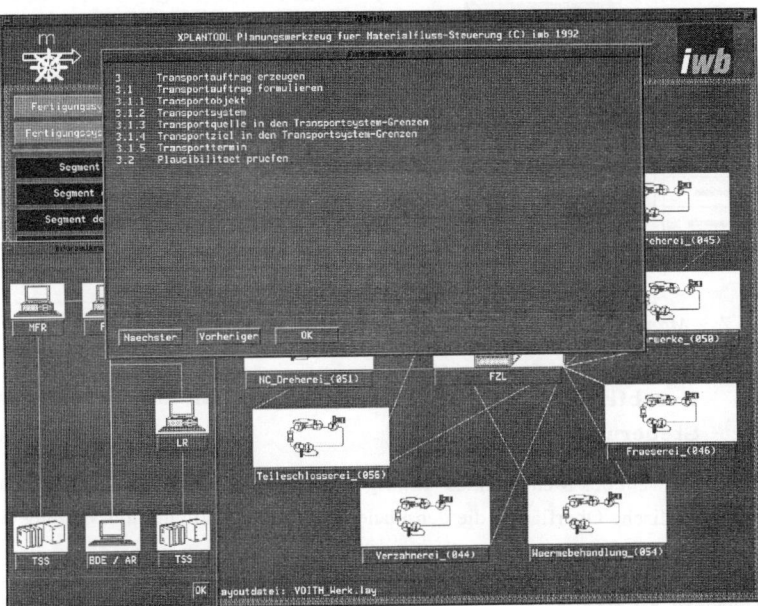

Bild 6.6: Vom Planungssystem ermittelte Informationssystemstruktur und Verteilung der Funktionen der Materialflußsteuerung

Der Planer kann auch schrittweise vorgehen, d.h. jeden Planungsschritt (s. Kapitel 5.2) zunächst automatisch durchlaufen lassen und dann selber grafisch interaktiv die Entscheidung treffen, ob er ein Ergebnis übernimmt oder eine andere der angebotenen Möglichkeiten auswählt, die zwar vom Planungssystem noch als sinnvoll, aber nicht als optimal betrachtet werden (Bild 6.7 am Beispiel der Auswahl des Materialflußsteuerungsprinzips).

Nachdem die Auslegung der Aufbau- und Ablauforganisation der Materialflußsteuerung beendet ist, wird die währenddessen erzeugte Konfigurationsliste ausgegeben, die als Basis für das Lastenheft zur Erstellung der Materialfluß-Steuerungssoftware dienen soll. Hiermit ist der Teil der Planung, den der Anwender selbst durchführen kann, abgeschlossen. Die nächsten zwei Planungsstufen werden seitens des Softwareanbieters durchgeführt.

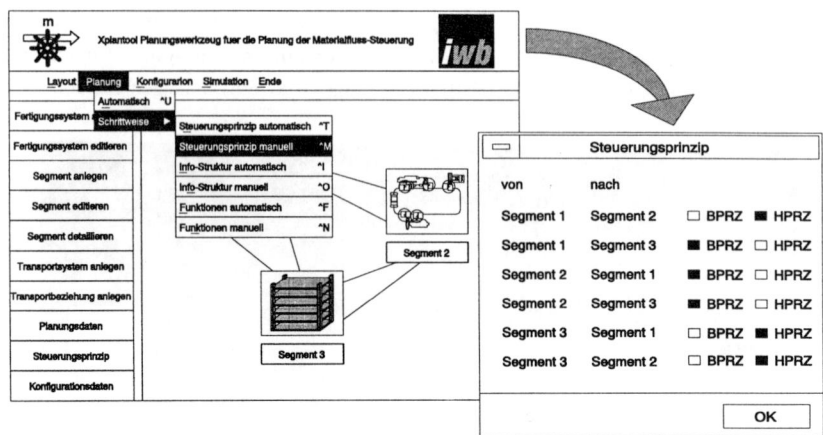

Bild 6.7: Manuelle Auswahl des Materialflußsteuerungsprinzips

6.4.2 Durchführung der Stufe 2: Konfiguration des Materialfluß-Steuerungssystems

Nach der Auswahl des Menüpunktes "Konfiguration" auf der Hauptoberfläche erscheint eine neue grafische Oberfläche, die den Planer durch den Konfigurationsvorgang führt. Hierbei werden folgende Schritte durchgeführt (s. Kapitel 5.3):

- Anzeigen der Konfigurationsdaten
- funktionale Konfiguration
- Rechnerkonfiguration
- Installation der Software.

Die in der ersten Planungsstufe ermittelten *Konfigurationsdaten* werden auf der Konfigurationsoberfläche übersichtlich durch die grafische Darstellung der Informationssystem-Struktur und der einzelnen Systemen dieser Struktur zugeordneten Funktionsgruppen bzw. Funktionen *angezeigt* (s. Bild 6.1).

Danach erfolgt die *funktionale Konfiguration* der Materialfluß-Steuerungssoftware, in der anhand der Zuordnungslisten zwischen Funktionen und Programmmodulen die benötigten Module automatisch festgelegt werden. Falls nicht alle Funktionen durch entsprechende Programmmodule der Zuordnungsliste abgedeckt sind, wird der Planer aufgefordert, die Liste interaktiv zu erweitern. Als Ergebnis wird die Liste der maßgeschneiderten Materialflußsteuerungs-Softwarekonfiguration für das betrachtete Produktionssystem erstellt (Bild 6.8).

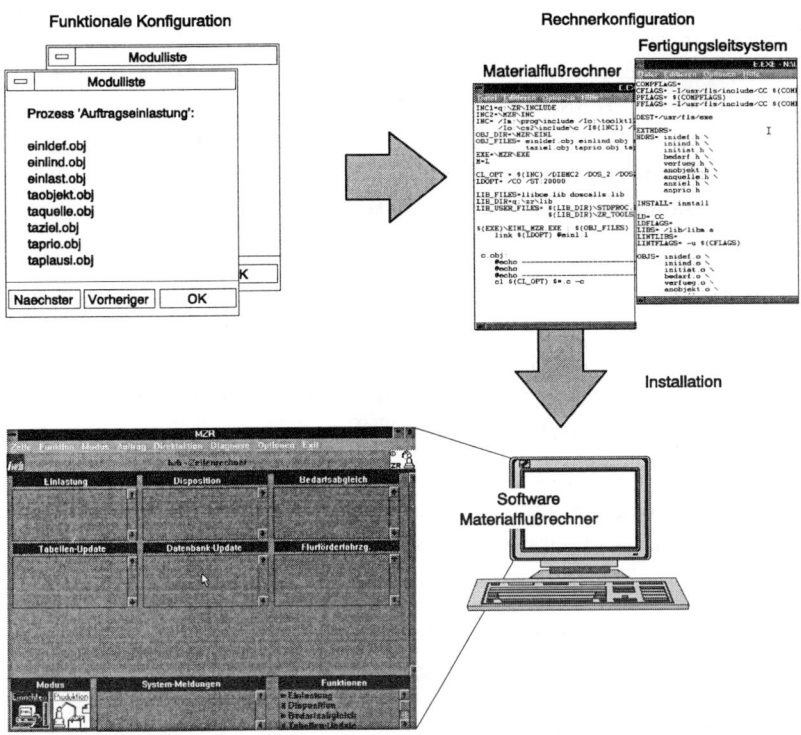

Bild 6.8: Konfiguration des Materialfluß-Steuerungssystems

Anschließend werden im Rahmen der *Rechnerkonfiguration* die einzelnen Programmodule den entsprechenden Systemen der Informationssystemstruktur zugeteilt und automatisch entsprechende Installationsanweisungen erstellt, abhängig von den für die Materialflußsteuerung zur Verfügung stehenden Rechnern (im Beispiel in Bild 6.8 das Betriebssystem OS/2 für den Materialflußrechner und UNIX für das Fertigungsleitsystem).

Um als nächstes die *Installation der Materialfluß-Steuerungssoftware* (s. Bild 6.8) durchführen zu können, muß der Softwareanbieter über eine Modulbibliothek verfügen, in der alle oder die meisten anzuwendenden Funktionen der Materialflußsteuerung programmtechnisch abgebildet sind. Aus diesem Grund besteht die im Rahmen dieser Arbeit realisierte Softwareinstallation nur aus dem "manuellen" Erstellen des lauffähigen Programms aus der sich in der entsprechenden, vom Betriebssystem abhängigen,

Programmbibliothek befindenden Object-Files (s. Kapitel 5.3.4). Eine automatische netzwerkweite Installation ist der Gegenstand weiterer Forschungsarbeiten und könnte somit, entsprechend den in Kapitel 3.4 erörterten Integrationsaspekten von einem fremden System, wie z.B. [N.N.92b] oder [EDER94], übernommen werden.

6.4.3 Durchführung der Stufe 3: Verifikation der geplanten Aufbau- und Ablauforganisation der Materialflußsteuerung

Als Simulationssystem wird im Sinne der in Kapitel 3.4 geforderten Integrationsaspekte das von Amann [AMAN93] entwickelte System eingesetzt. Das bestehende Simulationssystem wurde allerdings zur Anwendung als Testumgebung des entwickelten Planungssystems um die in Kapitel 5.4.2 beschriebenen Besonderheiten erweitert und es wurden entsprechende Schnittstellen vom Simulations- zum Planungs- und Materialfluß-Steuerungssystem (s. Kapitel 5.4.3.2) geschaffen.

Im Simulationssystem wird parallel zur Entstehung des der Planung zugrundeliegenden Datenmodells seitens des Simulationsexperten das Simulationsmodell entsprechend dem Konzept in Kapitel 5.4.3.1 anhand der passenden Modellbausteinen aufgebaut.

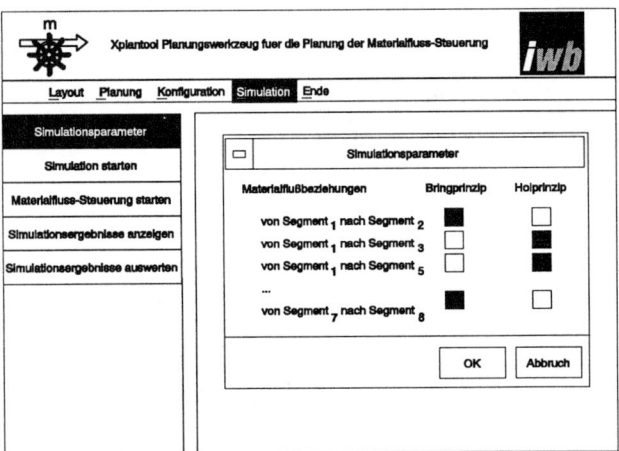

Bild 6.9:   Angabe der Simulationsparameter im Planungssystem

Vor dem Starten des Simulationssystems müssen in der Simulationsoberfläche des Planungssystems die *Simulationsparameter* - die Steuerungsprinzipien einzelner Materialflußbeziehungen - definiert (Bild 6.9) und das Materialfluß-Steuerungssystem gestartet werden. Die Materialflußsteuerung wird dabei auf die Betriebsart "Simulation" geschaltet und ihr die zu benutzenden Optimierungsstrategien als Parameter mitgeteilt (s. Kapitel 5.4.3.2). Ebenfalls müssen die Anzahl, die Dauer und die Art der Synchronisation zwischen der Real- und Simulationszeit (s. Kapitel 5.4.2) der Simulationsläufe vom Planer interaktiv am Simulationssystem bestimmt werden.

Die Simulationsläufe werden in einer Interaktion zwischen dem Simulations- und Materialfluß-Steuerungssystem abgewickelt, währenddessen werden die Simulationsergebnisse unter der vom Planungssystem vorgegebenen Kennung abgespeichert und können entweder direkt im Simulationssystem (s. Bild 6.1) oder aber im Planungssystem in Form von Tabellen und Grafiken angezeigt werden. Der Planer kann die Ergebnisse verschiedener Alternativlösungen somit bewerten und vergleichen (Bild 6.10), um dann, wenn notwendig, Rückschlüsse über die vorzunehmenden Änderungen in der Aufbau- und vor allem Ablauforganisation der Materialflußsteuerung ziehen bzw. die für ihn zweckmäßige Lösung auswählen zu können.

Um die Änderungen durchzuführen, muß der Planer zurück in die Planungsoberfläche gehen, um dort die Steuerungsprinzipien einzelner Materialflußbeziehungen abzuändern

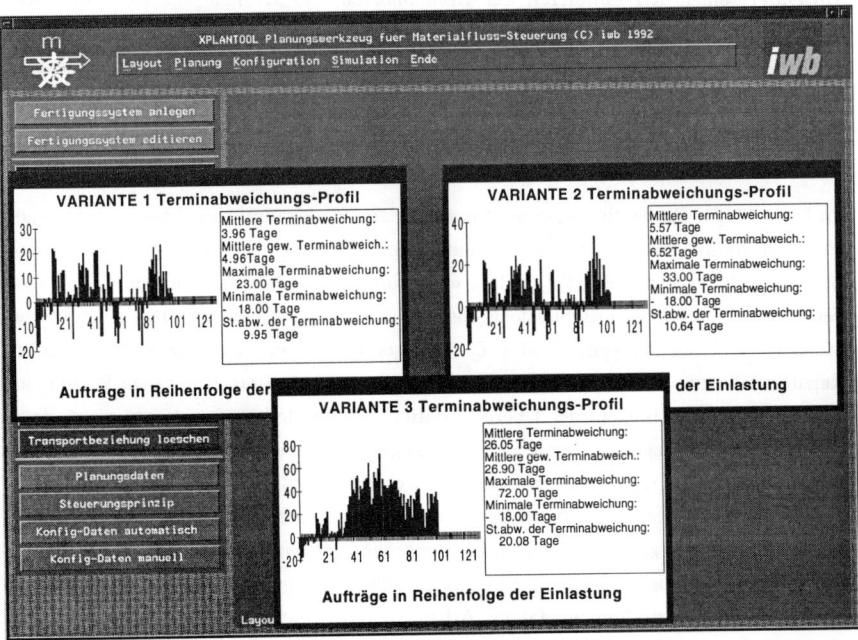

Bild 6.10: Vergleich der Simulationsergebnisse alternativer Lösungen

oder andere Optimierungsstrategien auszuwählen, mit denen erneut Simulationsläufe durchgeführt werden. Er kann aber auch beispielsweise zunächst versuchen, interaktiv im Simulationssystem den Parameter, der den Zeitpunkt der Auslösung der Hol-Materialflußanforderung bestimmt, nach hinten zu verschieben (s. Kapitel 5.4.4) und noch einen Test mit unveränderten Steuerungsprinzipien durchzuführen. Dadurch kann eine Änderung der Prinzipien, die der Planer auf der Basis der automatischen Lösung bestimmt hat, in der Regel nur dann vorkommen, wenn für eine Materialflußbeziehung das Steuerungsprinzip bei seiner Bestimmung im Grenzbereich war und der Planer sich gegen die Empfehlung des Planungssystems entschieden hat.

6.5 Anwendungsbeispiel: Planung eines Materialfluß-Steuerungssystems für eine Werkstattfertigung

6.5.1 Aufgabenstellung

Im Rahmen einer Studie wurde das beschriebene Planungssystem benutzt, um für einen *Anwender*, einen Kfz-Zulieferer, der Komponenten wie automatische Getriebe oder hydrodynamische Bremsen herstellt, ein neues Konzept für die Aufbau- und Ablauforganisation der Materialflußsteuerung in der mechanischen Fertigung zu erstellen, nachdem das bestehende Konzept unzufriedenstellend war. Mit dem neuen Konzept wollte der Anwender an die Softwareanbieter herantreten, um die entsprechende Materialfluß-Steuerungssoftware entwickeln zu lassen (Planungsstufe 1).

Im betrachteten Produktionssystem, das nach dem Werkstattprinzip organisiert ist und aus zehn Werkstätten, einem Zentral- und einem Fertigungszwischenlager sowie einem Betriebsmittellager besteht (Bild 6.11), wird vorherrschend in mittelgroßen Serien mit der durchschnittlichen Fertigungslosgröße von ca. 200 Stück gefertigt. Das angelieferte Material wird palettenweise in das Zentrallager eingelagert, das durch automatische Regalförderzeuge bedient wird. Umfaßt ein Auslagerungsauftrag eine ganze Palette, so wird diese automatisch an der Übergabestation bereitgestellt, ansonsten wird im dem Zentrallager vorgelagerten Bereich manuell kommissioniert. Vom Zentrallager wird das Material in die Fertigung transportiert, wo es entsprechend dem jeweiligen Fertigungsauftrag die einzelnen Arbeitsvorgänge durchläuft und nach Abschluß der Bearbeitung in das Zentrallager zurückgebracht wird. Zwischen den einzelnen Bearbeitungsschritten in der Fertigung wird das Material in das Zwischenlager gebracht, womit die in einem Fertigungsauftrag zusammengefaßten Arbeitsvorgänge entkoppelt und der Umlaufbestand in der mechanischen Fertigung reduziert werden. Da manchen Materialpaletten gezielt die benötigten Betriebsmittel beigelegt werden, ist das Betriebsmittellager, das als automatisches Kleinteilelager mit einem Regalbediengerät ausgeführt ist, direkt neben dem Fertigungszwischenlager angeordnet. Die im Produktionssystem anfallenden Transporte werden durch ein fahrerloses Transportsystem mit 7 Transportmitteln durchgeführt, über das max. 100 Transporte/Stunde abgewickelt werden können. Normalerweise fallen täglich ca. 500 bis 600 Transporte, überwiegend in der 1. Schicht an.

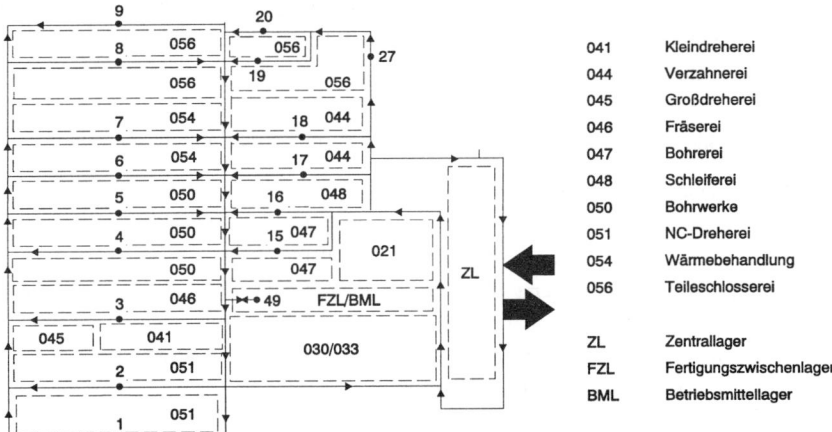

041	Kleindreherei
044	Verzahnerei
045	Großdreherei
046	Fräserei
047	Bohrerei
048	Schleiferei
050	Bohrwerke
051	NC-Dreherei
054	Wärmebehandlung
056	Teileschlosserei
ZL	Zentrallager
FZL	Fertigungszwischenlager
BML	Betriebsmittellager

Bild 6.11: Layout des Beispiels-Produktionssystems

Im Produktionssystem wurde als Materialflußsteuerungsprinzip einheitlich das Holprinzip eingesetzt. Die vom PPS-System grob terminierten und an die Fertigungskapazität angepaßten Fertigungsaufträge werden vom Leitstand-Personal ausgedruckt und in der Reihenfolge ihres Eingangs (FIFO-Strategie) abgearbeitet. Das Leitstand-Personal gibt die Anzahl der benötigten Materialpaletten, die Nummer des Fertigungsauftrags sowie den vom PPS-System vorgegebenen Start- und Endtermin manuell an den Materialflußrechner weiter und notiert die zugeordneten Palettennummern auf einem Begleitzettel für den Fertigungsauftrag. Eine Verknüpfung bzw. Auswertung dieser Daten für weiterführende Zwecke erfolgt nicht. Eine Zuordnung zwischen den Arbeitsvorgängen und den im Materialflußrechner gehaltenen Daten ist nicht möglich.

Ist der einer Werkstatt zugeordnete Arbeitsvorgang abgeschlossen, so holt deren Meister den nächsten Fertigungsauftrag am Leitstand ab und vergibt diesen an den Werker der unbelegten Bearbeitungsmaschine. Gleichzeitig wird an einem in der Werkstatt befindlichen BDE-Terminal der Abtransport der fertigen Werkstücke sowie der nicht mehr benötigten Betriebsmittel vom Materialflußrechner über die Eingabe der Palettennummer angefordert. Die Zuordnung zwischen dem Standort der zu transportierenden Materialpalette und ihrer Nummer ist im Materialflußrechner abgelegt. Nach dem Abtransport der Materialpalette mit den bearbeiteten Werkstücken in das Fertigungszwischenlager muß der Werker die erste Palette des nachfolgenden Fertigungsauftrags bzw. die nächste Palette des laufenden Fertigungsauftrags anfordern. Dazu werden die dem Fertigungsauftrag beigelegten Nummern der zugehörigen Materialpaletten verwendet. Aus der Anzahl der Nummern kann der Werker auf die mit dem Fertigungsauftrag verbundene Anzahl von Materialpaletten schließen. Die zum Fertigungsauftrag gehörenden Betriebsmittel liegen in ca. 80% aller Fertigungsaufträge der ersten Materialpalette eines Arbeitsvorgangs bei, sonst werden sie vom Werker im Betriebsmittellager geholt.

In der bestehenden Informationssystemstruktur gibt es kein Leitsystem und der in der Leitebene angeordnete Materialflußrechner ist außer für den Transport auch für die Lagerverwaltung zuständig, so daß ihm in der Steuerungsebene zwei Steuerungen - des fahrerlosen Transportsystems und der Regalbediengeräte/Fördertechnik - untergeordnet sind. Die Funktionalität der Materialflußsteuerung ist dabei ziemlich beschränkt, es gibt weder Planung oder Optimierung der Transportaufträge noch können Maßnahmen zur deren Sicherung eingeleitet werden.

6.5.2   Datenmodell des betrachteten Produktionssystems

6.5.2.1   Fertigungssystem-Modell

Die Einteilung des Fertigungssystems in Segmente erfolgt aufbauend auf der durch das Werkstattprinzip vorgegebenen Organisationsstruktur. Während jede Werkstatt durch ein verfahrensorientiertes Fertigungssegment dargestellt wird, wird das Fertigungszwischenlager mit einem Werkstück-Lagersegment abgebildet (Bild 6.12).

Da innerhalb einer Werkstatt die Bearbeitungsmaschinen z.T. im 2- bzw. 3-Schicht-Betrieb laufen, wäre eine schichtspezifische Betrachtung erforderlich. Diese kann sich jedoch aufgrund der Kapazitätsauslastung auf die 1. Schicht beschränken. Weil auch nicht alle Bearbeitungsmaschinen in der 1. Schicht immer besetzt sind, muß für die Ermittlung der Durchschnittswerte die Anzahl der Bearbeitungsmaschinen reduziert werden, indem Bearbeitungsmaschinen, deren verfügbare Maschinenstunden kleiner als die im Rahmen einer Schicht bereitgestellten 7,2 Stunden sind, entsprechend der Gesamtstundenzahl zusammengefaßt werden (Bild 6.13). Somit wird die Anzahl der Materialflußanforderungen, die von einer Werkstatt ausgehen, auf die richtige Bezugsbasis gestellt.

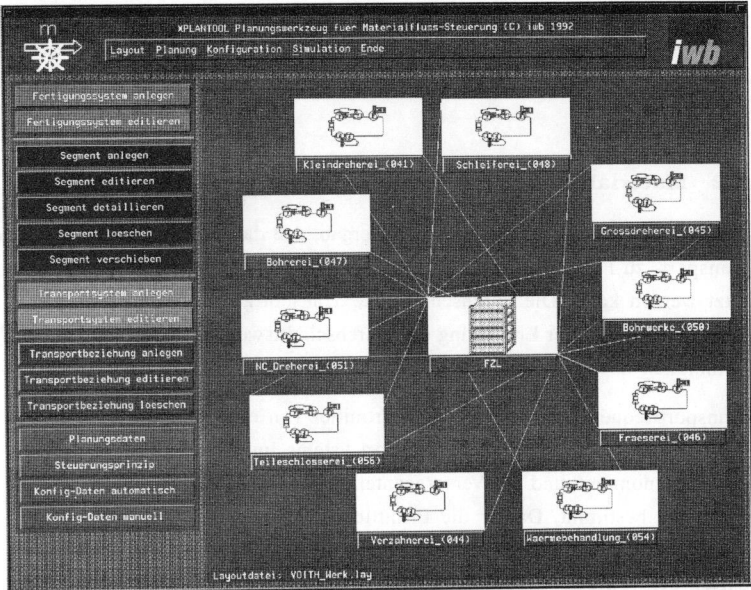

Bild 6.12: Darstellung der Anlage in der grafischen Benutzeroberfläche

Die Anzahl der Fertigungsaufträge, die bezogen auf eine Schicht in das einzelne Fertigungssegment eingelastet werden, ist nicht immer ganzzahlig bzw. größer eins, da der
Start- bzw. Endtermin eines Fertigungsauftrags nicht in der betrachteten Schicht liegen
muß bzw. ein Fertigungsauftrag länger als eine Schicht dauern kann (s. Bild 6.13).

Fertigungssegment	Reduzierte Anzahl von Bearbeitungsmaschinen	Anzahl von Fertigungsaufträgen, bezogen auf die 1. Schicht
Kleindreherei	5	2,8
Verzahnerei	20	8,6
Großdreherei	3	1,0
Fräserei	5	5,0
Bohrerei	16	5,0
Schleiferei	11	6,8
Bohrwerke	11	5,2
NC-Dreherei	8	6,8
Wärmebehandlung	10	7,6
Teileschlosserei	16	38,0

Bild 6.13: Fertigungskenngrößen

Für den durchschnittlichen Nutzungsgrad der in einer Werkstatt zusammengefaßten Bearbeitungsmaschinen wird jeweils ein Wert von 0,9 angesetzt. Dieser Wert beschreibt als obere Grenze den Einfluß von Stillstandszeiten auf die eintreffenden Transportaufträge in einer Schicht.

6.5.2.2 Materialflußsystem-Modell

Eine Analyse des Fertigungszwischenlagers ergab, daß das durchschnittliche Verhältnis von Transport- zu Fertigungslosgröße zu zwei Materialpaletten pro Arbeitsvorgang abgeschätzt werden kann. Die durchschnittliche Transportgeschwindigkeit wurde zu 0,8 m/s angenommen. Bei der Ermittlung des Durchschnittswerts sind die langsamere Fahrgeschwindigkeit der Fahrzeuge bei Kurvenfahrt sowie Anfahrvorgänge berücksichtigt.

Die Transportfrequenz der sieben Transportmittel von einem Anfahrpunkt wurde aus den Daten der zur Auslegung des Transportsystems im Unternehmen durchgeführten Simulation entnommen und die Versorgeanteile einzelner Materialflußbeziehungen darauf aufbauend bestimmt. Da für die Ermittlung der Versorgeanteile die zu einer Materialflußbeziehung zugehörigen Transportaufträge von einem Anfahrpunkt auf die Gesamtanzahl der von diesem Anfahrpunkt ausgehenden Transportaufträge bezogen werden, können Ungenauigkeiten der Transportsimulation sowie Veränderungen der Transportfrequenzen im Vergleich zum Zeitpunkt der Simulation vernachlässigt werden. Transportfrequenzen zu Anfahrpunkten, die mehreren Fertigungssegmenten zugeordnet werden können (s. Bild 6.11), werden dabei gleichmäßig auf diese verteilt.

Da der Materialfluß sternförmig organisiert ist, d.h. das Material nach jedem Arbeitsvorgang zunächst wieder in das Fertigungszwischenlager gebracht wird, sind die Versorgeanteile zwischen den Fertigungssegmenten gleich 0 bzw. die Versorgeanteile, die die Transporte ausgehend von den Werkstätten zum Fertigungszwischenlager kennzeichnen, gleich 1 (Bild 6.14). Da der Betriebsmittelfluß mit dem Werkstückfluß in der in Kapitel 6.5.2.1 beschriebenen Weise gekoppelt ist, ist keine getrennte Betrachtung nötig.

Wie aus Bild 6.11 ersichtlich, werden die Materialflußschnittstellen, die an einer Fahrstraße des Transportsystems angeordnet sind, zu einem Anfahrpunkt zusammengefaßt. Da einer Werkstatt mehrere Anfahrpunkte zugeordnet sein können, jedoch ein durchschnittlicher Transportweg zur Werkstatt betrachtet wird, sind die Transportwege über die Versorgeanteile zu den entsprechenden Anfahrpunkten zu wichten. Aufgrund der physischen Organisationsstruktur des Materialflußsystems (s. Kapitel 4.3.2) können die Transportwege nur in einer Richtung befahren werden. Daher ist zwischen Hin- und Rückweg zu unterscheiden (s. Bild 6.14).

Fertigungssegment	Transportweg von FZL nach Segment ... [m]	Versorgeanteil von FZL nach Segment ...	Transportweg von Segment ... nach FZL [m]	Versorgeanteil von Segment ... nach FZL
Kleindreherei	30	0,025	110	1,0
Verzahnerei	195	0,075	75	1,0
Großdreherei	30	0,025	110	1,0
Fräserei	30	0,025	110	1,0
Bohrerei	175	0,025	40	1,0
Schleiferei	170	0,025	55	1,0
Bohrwerke	155	0,225	65	1,0
NC-Dreherei	55	0,125	140	1,0
Wärmebehandlung	170	0,075	75	1,0
Teileschlosserei	225	0,375	115	1,0

FZL - Fertigungszwischenlager

1,0

Bild 6.14: Materialflußbeziehungen im Materialflußsystem-Modell

6.5.2.3 Zeitmodell

In Bild 6.15 sind die vom Planungssystem ermittelten Zeiten des Zeitmodells zusammengefaßt, die mit den tatsächlichen Werten verglichen wurden, um daraus auf die Qualität der mit dem Planungssystem gewonnenen Aussagen schließen zu können.

Nach dem bestehenden Konzept ist der Werker gehalten, die Werkstücke und evtl. Betriebsmittel für den nachfolgenden Fertigungsauftrag 30 Minuten vor Auftragsbeginn anzufordern. Wird diese Bestellzeit nicht eingehalten, so entstehen Wartezeiten. Dabei kann der Werker die Transportaufträge mit Prioritäten versehen, die eine schnellere Bereitstellung ermöglichen, allerdings mit der Gefahr, daß durch die Versäumnisse in einer Werkstatt die Wartezeiten im gesamten Produktionssystem in Spitzenzeiten stark wachsen. Die maximale Ist-Versorgezeit kann in der Realität dabei auf bis zu 240 Minuten ansteigen.

Die beschriebene Situation spiegelt sich in den berechneten Zeiten wider. Wie aus dem Bild 6.15 ersichtlich, erfordern die vom Planungssystem errechneten durchschnittlichen Ist-Versorgezeiten zu den Werkstätten für eine rechtzeitige Bereitstellung beim Einsatz des Holprinzips eine Anforderung des für einen Fertigungsauftrag benötigten Materials sowie der zugehörigen Betriebsmittel etwa 20 bis 25 min vor dem Beginn der Bearbeitung. Die vom Planungssystem ermittelten maximalen Ist-Versorgezeiten liegen bei 170 min. Im Vergleich mit dem maximalen im Fertigungssystem auftretenden Wert von 240 min ist dies eine Abschätzung, die den tatsächlichen Zustand im Transportsystem noch widergibt. Während die theoretisch bestimmten maximalen Ist-Versorgezeiten von einer maximalen Anzahl gleichzeitig eintreffender Transportaufträge ausgehen, ergeben sich die tatsächlichen Werte im Produktionssystem aus einer Überlastung des Materialflußsystems, die durch eine zu späte Anforderung des für einen Fertigungsauftrag benötigten Materials sowie der zugehörigen Betriebsmittel durch den Werker verursacht werden. Eine Abschätzung des Faktors "Mensch" (d.h. eine Abbildung der Individualität des Werkers) kann jedoch mit dem Planungssystem nicht getroffen werden.

Fertigungs-segment	T_{BLZ} [min]	T_{Soll_Vz} [min]	$T_{Soll\_Vz,min}$ [min]	T_{Bsz} [min]	T_{Min_Ist} [min] Von FZL nach Segment ...	Von Segment ... nach FZL	T_{Durch_Ist} [min] Von FZL nach Segment ...	Von Segment ... nach FZL	T_{Max_Ist} [min] Von FZL nach Segment ...	Von Segment ... nach FZL
Kleindreherei	694	347	69	3,7	5,7	8,2	16,3	18,8	166	168
Verzahnerei	904	452	90	7,1	9,1	10,7	19,8	21,3	169	171
Großdreherei	1166	583	117	3,7	5,7	8,2	16,3	18,8	166	168
Fräserei	389	194	117	3,7	5,7	8,2	16,3	18,8	166	168
Bohrerei	1244	622	60	6,7	8,7	9,5	19,4	20,2	169	170
Schleiferei	629	314	31	6,6	8,6	9,7	19,3	20,4	169	170
Bohrwerke	823	411	41	6,3	8,3	9,6	19,0	20,3	168	170
NC-Dreherei	457	229	92	6,6	6,2	9,1	16,9	19,8	166	169
Wärme-behandlung	512	256	128	3,7	8,6	10,1	19,3	20,8	169	170
Teileschlosserei	164	82	33	7,7	9,7	12,1	20,4	22,8	170	172

T_{BLZ} durchschnittliche Belegungszeit $T_{Soll\_Vz,min}$ minimale Soll-Versorgezeit T_{Min_Ist} minimale Ist-Versorgezeit T_{Max_Ist} maximale Ist-Versorgezeit
T_{Bsz} durchschnittliche Bereitstellzeit T_{Soll_Vz} durchschnittliche Soll-Versorgezeit T_{Durch_Ist} durchschnittliche Ist-Versorgezeit

Bild 6.15: Zeitmodell des Beispiel-Produktionssystems

6.5.2.4 Anwenderspezifische Planungsprämissen

Vom Anwender wurden folgende Prioritäten an die vorgegebenen anwenderspezifischen Planungsprämissen vergeben (Bild 6.16):

anwenderspezifische Planungsprämisse	Priorität
Geringe Liegezeit	5
Reduzierter Umlaufbestand	4
Reduzierter Lagerbestand	1
Hohe Transparenz	2
Geringe Wartezeit	5
Hohe Flexibilität	3
Gute Reaktionsfähigkeit	3
Geringer Planungshorizont	2
Hohe Planungsgenauigkeit	2
Hohe Planungsfreiheit	2
Geringe Investitionen	5

Bewertung der Unterstützung der anwenderspezifischen Planungsprämissen durch das Materialflußsteuerungsprinzip

x Wertungsfaktor =>

	Bring-prinzip	Kombi-nation	Hol-prinzip
	-17	(14)	13

Bild 6.16: Priorität der anwenderspezifischen Planungsprämissen

6.5.3 Ergebnisse der Planung

Nach Durchführung aller Planungsschritte der ersten Planungsstufe (s. Bild 5.4) erhält man im folgenden beschriebenes Ergebnis. Entsprechend der Aufgabenstellung (s. Kapitel 6.5.1) wurden keine weiteren Planungsstufen durchgeführt.

6.5.3.1 Materialflußsteuerungsprinzip

Für das gesamte Produktionssystem hat sich eine Kombination aus Bring- und Holprinzip ergeben, wobei der Einsatz des Holprinzips überwiegt (Bild 6.17). Dies unterstützt auch die vom Anwender priorisierten Planungsprämissen (s. Bild 6.16) Die einzelnen Steuerungsprinzipien wurden anhand des Vergleichs mit der Soll-Versorgezeit bei der starken Streuung ermittelt (s. Kapitel 5.2.1.1). Dabei hat sich herausgestellt, daß die Transportwege im Vergleich zu den ermittelten Zeiten eine vernachlässigbare Rolle spielen. So wurde z.B. für die Beziehung vom Fertigungszwischenlager zur Kleindreherei Holprinzip und für die Beziehung vom Fertigungszwischenlager zur direkt neben der Kleindreherei angeordneten NC-Dreherei Bringprinzip ermittelt.

Für die zeitunkritische Entsorgung der Werkstätten, d.h. die von den Werkstätten zum Fertigungszwischenlager fließenden Transporte, wurde das für ihre Versorgung ermittelte Steuerungsprinzip übernommen (s. Bild 6.17).

Die Berechnungen des Planungssystems ergaben bei einigen Materialflußbeziehungen eine von der bestehenden Situation abweichende Aussage (Bring- statt Holprinzip, s. Bild 6.17). Daher wird folgend näher auf die Entscheidungsgrundlage eingegangen.

Fertigungssegment	Materialflußsteuerungsprinzip	
	Von FZL nach Segment ...	Von Segment ... nach FZL
Kleindreherei	Holprinzip (Grenzbereich)	Holprinzip (Grenzbereich)
Verzahnerei	Holprinzip (Grenzbereich)	Holprinzip (Grenzbereich)
Großdreherei	Holprinzip (Grenzbereich)	Holprinzip (Grenzbereich)
Fräserei	Bringprinzip (Grenzbereich)	Bringprinzip (Grenzbereich)
Bohrerei	Holprinzip (Grenzbereich)	Holprinzip (Grenzbereich)
Schleiferei	Holprinzip (Grenzbereich)	Holprinzip (Grenzbereich)
Bohrwerke	Holprinzip (Grenzbereich)	Holprinzip (Grenzbereich)
NC-Dreherei	Bringprinzip (Grenzbereich)	Bringprinzip (Grenzbereich)
Wärmebehandlung	Bringprinzip (Grenzbereich)	Bringprinzip (Grenzbereich)
Teileschlosserei	Bringprinzip	Bringprinzip

Bild 6.17: Ergebnis der Planung: Materialflußsteuerungsprinzip

In der Fräserei beispielsweise ergibt sich die Abweichung der minimalen (117 min) von der durchschnittlichen Soll-Versorgezeit (194 min) zu ca. 40% (s. Bild 6.15). Da die Ist-Versorgezeit für die Material- und Betriebsmittelbereitstellung in dieser Werkstatt auf bis zu 166 min ansteigen kann, müßte eine Materialflußanforderung weit vor dem Starttermin des Fertigungsauftrags ausgelöst werden. Dies läßt den Einsatz des Holprinzips jedoch als nicht sinnvoll erscheinen. Wird das Holprinzip ausgehend von der durchschnittlichen Ist-Versorgezeit, die für diese Werkstatt ca. 17 min beträgt, eingeführt, so kann sich unter Berücksichtigung der obigen Zeiten eine Verzögerung im Fertigungsablauf von bis zu 149 min ergeben. Wird von der zur Zeit angesetzten Vorlaufzeit von 30 min ausgegangen, so reduziert sich die Wartezeit nur unwesentlich. Da diese Zeiten Maschinenstillstand bedeuten, führt dies letztlich zu einer drastischen Reduzierung des Maschinennutzungsgrades, was nicht akzeptiert werden kann. Daher war die Umstellung für diese Werkstatt nach Berechnung des Planungssystems dringend anzuraten.

Die für die Fräserei getroffenen Aussagen sind auch für die NC-Dreherei, Wärmebehandlung und Teileschlosserei zutreffend. Die materialbedingten Maschinenstillstandszeiten liegen unter Berücksichtigung der durchschnittlichen Ist-Versorgezeit wiederum bei ca. 150 min. Wird die zur Zeit verwendete Vorlaufzeit zugrundegelegt, so ergibt sich eine maximale Wartezeit von ca. 135 min.

Während hierbei für die Fräserei, NC-Dreherei und die Wärmebehandlung eine Einführung des Bringprinzips als zweckmäßig angesehen werden kann, ist die Umstellung auf Bringprinzip für die Versorgung der Teileschlosserei zu diskutieren. Obwohl das Planungssystem in diesem Fall eine eindeutige Entscheidung zugunsten des Bringprinzips traf, spricht der hohe Anteil an Handarbeitsplätzen und damit an nur ungenau planbaren manuellen Arbeitsvorgängen in dieser Werkstatt für eine Organisation des Materialflusses nach dem Holprinzip. Die Aussage des Planungssystems zugunsten des Bringprinzips wird jedoch durch den Vergleich von durchschnittlicher Soll- und maximaler Ist-Versorgezeit gestützt. Da die durchschnittliche Soll-Versorgezeit ungefähr halb so groß wie die maximale Ist-Versorgezeit ist, müßte der Werker bereits bei Beginn des vor-vorhergehenden Fertigungsauftrags, d.h. weit vor dem tatsächlichen Starttermin, Material und Betriebsmittel anfordern.

6.5.3.2 Optimierungsstrategien

Da in dieser Anwendung eine Kombination aus dem Bring- und Holprinzip als Materialflußsteuerungsprinzip bestimmt wurde, wurden bei der Auswahl der geeigneten Optimierungsstrategie die Einsatzkriterien und -prioritäten beider Prinzipien (s. Kapitel 5.2.2.4) berücksichtigt.

Durch die vorherrschenden Soll-Versorgezeiten im Produktionssystem steht in der Regel genug Zeit zur Durchführung der Optimierung zur Verfügung. Auch die Genauigkeit der bei der Optimierung ermittelten Lösung spielt laut anwenderspezifischen Planungsprämissen (s. Bild 6.16) keine wichtige Rolle. Daher wurde eine Optimierungsstrategie ausgewählt, die allen Einsatzkriterien ausreichend genügt, nämlich eine Kombination von Bester Nachfolger und 2-er Permutation (s. Kapitel 5.2.2.4).

6.5.3.3 Informationssystemstruktur

Nach den in Kapitel 5.2.3.2 geschilderten Überlegungen wurde vom Planungssystem eine Informationssystemstruktur ermittelt, die die Installation eines Fertigungsleitsystems vorsieht, dem ein Materialflußrechner nebengeordnet ist (Bild 6.18). Den beiden sind in der Prozeßführungsebene BDE-Terminals und dem Materialflußrechner in der Steuerungsebene die Transportsystemsteuerung des fahrerlosen Transportsystems untergeordnet.

Die vom Planungssystem empfohlene Informationssystemstruktur unterscheidet sich von der bestehenden, in der keine Rechnerinstanz vorhanden ist, die die Funktionen

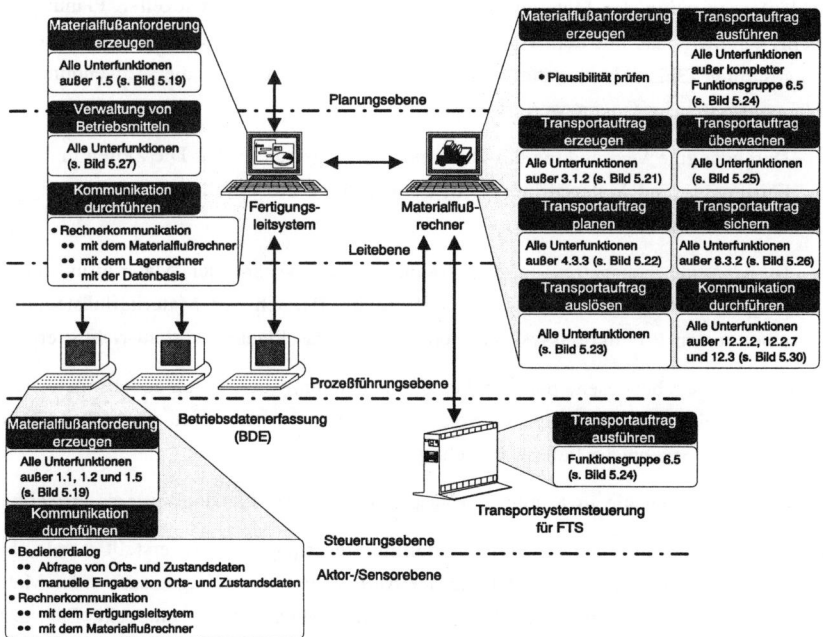

Bild 6.18: Ergebnis der Planung: Aufbauorganisation der Materialflußsteuerung

der Leitebene übernimmt, nur in der Installation eines Fertigungsleitsystems, die eine Voraussetzung für die Realisierung des Bringprinzips darstellt.

6.5.3.4 Funktionalität und Verteilung der Funktionen der Materialflußsteuerung

Die empfohlene Funktionalität der Materialflußsteuerung (s. Bild 6.18) unterscheidet sich im Gegensatz zur Informationssystemstruktur wesentlich von einem relativ einge-schränkten bestehenden Funktionsumfang, in dem beispielsweise keine Transporttermi-ne in Materialfluß-/Transportaufträgen enthalten sind, keine Planung vorgesehen ist, die Funktionen zur Sicherung und Überwachung des Transportauftrags nur eine be-schränkte Fehlerlokalisierung (z.B. Zustand der Batterieladung einzelner Transportmit-tel) ermöglichen oder sich der Bedienerdialog auf die Abfrage von Orts- und Zu-standsdaten beschränkt.

6.5.4 Validierung des Planungssystems

Für das betrachtete Produktionssystem wurde ein neues Konzept für die Aufbau- und Ablauforganisation der Materialflußsteuerung mit Hilfe des entwickelten Planungssy-stems ermittelt, das mit dem Ist-Zustand verglichen und bewertet wurde. Anhand des vorgestellten Beispiels konnten damit folgende Schlüsse über die Anwendung des Planungssystems gezogen werden:

- Durchgängige Verwendung des Datenmodells ist gewährleistet: Die Zeiten im realen Fertigungs- und Materialflußsystem werden durch das Zeitmodell des Planungssy-stems richtig abgebildet.

- Es wird wahrheitsgetreu auf Schwachpunkte des bestehenden Materialfluß-Steue-rungssystems hingewiesen: Die Probleme im Bereich der Materialflußsteuerung eines realen Produktionssystems werden durch das Planungssystem richtig erfaßt.

Damit ist auch bewiesen, daß die bei der Aufstellung des Datenmodells getroffene Annahme, eine Planung aufgrund von Durchschnittswerten würde ausreichend gute, realitätsnahe Ergebnisse liefern, berechtigt war.

Außerdem wurden die in Kapitel 2.4 gesetzten Ziele des Planungssystems erreicht:

- Obwohl zunächst keine neue Materialfluß-Steuerungssoftware erstellt wurde, hat schon die konsequente Erarbeitung der Aufbau- und Ablauforganisation der Mate-rialflußsteuerung seitens des Planungssystems Schwachstellen entdeckt. Es wurde ein Lösungsansatz zur deren Beseitigung geschaffen, der vor allem eine bedeutende

Verkürzung der im konkreten Beispiel problematischen hohen Wartezeiten einiger Werkstätten erwarten läßt. Damit ist auch die Realitätsnähe des im Planungssystem implementierten Wissens belegt.

- Die Planung der Aufbau- und Ablauforganisation der Materialflußsteuerung war durch die Rechnerunterstützung sehr effizient: Die Erstellung eines Konzeptes konnte innerhalb von zwei Wochen abgeschlossen werden, wobei die meiste Zeit zur Erfassung und Aufbereitung der Daten für das Datenmodell aufgewendet wurde.

Die beschriebene Anwendung zeigt, daß sich das Planungssystem bewährt hat und daß eine rechnerunterstützte Planung der Aufbau- und Ablauforganisation der Materialfluß-steuerung möglich ist. Innerhalb kurzer Zeit kann somit der Anwender auf der Basis einer rechnergeführten umfassenden Analyse seines Produktionssystems ein begründetes Lastenheft für die Erstellung der Materialfluß-Steuerungssoftware erarbeiten.

7   Zusammenfassung und Ausblick

Die Qualität der logistischen Leistung hat sich zu einem immer wichtigeren Produktionsfaktor im Wettbewerb der Unternehmen entwickelt. Eines der maßgeblichen Werkzeuge zu ihrer Sicherung in der Produktion ist die Materialflußsteuerung, deren Aufbau-und Ablauforganisation unmittelbar an die Erfordernisse der jeweiligen Produktionssysteme angepaßt werden müssen, um das geforderte Qualitätsniveau erreichen zu können. Wie die Untersuchung der Ist-Situation auf dem Gebiet der Materialflußsteuerung ergab, fehlen dazu jedoch die Konzepte, womit die Qualität der erstellten Materialfluß-Steuerungssoftware und damit auch der davon beeinflußten logistischen Leistung wesentlich beeinträchtigt wird. Außerdem treibt die Entwicklung solch einer anwendungsspezifischen Steuerungssoftware die Softwarekosten einer Produktionsanlage in die Höhe und verlängert die Anlagenplanungszeit bedeutend. Ziel der vorliegenden Arbeit war es daher, dieser Situation durch ein Konzept zur systematischen Planung der Aufbau- und Ablauforganisation von anwendungsspezifischen Materialflußsteuerungen zu begegnen.

Ausgangspunkt war die Forderung nach einem rechnergestützten Werkzeug, das einem Anwender sowie einem Steuerungssoftware-Anbieter erlaubt, ein vollständiges, problemangepaßtes Anforderungsprofil für die zu entwickelnde Materialflußsteuerung zu erstellen, wodurch deren Qualität wesentlich erhöht werden kann. Aufgrund dieses anwenderspezifischen Anforderungsprofils kann dann die Steuerungssoftware durch eine entsprechende Auswahl und Kombination vorgefertigter, universell einsetzbarer Softwaremodule zusammengesetzt werden. Dies bringt sowohl dem Anwender als auch dem Anbieter erhebliche Kosten- und Zeiteinsparungen nicht nur bei der Erstellung, sondern auch bei der Erweiterung oder Änderung bestehender Materialfluß-Steuerungssysteme.

Vor diesem Hintergrund wurde ein umfassendes, allgemeingültiges Datenmodell für Produktionssysteme, in denen die Materialflußsteuerung eingesetzt wird, entwickelt, das der Planung der Aufbau- und Ablauforganisation der Materialflußsteuerung zugrunde liegt. Im Modell werden die ein Produktionssystem objektiv beschreibenden Daten wie problemrelevante Daten des Fertigungs- und Materialflußsystems als Bestandteile des Produktionssystems sowie das verbindende Zeitverhalten abgebildet. Durch die Unternehmenszielsetzung bezüglich des Qualitätsniveaus verschiedener Aspekte der logistischen Leistung wird das Modell um subjektive, anwenderspezifische Planungsprämissen vervollständigt.

Aufbauend auf dem Produktionsmodell wurde ein systematisches, dreistufiges Vorgehen zur Planung der Aufbau- und Ablauforganisation anwendungsspezifischer Materialflußsteuerungen entwickelt. Die erste Stufe umfaßt die Auslegung der Aufbau- und Ablauforganisation, also die Definition der Materialflußsteuerungsprinzipien und Optimierungsstrategien sowie der Struktur und der Funktionalität des einzusetzenden Materialfluß-Steuerungssystems. Hierzu wurden eine geeignete Methode zur anlagenspezifischen Bestimmung der Materialflußsteuerungsprinzipien und im Rahmen der Auswahl der passenden Optimierungsstrategien eine neue Strategie ausgearbeitet sowie eine Klassifikation der Materialflußsteuerungsfunktionalität vorgenommen. Um die erzielten Ergebnisse objektiv bewerten zu können, werden sie in der zweiten Stufe durch die Konfiguration aus vorgefertigten Softwaremodulen in die Materialfluß-Steuerungssoftware umgesetzt und in der dritten Stufe mit Hilfe der Simulation getestet.

Dieses Konzept wurde im Rahmen der vorliegenden Arbeit realisiert. An einem Anwendungsbeispiel konnte die Richtigkeit der entwickelten Datenmodells und Planungsvorgehensweise bewertet werden. Es zeigt sich, daß durch die Verwendung des entwickelten Konzeptes die Schwachstellen einer bestehenden Aufbau- und Ablauforganisation der Materialflußsteuerung richtig erkannt und dazu richtige Lösungsansätze geliefert werden sowie daß sich der Planungsaufwand reduziert. Der Schwerpunkt verlagert sich dabei von der Durchführung der Planung auf die Erfassung der relevanten, aussagekräftigen und die reale Situation beschreibenden Daten für den Aufbau des anwenderspezifischen Produktionsmodells.

Zur Erprobung des erstellten Konzeptes ist sein Einsatz in der Planungsphase einer Materialflußsteuerung wesentlich. Um die Flexibilität der Materialflußsteuerung während der Betriebsphase gewährleisten zu können, kann allerdings die Vorgehensweise der ersten Planungsstufe auch innerhalb der Materialflußsteuerung angewandt werden, um online bei veränderten Randbedingungen (z.B. Maschinenbelegungszeiten durch Änderung der Produktpalette) die Ablauforganisation anzupassen. Voraussetzung dafür ist die laufende Erfassung und Aufbereitung entsprechender, vom Datenmodell benötigten Daten sowie die Flexibilität der Steuerungssoftware gegenüber der Adaption der Ablauforganisation.

Nachdem sich die Anwendung eines rechnergestützten Planungssystems für die systematische Entwicklung der Aufbau- und Ablauforganisation der Materialflußsteuerung als sinnvoll erwiesen hat, gewinnen weitere Forschungsaktivitäten bezüglich der Planung der Aufbau- und Ablauforganisation der Fertigungssteuerung an Bedeutung, da hier ebenfalls Mängel, besonders bei der Auswahl der Planungs- und Steuerungsstrategien, bestehen. Damit kann eine einheitliche Entwicklungsplattform für die Produktions-Steuerungssoftware geschaffen werden, in der auch die rechnergeführte Weiterentwicklung der Software unterstützt wird. Hierbei ist vorteilhaft, den Kosten-/Wirtschaftlichkeitsvergleich der erstellten Alternativen mit einzubeziehen sowie eine automatische Schlußfolgerung nach der Bewertung von Alternativen zu entwickeln.

8   Literatur

[ABLA87]   Ablay, P.: Optimieren mit Evolutionsstrategien. Spektrum der Wissenschaft, Juli 1987. S. 104-115.

[ADEL91]   Adelsberger, H.: Unterstützung für fertigungsnahen Bereich. Produktion Nr. 14, 4/91. S. 37.

[ADIG89]   Adiga, S.: Software Modeling of Manufacturing Systems. Annals of Operation Research 17 (1989). Scientific Publishing Company, USA, 1989. S. 363-378.

[AMAN94]   Amann, W.: Eine Simulationsumgebung für Planung und Betrieb von Produktionssystemen. Dissertation an der Technischen Universität München. Springer-Verlag, 1994.

[ARMB86]   Armbruster, R., Hofmann, M.: Simulation im Lebenszyklus einer Anlage - Erprobung komplexer Strategien zur Leistungssteigerung in einem Kommissioniersystem. ASIM-Tagungsband Simulationstechnik und Logistik 1986 in Dortmund. gfmt, 1986. S. 77-105.

[AWF 85]   AWF e.V. (Hrsg.): CIM - Begriffe, Definitionen, Funktionszuweisungen. 1985.

[BARG91]   Barg, A.: Aufbau eines Informationsmodells für die Neustrukturierung der Produktion. Dissertation an der RWTH Aachen. 1991.

[BECH84]   Bechte, W.: Steuerung der Durchlaufzeit durch belastungsorientierte Auftragsfreigabe bei Werkstattfertigung. VDI-Verlag, Düsseldorf, 1984.

[BECK91]   Becker-Biskaborn, G.-U., Siegmann, A.: CIM-Produktionsleitsystem. Verlag Vieweg, 1991.

[BEIE90]   Beier, H.H., Karg, R.: Komplette Automatisierung komplexer Fertigungen. etz 111 (1990) 17. S. 874-876.

[BERG90]   Berger, J.: Flexible Fertigung bei Siemens Bad Neustadt (Interview). CIM-Management 4/90. S. 24-25.

[BIEN84]   Biendl, P.: Ablaufsteuerung von Montagefertigungen. Dissertation an der Universität Regensburg. Verlag Paul Haupt, Bern und Stuttgart, 1984.

[BLEY92] Bley, H., Jostock, J.: Entwicklungstendenzen im Bereich Werkstattsteuerung. VDI-Z 134 (1992) 1. S. 32-38.

[BODE92] Bode, W.: Datenverarbeitung gut ausnutzen - Informationstechnische Ausrüstung von Gabelstaplern zum Erkennen von Teilen und Packstücken. Maschinenmarkt, Würzburg 98 (1992) 5. S. 32-38.

[BRIN90] Brinkmann, H.-G.: Aspekte zur Echtzeitsteuerung in innerbetrieblichen Materialfluß-Systemen. Fördertechnik 11/12/90. S. 26-32.

[BRIN91] Brinkmann, H.-G.: Echtzeitsteuerung innerbetrieblicher Materialfluß-Systeme. Industrie Service 3/91. S. 136-140.

[BÜCH93] Büchter, H.: Materialflußsteuerung aus dem Baukasten. Tätigkeitsbericht 1992 des Fraunhofer-Instituts für Materialfluß und Logistik in Dortmund, 1993.

[BÜDE91] Büdenbender, W., Sames, G.: Transparenz - Technische Auftragsabwicklung übersichtlich machen mit morphologischem Merkmalsschema. Maschinenmarkt, Würzburg 97 (1991) 13. S. 68-72.

[BÜRG91] Bürgel, W.: Skriptum zur Vorlesung "Materialfluß- und Produktionslogistik". TU München, SS 1991.

[BULL91] Bullinger, H.-J., Ammon, R.: Werkstattorientierte Produktionsunterstützung. Tagungsband Fertigungstechnisches Kolloquium 1991 in Stuttgart. Springer-Verlag, 1991. S. 68-73.

[BULL92] Bullinger H.-J., Fähnrich, K.-P., Thines, M.: Konzept und zukünftige Trends bei den Informationssystemen. CIM-Management 3/92. S. 4-10.

[BURG92] Burger, C.: Produktionsregelung mit entscheidungsunterstützenden Informationssystemen. Dissertation an der Technischen Universität München. Springer-Verlag, 1992.

[CZEG87] Czeguhn, K.: Strukturen moderner Materialflußsysteme. VDI-Bericht 660 "3. Deutscher Materialflußkongreß". VDI-Verlag, Düsseldorf, 1987. S. 203-219.

[CUSS91] Cussigh, G., Heger, G.: Adaptierbare Leittechnik für die flexible Fertigung. Tagungsband Fertigungstechnisches Kolloquium 1991 in Stuttgart. Springer-Verlag, 1991. S. 132-133.

[DANG91a] Dangelmaier, W., Wiedenmann, H.: COMPASS - eine anwendungsgerech-
te Fertigungssteuerung. Werkstattstechnik 81 (1991). S. 111-114.

[DANG91b] Dangelmaier, W., Becker, B.-D., Kämpf, R.: Die Steuerung der Materialfluß-Systeme - Zusammenfassung von Simulationskonzepten zur Softwa-
reerstellung. wt 81 (1991) 12. S. 695-698.

[DANI84] Daniels, H.-J.: Die Bedeutung des Pflichtenheftes für den Software-Ent-
wicklungsprozeß. Angewandte Informatik 3/1984. S. 87-97.

[DANI92] Daniels, G.: Altertnative Fertigungsstrategien. Tagungsband FLS '92, Berlin.

[DECH94] Dechange, A.: Konzept zur Entwicklung eines integrierten Fertigungsleitsystems. Workshop "Leitsysteme für die Fabrik von morgen", Paderborn, 1994.

[DOLL87] Doll, H.K.: Vortrag zum Geleit des 3. Deutschen Materialfluß-Kongresses
in München. VDI-Bericht 660 "3. Deutscher Materialfluß-Kongreß". VDI-
Verlag, Düsseldorf, 1987. S. 7-11.

[DUSS86] Dußler, J.: Werkstattauftrags- und Materialflußsteuerung in einem Werk
der Firma MBB. VDI-Bericht 615 "Materialflußsteuerung in der Produktion". VDI-Verlag, Düsseldorf, 1986. S. 201-215.

[EDER94] Eder, Th.: Integrierte Planung von Informationssystemen für rechnerunterstützte Produktionssysteme. Dissertation an der Technischen Universität
München, 1994.

[EGBE82] Egbelu, P.J.: A Design Methodology for Operational Control Elements
for Automatic Guided Vehicle Based Material Handling System. Ph.D.
Dissertation, Virginia Tech., Blacksburg, Virginia, 1982.

[EICH89] Eich, E., Klinger, R., Richter, J., Salfeldt, M.: Konfiguration technischer
Systeme mittels Expertensystemen. atp 31 (1989) 4. S. 182-189.

[EVER89] Eversheim, W.: Organisation in der Produktionstechnik. Band 4: Fertigung
und Montage. VDI-Verlag, Düsseldorf, 1989.

[EVER90] Eversheim, W., Kiesewetter, S.: Dynamische, regelbasierte Ablaufplanung.
CIM-Management 4/90. S. 12-17.

[EVER91] Eversheim, W., Goedeke, G., Grempe, R., Esser, H.: Die Montage effizienter planen und steuern. VDI-Z 133 (1991), Nr. 4. S. 40-47.

[FREY92]   Frey, V.: Planung der Leittechnik für flexible Fertigungsanlagen. Dissertation an der Universität Karlsruhe. 1992.

[FRIE87]   Friedl, A., Völler, R.: Modulares Steuerungskonzept für flexible Fertigungssysteme. wt 77 (1987) 8. S. 427-430.

[FROG91]   N.N.: FROG Navigationssystem für fahrerlose Transportsysteme. Druckschrift Firma Frog Systems B.V., 1991.

[GEIT87]   Geitner, U.W.: Betriebsinformatik für Produktionsbetriebe. Teil 3: Methoden der Produktionsplanung und -steuerung. REFA Verband für Arbeitsstudien und Betriebsorganisation e.V. Carl Hanser Verlag, München, 1987.

[GERL89]   Gerlach, H.H., Vojdani, N.: Materialflußgerechte Fertigungskontrolle - Optimierung von Durchlaufzeiten. Verlag TÜV Rheinland, Köln, 1989.

[GLÄß91]   Gläßner, J.: Praktische Anwendung produktionslogistischer Grundgesetze. Tagungsband IFA-Kolloquium 1991 "Modellbasiertes Planen und Steuern reaktionsschneller Produktionssysteme". gfmt, 1991. S. 56-89.

[GLAS80]   Glass, R.L.: Real-Time: The "Lost World" of Software Debugging and Testing. Communications of the ACM, Vol. 23, Mai 1980. S. 264-271.

[GLAS93]   Glas, J.: Standardisierter Aufbau anwendungsspezifischer Zellenrechnersoftware. Dissertation an der TU München. Springer-Verlag, 1993.

[GÖTZ89]   Götz, E., Pawellek, G., Polensky, W.: Lösungsansätze für eine integrierte Produktionsorganisation. Sonderdruck aus ZwF 5/89.

[GÖTZ92]   Götz, E.: Integrationsfähig - Automatisierung mit offener Architektur vereinfacht das Integrieren und ist Basis für flexible Produktion. Maschinenmarkt, Würzburg 98 (1992) 10. S. 76-82.

[GRAB92]   Grab, E.: Automatisches Materialflußsystem integriert in flexible Fertigungsstrukturen. Vortragsunterlagen Firma J. M. Voith GmbH, 1992.

[GROC80]   Grochla, E. (Hrsg.): Handwörterbuch der Organisation. Enzyklopädie der Betriebswirtschaftslehre, Band 2. C. E. Poeschel Verlag Stuttgart, 1980.

[GROH88]   Groha, A.: Universelles Zellenrechnerkonzept für flexible Fertigungssysteme. Dissertation an der TU München. Springer-Verlag, 1988.

Literatur

[GROß86]   Großeschallau, W.: Grenzbereiche zwischen Materialflußrechnung und Simulation: Das Problem der Abbildungstiefe. ASIM-Tagungsband Simulationstechnik und Logistik 1986 in Dortmund. gfmt, 1986. S. 117-140.

[GUNS82]   Gunsser, P., Harter, W.: Verkettung von mechanischen Fertigungsbereichen und Bearbeitungszentren mit fahrerlosen Transportsystemen. ZwF 77 (1982) 7. S. 301-304.

[GUNS89]   Gunsser, P.: Fahrerlose Transportsysteme in flexiblen Fertigungssystemen. Technica 3/1989. S. 23-29.

[GUNS91]   Gunsser, P.: Flurförderzeuge im Rechnerdialog. VDI-Bericht 892 "5. Deutscher Materiallfuß-Kongreß". VDI-Verlag, Düsseldorf, 1991. S. 109-130.

[HACK89]   Hackstein, R.: Produktionsplanung und -steuerung (PPS). VDI-Verlag, Düsseldorf, 1989.

[HÄRD91]   Härdtner, M.: Materialflußsteuerung als integraler Bestandteil eines flexiblen Fertigungssystems. VDI-Berichte 881 "Steuerung von Materialflußsystemen". VDI-Verlag, Düsseldorf, 1991. S. 65-84.

[HEID91]   von der Heide, W.: Organisation und Realisierung eines FFS-CIM-Systems für die rechnerunterstützte Produktion. Tagungsband Fertigungstechnisches Kolloquium 1991 in Stuttgart. Springer-Verlag, 1991. S. 74-77.

[HEIN86]   Heinzel, R.: Die Simulation im Interessenverband zwischen Ausrüstern, Planern, Betreibern und Simulationsexperten. Tagungsband Simulationstechnik und Logistik 1986 in Dortmund. gfmt, 1986. S. 107-116.

[HELL91]   Heller, J.: Modulare Steuerungsstruktur für fahrerlose Transportsysteme. VDI-Berichte 881 "Steuerung von Materialflußsystemen". VDI-Verlag, Düsseldorf, 1991. S. 207-219.

[HENN89]   Henn, O.: Schnittstellen für die Automatisierungstechnik: Evolution zu MAP/TOP 3.0. CIM-Management 6/89. S. 59-68.

[HOFF91]   Hoff, H., Hammer, H.-J.: Elektronische Leitstände - Auszug aus einer Marktstudie. FB/IE 40 (1991) 6. S.260-265.

[IWB 91]   IWB: Prototypenentwicklung eines stationären Zellenrechner- und eines Materialflußzellenrechner-Softwarepakets. Unveröffentlichter Projekt-Abschlußbericht. Institut für Werkzeugmaschinen und Betriebswissenschaften (iwb) der TU München, 1991.

[IWB 92]   IWB: Marktübersicht "Materialflußsteuerung in Fertigungsleitständen".
             Unveröffentlichte Marktstudie. Institut für Werkzeugmaschinen und Be-
             triebswissenschaften (iwb) der TU München, 1992.

[JAES92]   Jaeschke, D.: Erfolge dank durchgängiger Information. Automobil-Pro-
             duktion, April 1992. S. 102-106.

[JÜNE89]   Jünemann, R.: Materialfluß und Logistik. Springer-Verlag, 1989.

[JUNG91]   N.N.: Fahrerlose Transportsysteme Teletrak 2000. Druckschrift Firma
             Jungheinrich, 1991.

[KANE91]   Kanet, J., Sridharan, V.: PROGENITOR - A genetic algorithm for pro-
             duction scheduling. Wirtschaftsinformatik 33 (1991) 4. S. 332-336.

[KELL91]   Keller, G., Kirsch, J., Nüttgens, M., Scheer, A.-W.: Informationsmodel-
             lierung in der Fertigungssteuerung. Veröffentlichungen des Instituts für
             Wirtschaftsinformatik der Universität des Saarlandes, Heft 80, Aug. 1991.

[KEND83]   Kendall, R.: An architecture of reusability in programming. ITT Program-
             ming, May 1983. S. 1-3.

[KIST90]   Kistner, K.-P., Steven, M.: Produktionsplanung. Physica-Verlag Heidel-
             berg, 1990.

[KLEI86]   Klein, H.J.: Integrierte Material- und Informationsflußsysteme in der auto-
             matisierten Produktion. VDI-Bericht 615 "Materialflußsteuerung in der
             Produktion". VDI-Verlag, Düsseldorf, 1986. S. 187-200.

[KLEI92]   Klein, H.J.: Flexibles Be- und Entladen von Fertigungseinrichtungen. ZwF
             87 (1992) 4. S. 207-210.

[KLIP88]   Klippel, C.: Mobiler Roboter im Materialfluß eines flexiblen Fertigungs-
             systems. Dissertation an der TU München. Springer-Verlag, 1988.

[KLOS91a]   Klose, F.: Flexibel steuern - Funktionsumfang eines Fertigungsleitsystems
             den betrieblichen Erfodernissen optimal anpassen. Maschinenmarkt,
             Würzburg 97 (1991) 20. S. 58-62.

[KLOS91b]   Klose, F.: Schnittstellen - Zeitgemäße Fertigungsleitsysteme leisten mehr
             als elektronische Plantafeln. Maschinenmarkt, Würzburg 97 (1991) 10.
             S. 64-69.

Literatur

[KOHE86]   Kohen, E.: Adaptierbare Steuerungssoftware für flexible Fertigungssysteme. Dissertation an der RWTH Aachen. VDI-Verlag, Düsseldorf, 1986.

[KOHE90]   Kohen, E.: Informationsverarbeitung in FFS. VDI-Bericht 830 "Rechnerintegrierte Konstruktion und Produktion". VDI-Verlag, Düsseldorf, 1990. S. 263-280.

[KÜHN91]   Kühnle, H.: Gesamt-Auftragsabwicklung / Durchgängiger Infofluß. Tagungsunterlagen Digital-Rivershow '91.

[KUHN91]   Kuhn, A.: Leitstand für Materialflußautomation. VDI-Bericht 881 "Steuerung von Materialflußsystemen". VDI-Verlag, Düsseldorf, 1991. S. 23-45.

[KUNT92]   Kuntze, M.: VAXshop - Werkstattsteuerung als Integrationsprodukt. Tagungsband FLS '92, Berlin.

[KUPE91]   Kupec, Th.: Wissensbasiertes Leitsystem zur Steuerung flexibler Fertigungsanlagen. Dissertation an der TU München. Springer-Verlag, 1991.

[KURZ91]   Kurz, J.: Kapazitäten abstimmen - Elektronischer Fertigungsleitstand macht Termine sicherer und verkürzt die Durchlaufzeit. Maschinenmarkt, Würzburg 97 (1991) 46. S. 28-32.

[LEIB87]   Leibinger, B., Benzinger, M.: Rechnergesteuerte Fertigungssysteme in der Blechbearbeitung. atp-Sonderheft Fertigungsautomatisierung 1987. S. 31-39.

[LIEB89]   Liebich, R.: Flexible Werkzeuge der Informationstechnik als Vorteil für das Produktionsmanagement. Tagungsband Produktionstechnisches Kolloquium Berlin 1989. S. 88-99.

[LIPP90]   v. Lippe, J.: Bringt die nächste Leitstand-Generation die Integration? ZwF 85 (1990) 12. S. 616-620.

[LOCH91]   Lochner, Ch.: Der elektronische Leitstand - Front-End der PPS. CIM-Management 2/91. S. 65-69.

[LOHS90]   Lohse, N.: Fördertechnische Anlagen mit Prozeßleitsystem visualisieren. Sonderdruck aus ZwF CIM 85 (1990) 4.

[MAI 92a]   Mai, W., Schmidt, G.: Was Leitstandsysteme heute leisten. CIM-Management 3/92. S. 26-32.

[MAI 92b]   Mai, W., Jankowski, F.: CIM-Marktübersicht: Fertigungs- und Personal-
              leitstand. Verlag Vieweg, 1992.

[MARQ92]   Marquardt, J., Koros, P., Kurz, J.: CIM-fähiges Werkstattinformationssys-
              tem aktiviert Rationalisierungspotentiale. CIM-Management 3/92. S. 16-
              20.

[MEIN89]   Meinberg, U.: Steuerung von fahrerlosen Transportsystemen. Dissertation
              an der Universität Dortmund. TÜV Rheinland, 1989.

[MEIN92]   Meinberg, U.: Automatisierung und Datenverarbeitung in der Logistik.
              VDI-Bericht 951 "Steuerung von Materialflußsystemen". VDI-Verlag,
              Düsseldorf, 1992. S. 1-12.

[MEIN93]   Meinberg, U.: Zum Stand der Steuerungstechnik in Materialfluß und
              Logistik. VDI-Bericht 1042 "Steuerung von Materialflußsystemen". VDI-
              Verlag, Düsseldorf, 1993. S.1-16.

[MERT90]   Mertins, K., Schallock, B.: Wissensbasierte Werkstattsteuerung. ZwF CIM
              85 (1990) 8. S. 431-434.

[MERT91]   Mertins, K., Schallock, B.: Wissen gespeichert. Maschinenmarkt 97
              (1991) 20. S. 34-40.

[MERT92]   Mertins, K., Krause, H.: Ein Baukasten für die Werkstattsteuerung. Ta-
              gungsband FLS '92, Berlin.

[MILB90]   Milberg, J., Eder, Th., Glas, J.: Offenes und modulares CAM-System.
              Schweizer Maschinenmarkt Nr. 42/1990. S. 44-53.

[MILB91a]   Milberg, J.: Wettbewerbsfaktor Zeit in Produktionsunternehmen. Tagungs-
              band Münchner Kolloquium '91. Springer-Verlag, 1991. S. 13-31.

[MILB91b]   Milberg, J.: Skriptum zur Vorlesung "Technische Betriebsführung II". TU
              München, SS 1991.

[MILL91]   Miller, N.: Normen gesetzt - Standardisierte Schnittstellen vereinfachen
              das Entwickeln von Leitsystemen auf allen Hierarchieebenen. Maschinen-
              markt, Würzburg 97 (1991) 45. S. 46-50.

[MOLD86]   Moldaschl, J.: Verhalten von Transportsystemen bei unterschiedlichen
              Fahrzeug-Einsatzstrategien. Dissertation an der Universität Stuttgart.
              1986.

[MÜLL70]   Müller-Merbach, H.: Optimale Reihenfolgen. Springer-Verlag, 1970.

[NABE91]   Naber, H.: Aufbau und Einsatz eines mobilen Roboters mit unabhängiger Lokomotions- und Manipulationskomponente. Dissertation an der TU München. Springer-Verlag, 1991.

[NASS90]   Nass, A.: Einfluß des Steuerungskonzeptes auf die Verfügbarkeit von Fördersystemen. VDI-Bericht 833 "Verfügbarkeit von Materialflußsystemen". VDI-Verlag, Düsseldorf, 1990. S.37-59.

[NEDE91]   Nedeljkovic, V., Ebner, C.: Rechner steuert Produktionszelle. Die neue Fabrik - Denkmodelle und Pilotanlagen. Sonderpublikation zum Müncher Kolloquium '91. Verlag moderne industrie, 1991. S. 81-84.

[NEDE93]   Nedeljkovic-Groha, V., Zipper, B.: Objektnahe Datenhaltung im Fertigungsbereich. ZwF CIM 88 (1993) 1. S. 20-23.

[NEFF92]   Neff, W.: Ganzheitliches Vorgehensmodell zur effizienten Auswahl und Einführung eines Fertigungsleitsystems. Tagungsband FLS '92, Berlin.

[NEUM93]   Neumann, K., Morlock, M.: Operations Research. Carl Hanser Verlag, München Wien, 1993.

[NIET91]   Nietsch, M., Nietsch, Th., Rautenstrauch, C., Rinschede, M., Siedentopf, J.: Anforderungen an einen elektronischen Leitstand. FB/IE 40 (1991) 6. S. 266-272.

[N.N.85]   N.N.: Sondermotorenteile fahren auf der Induktionsschleife. Flexible Automation 5 (1985).

[N.N.89]   N.N.: Material fest im Griff. Materialfluß, Mai 1989. S. 24-26.

[N.N.90]   N.N.: Gabelstapler an die Datenfunk-Leine. Fördern und Heben, Marktbild Flurförderzeuge 1989/90. S. 19-20.

[N.N.91a]   N.N.: Siemens rationalisiert Staplerverkehr. Logistik im Unternehmen, Okt. 91. S. 58.

[N.N.91b]   N.N.: Materialflußsteuerung erfordert durchgängige Hard- und Software-Strukturen. Logistik im Unternehmen, Mai 1991. S. 50-52.

[N.N.91c]   N.N.: Leitstand oder Leidstand? CIM-Praxis, Feb.1991. S. 66-67.

[N.N.91d] N.N.: Lösung der Zukunft oder vorprogrammierte Enttäuschung ?. CIM-Markt, 1991. S. 58-62.

[N.N.91e] N.N.: FFS im CIM-Konzept. CIM-Praxis, Mai 1991. S. 74-76.

[N.N.91f] N.N.: Flexibles Fertigungssystem als Keimzelle für CIM geschaffen. Logistik im Unternehmen, Mai 1991. S. 57-58

[N.N.91g] N.N.: Leittechnik in der rechnergeführten Produktion. Logistik im Unternehmen Juli/Aug. 1991. S. 77-79.

[N.N.91h] N.N.: Mannlos und flexibel. Fertigung, März 1991. S. 63-66.

[N.N.91i] N.N.: FTL - stark und schnell. Materialfluß, April 1991. S. 66-70.

[N.N.92a] N.N.: Papierarme Werkstattsteuerung. fertigung, Mai 1992. S. 84-86.

[N.N.92b] N.N.: Neues Image durch Management verteilter Umgebungen. PC-Woche, 19. Okt. 1992. S. 2.

[N.N.92c] N.N.: Vollautomatischer Prozeß. Flexible Automation 2/92. S. 64.

[OBSC85] Obschonka. F., Krug, P.: Fahrerlose Transportsysteme (FTS). Sonderdruck aus tz für Metallbearbeitung 9/1985.

[OCHS89] Ochs, M.: Entwurf eines Programmsystems zur wissensbasierten Planung und Konfigurierung. Dissertation an der Universität Karlsruhe, 1989.

[OSTE91] Ostermann, H.: Durchgängige Materialflußsteuerung vom Leitrechner bis zur unterlagerten Steuerung. VDI-Berichte 881 "Steuerung von Materialflußsystemen". VDI-Verlag, Düsseldorf, 1991. S. 47-64.

[OTTA86] N.N.: The Ottawa Report on Reference Models for Manufacturing Standards. Version 1.1, ISO TC 184/SC5/WG1 Dokument N51, 1986.

[PAPA91a] Papageorgiou, M.: Optimierung; Statische, dynamische, stochastische Verfahren für die Anwendung. R. Oldenbourg Verlag, München Wien, 1991.

[PAPA91b] Papageorgiou, M.: Skriptum zur Vorlesung "Graphentheoretische Verfahren in der Automatisierungstechnik". TU München, SS 1991.

[PFAN85] Pfannenberg, K.: Transportprobleme in der Getränkeindustrie - gelöst mit Indumaten. Getränketechnik, Okt. 1985.

[PIEP90]   Piepel, U.: Mobile Roboter auf der Basis automatischer Flurförderzeuge. Verlag TÜV Rheinland, Köln, 1990.

[PLAP91]   Plapp, Ch.: Detaillierte Kapazitätsplanung und Reihenfolgeoptimierung unterstützen die Fertigungssteuerung. Sonderdruck aus der Zeitschrift ZwF 28 (1991) 11.

[PLAP92]   Plapp, Ch.: Praxisgerechtes Ressourcenmanagement für Werkstattsteuerungssysteme. CIM-Management 3/92. S. 21-25.

[PRIT91]   Pritschow, G.: CIM - Eine ganzheitliche steuerungstechnische Aufgabe. VDI-Berichte 881 "Steuerung von Materialflußsystemen". VDI-Verlag, Düsseldorf, 1991. S. 1-22.

[PROK92]   Prokoph, A.: Auf Tastendruck - Maschinenbelegung in Fertigung und Produktion rechnerunterstützt optimieren. Maschinenmarkt, Würzburg 98 (1992) 18. S. 66-72.

[RALL91]   Rall, K.: Berechnung der Wirtschaftlichkeit von CIM-Komponenten. CIM-Management 3/91. S. 12-17.

[REFA75a]   N.N.: Methodenlehre der Planung und Steuerung. Teil 2: Planung. Hrsg. Verband für Arbeitsstudien - REFA - e.V. Carl Hanser Verlag, München, 1974/75.

[REFA75b]   N.N.: Methodenlehre der Planung und Steuerung. Teil 3: Steuerung. Hrsg. Verband für Arbeitsstudien - REFA - e.V. Carl Hanser Verlag, München, 1974/75.

[REFA91]   N.N.: Methodenlehre der Betriebsorganisation - Planung und Steuerung. Teil 1. REFA Verband für Arbeitsstudien und Betriebsorganisation e.V. Carl Hanser Verlag, München, 1991.

[REIS91]   Reisch, S., Lutze, F.-W., Mertins, K., Albrecht, R.: Industrielle Softwareproduktion für die Fertigunsleittechnik. ZwF 86 (1991) 2. S. 65-69.

[SAP 91]   N.N.: DASS Dezentrales Auftragssteuerungssystem, Systembeschreibung. SAP u. IDS. Feb. 1991.

[SAUE92]   Sauerbrey, G.: Abspecken - Auch Standardsoftware unterliegt der Individualisierung. Maschinenmarkt, Würzburg 98 (1992) 38. S. 82-84.

[SCHA87] Schamann, H.-D.: Materialflußsteuerung mit mobilen Datenträgern. VDI-Bericht 660 "3. Deutscher Materialflußkongreß". VDI-Verlag, Düsseldorf, 1987. S. 275-300.

[SCHE88] Scheer, A.-W.: Wirtschaftsinformatik - Informationssysteme im Industriebetrieb. Springer-Verlag, 1988.

[SCHE89] Scheer, A.-W., Zell, M.: Benutzergerechte Fertigungssteuerung. CIM-Management 6/89. S. 72-78.

[SCHE90] Scheer, A.-W.: CIM - Der computergesteuerte Industriebetrieb. Springer-Verlag, 1990.

[SCHM90a] Schmidt, G., Frenzel, B.: Anforderungen an Leitstände für die flexible Fertigung. CIM-Management 4/90. S. 33-37.

[SCHM90b] Schmidt, R.: Mobiles Identsystem schafft steten Überblick. Logistik im Unternehmen, Juni 1990. S. 10-12.

[SCHM90c] Schmid, J.: Flurfreies Kompakt-Transportsystem für die Elektronik-Industrie. Fördern und Heben 40 (1990) 9. S. 618-622.

[SCHM92] Schmidt, G.: Informationsmanagement in der Fertigung. Tagungsband FLS '92, Berlin.

[SCHÖ86] Schöngarth, W.: Projektentwicklung: Pflichtenheft als Arbeitsunterlage. industrie-elektrik + elektronik 31 (1986) 3. S. 96-97.

[SCHÖ92] Schönheit, M., Wiegershaus, U., Drude, M., Lehrich, Ch.: Fahrerlose Transportsysteme für mittelständische Unternehmen. VDI-Z 134 (1992) 9. S. 107-113.

[SCHU91] Schulze, L.: Mit ausgereiften Materialflußkonzepten schon heute die Wettbewerbsvorteile von Morgen sichern. Logistik im Unternehmen, Mai 1991. S. 44-46.

[SCHW91] Schwall, E: Flexible Software-Gestaltung für Werkstattsteuerungssysteme. VDI-Berichte 890 "Produktionslogistik". VDI-Verlag, Düsseldorf, 1991. S. 51-66.

[SIMO89] Simon, R.: Organisation der Materialflußsteuerung in der Automobilindustrie. Kölner Schriften zur Betriebswirtschaft und Organisation. Verlag Peter Lang, 1989.

[STAD93] Stadtler, H., Wilhelm, S.: Einsatz von Fertigungsleitständen in der Industrie. CIM-Management 1/93. S. 39-44.

[STEF90] Stefan, P.: Einsatzerfahrungen und Praxisprobleme bei Auswahl, Installation und Inbetriebnahme von Identsystemen in der Automobilindustrie. Tagungsband IDENT/VISION '90. Messago, Stuttgart, 1990. S. 44-54.

[STEI91] Steinhilper, R., Kazmaier, H.: Fertigungsleittechnik - praktikables CIM für die Werkstatt (Interview). wt 81 (1991). S. 399-400.

[TAIL90] Taillard, E.: Some efficient heuristic methods for the flow show sequencing problem. European Journal of Operations Research 47/1990. S. 65-74.

[THUM91] Thumm, R.: Bereitstellung nach Bedarf - Automatische Produktionspuffer für die Lagerung und Bereitstellung von Teilen bei der Just-in-time-Fertigung. Maschinenmarkt, Würzburg 97 (1991) 34. S. 20-24.

[TIMM91] Timmermann, U.: Gabelstapler wegeoptimiert führen. Fördern und Heben 41 (1991) 4. S. 289-290.

[TORM91] Tormen, A.: Um 30% reduzierte Durchlaufzeiten. Schweizer Maschinenmarkt Nr. 12/1991. S. 54-55.

[TREU90] Treutlein, K.: Materialflußorientierte Termin- und Kapazitätsplanung. Springer-Verlag, 1990.

[VDI 70] Verein Deutscher Ingenieure (VDI) (Hrsg.): VDI Richtlinie 2411 - Begriffe und Erläuterungen im Förderwesen. VDI-Verlag, Düsseldorf, 1970.

[VDI 83] Verein Deutscher Ingenieure (VDI) (Hrsg.): VDI Richtlinie 3633 - Anwendung der Simulationstechnik zur Materialflußplanung. VDI-Verlag, Düsseldorf, 1983.

[VDI 89] Verein Deutscher Ingenieure (VDI) (Hrsg.): VDI Richtlinie 3961 - Planung der Materialflußsteuerung in Fertigungsbetrieben. VDI-Verlag, Düsseldorf, 1989.

[VDI 91a] VDI-Gemeinschaftsausschuß CIM, VDI-Gesellschaft Fördertechnik Materialfluß Logistik (VDI-FML) (Hrsg.): Rechnerintegrierte Konstruktion und Produktion. Band 5: Produktionslogistik. VDI-Verlag, Düsseldorf, 1991.

[VDI 91b]   Verein Deutscher Ingenieure (VDI) (Hrsg.): VDI/VDE Richtlinie 3694 - Lastenheft / Pflichtenheft für den Einsatz von Automatisierungssystemen. VDI-Verlag, Düsseldorf, 1991.

[WAGN82]   N.N.: Ein Parcours für Motorsägen. Sonderdruck aus Betriebstechnik, Okt. 1982. Firma Wagner Fördertechnik.

[WALK88]   Walker, M.: Beitrag zur Schnittstellenfestlegung zwischen PPS- und Leitsystem. wt 78 (1988). S. 445-449.

[WARN87a]   Warnecke, H. J., Zeh, K.-P.: Leittechnik für flexible Fertigung. Industrie-Anzeiger 24/1987. S. 34-38.

[WARN87b]   Warnecke, H.-J.: Flexible Fertigung und Montage - Strategien und Realisierung. VDI-Bericht 660 "3. Deutscher Materialfluß-Kongreß". VDI-Verlag, Düsseldorf, 1987. S. 157-178.

[WARN92]   Warnecke, H.-J.: Die fraktale Fabrik. CIM-Management 2/92. S. 27-32.

[WEBE90]   Weber, E.: Infrarot-Datenübertragung optimiert den Einsatz von Flurförderzeugen. Fördern und Heben 40 (1990) 3. S. 171-172.

[WECK90]   Weck, M., Eversheim, W., König, W., Pfeifer, T. (Hrsg.): Wettbewerbsfaktor Produktionstechnik. VDI-Verlag, 1990.

[WECK91a]   Weck, M., Lopez, M.: Konfigurierbare Bedienoberfläche einer offenen FFS-Steuerungsarchitektur. ZwF 86 (1991) 1. S. 33-36.

[WECK91b]   Weck, M., Pauls, A.: Betriebsmittelverwaltung - Neue Wege zur Koordination des Betriebsmittelflusses. Werkstatttechnik 81 (1991). S. 41-44.

[WECK91c]   Weck, M., Lange, N., Pauls, A.: Ablaufsteuerung und Werkzeugfluß koordinieren. Industrie-Anzeiger 49/50/1991. S. 18-20.

[WECK92]   Weck, M., Lopez, M.: Adaptierbare Bedienoberfläche für Fertigungsleitsysteme. VDI-Z 134 (1992) 6. S. 55-60.

[WEIS91]   Weissenseel, H.G.: Der Brückenschlag zwischen PPS und CAM im CIM-Umfeld. CIM-Management 4/91. S. 40-48.

[WIEN87]   Wiendahl, H.-P.: Belastungsorientierte Fertigungssteuerung. Carl Hanser Verlag, 1987.

[WIEN93]   Wiendahl, H.-P., Penz, T., Lüssenhop, Th., Tracht, Th.: Qualitätsmanagement in der Produktionslogistik - Ein praxisorientierter Handlungsrahmen. Tagungsband IFA-Kolloquium 1993 "Neue Wege der PPS". gfmt, 1993.

[WILD88]   Wildemann, H.: Produktionssteuerung nach KANBAN-Prinzipien. In Adam, D.: Fertigungssteuerung II - Systeme zur Fertigungssteuerung. Gabler, 1988. S. 33-50.

[WITT91]   Witte, K.-W.: Integrierte Informations- und Materialflußsysteme in der Produktion. VDI-Bericht 892 "5. Deutscher Materialfluß-Kongreß". VDI-Verlag, Düsseldorf, 1991. S. 271-301.

[WÖHE90]   Wöhe, G.: Einführung in die Allgemeine Betriebswirtschaftslehre. Verlag Vahlen, 1990.

[WOOD92]   Woodcock, E.: Top to Bottom Factory Management. European Machining, Juli/August 1992. S. 72-75.

[WZL 91]   WZL: Leitstandskonzeption. Unveröffentlichter Projekt-Abschlußbericht. WZL - Laboratorium für Werkzeugmaschinen und Betriebslehre der RWTH Aachen, Lehrstuhl für Produktionssystematik, 1991.

[ZELL91]   Zell, M., Scheer, A.-W.: Informationsmanagement von Simulationen in der Fertigungssteuerung. CIM-Management 6/91. S. 37-43.

[ZIPP92]   Zipper, B., Nedeljkovic-Groha, V.: Betriebsmittelidentifikation in der rechnergeführten Fertigung. Technica 17/92. S. 14-19.

[ZÖBE87]   Zöbel, D.: Programmierung von Echtzeitsystemen. Oldenbourg Verlag, München, Wien, 1987.

[ZWIT85]   Zwittlinger, H.: Das Pflichtenheft für die Softwareentwicklung. Separatdruck aus "Output" 11, 12/84 und 2/85.

Berechnung der Zeiten im Materialflußsystem für die Abbildungsvarianten 2 und 3 (s. Kapitel 4.4.2)

- **Abbildungsvariante 2** (s. Kapitel 4.4.2)

  Bei dieser Abbildungsvariante müssen der Gewichtungsfaktor sowie die Ist-Versorgezeit der Materialflußbeziehung zwischen den Zellen in einem Segment und zwischen den Segmenten unteschieden werden. Für die Berechnung werden folgende Parameter eingesetzt:

$n^r_{TA,xy}$	Anzahl der Transportaufträge von Zelle x nach Zelle y im Fertigungssegment r
$n^r_{TA,max}$	maximale Anzahl von Transportaufträgen, die gleichzeitig eintreffen können im Fertigungssegment r, entspricht der Anzahl der Zellen im Fertigungssegment
$n_{Seg\_TA,xy}$	Anzahl der Transportaufträge von Segment x nach Segment y
$n_{Seg\_TA,max}$	maximale Anzahl von Transportaufträgen, die gleichzeitig eintreffen können ausgehend von den Segmenten, entspricht der Anzahl der Segmente im Fertigungssystem
n_{TM}	Anzahl der Transportmittel
m	Anzahl der Segmente im Fertigungssystem
n^r	Anzahl der Zellen im Fertigungssegment r
s	Anzahl der ablauf- und produktorientierten Fertigungssegmente
$T_{ü}$	Lastwechselzeit

Gewichtungsfaktor:

für die Materialflußbeziehung von Zelle i nach Zelle j im Fertigungssegment r:

$$\epsilon^r_{ij} = \frac{n^r_{TA,ij}}{\sum_{r=1}^{s} (\sum_{k,l=1}^{n^r} n^r_{TA,kl}) + \sum_{k,l=1}^{m} n_{Seg\_TA,kl}} \qquad (A.1)$$

für die Materialflußbeziehung von Segment i nach Segment j:

$$\epsilon_{Seg,ij} = \frac{n_{Seg\_TA,ij}}{\sum_{k,l=1}^{m} n_{Seg\_TA,kl} + \sum_{r=1}^{s} (\sum_{k,l=1}^{n^r} n^r_{TA,kl})} \qquad (A.2)$$

mit

$\sum_{r=1}^{s} (\sum_{k,l=1}^{n^r} n^r_{TA,kl})$	Anzahl aller Transportaufträge zwischen Zellen in allen ablauf- und produktorientierten Fertigungssegmenten
$\sum_{k,l=1}^{m} n_{Seg\_TA,kl}$	Anzahl aller Transportaufträge zwischen Segmenten

Berechnung der Zeiten im Materialflußsystem für die Abbildungsvarianten 2 und 3 (s. Kapitel 4.4.2)

Minimale Ist-Versorgezeit:

von Zelle i nach Zelle j im Fertigungssegment r:

$$T^r_{Min\_Ist,ij} = \sum_{l=1}^{m} \varepsilon_{Seg,lr} \cdot T^r_{Seg\_Tz,lr} + \sum_{k=1}^{n^r} \varepsilon^r_{ki} \cdot T^r_{Tz,ki} + T^r_{Tz,ij} + 2 \cdot T_{\ddot{u}} \quad (A.3)$$

von Segment i nach Segment j:

$$T_{Seg\_Min\_Ist,ij} = \sum_{k=1}^{m} \varepsilon_{Seg,ki} \cdot T_{Seg\_Tz,ki} + T_{Seg\_Tz,ij} + 2 \cdot T_{\ddot{u}} \quad (A.4)$$

mit

$T_{Seg\_Tz,xy}$ — Transportzeit von Segment x nach Segment y

$T^r_{Tz,xy}$ — Transportzeit von Zelle x nach Zelle y im Fertigungssegment r

$\sum_{k=1}^{n^r} \varepsilon^r_{ki} \cdot T^r_{Tz,ki} + T^r_{Tz,ij}$ — Transportzeit von einem Standort des Transportmittels innerhalb des Fertigungssegments r über die Transportquelle zum Transportziel (gemittelter Wert)

$\sum_{l=1}^{m} \varepsilon_{Seg,lr} \cdot T_{Seg\_Tz,lr}$ — Transportzeit von einem Standort außerhalb des Fertigungssegments r zu diesem Segment (gemittelter Wert)

Durchschnittliche Ist-Versorgezeit:

von Zelle i nach Zelle j im Fertigungssegment r:

$$T^r_{Durch\_Ist,ij} = T^r_{Min\_Ist,ij} + \sum_{r=1}^{s} (\sum_{\substack{k,l=1, \\ k,l \neq i,j}}^{n} \varepsilon^r_{kl} \cdot (T^r_{Min\_Ist,kl} - T_{\ddot{u}})) + \sum_{k,l=1}^{m} \varepsilon_{Seg,kl} \cdot (T_{Seg\_Min\_Ist,kl} - T_{\ddot{u}}) \quad (A.5)$$

von Segment i nach Segment j:

$$T_{Seg\_Durch\_Ist,ij} = T_{Seg\_Min\_Ist,ij} + \sum_{r=1}^{s} (\sum_{k,l=1}^{n^r} \varepsilon^r_{kl} \cdot (T^r_{Min\_Ist,kl} - T_{\ddot{u}})) + \sum_{\substack{k,l=1, \\ k,l \neq i,j}}^{m} \varepsilon_{Seg,kl} \cdot (T_{Seg\_Min\_Ist,kl} - T_{\ddot{u}}) \quad (A.6)$$

Maximale Ist-Versorgezeit:

von Zelle i nach Zelle j im Fertigungssegment r:

$$T^r_{Max\_Ist,ij} = T^r_{Min\_Ist,ij} + \frac{sum}{n_{TM}} \, ,$$

$$sum = \sum_{r=1}^{s} (\sum_{\substack{k,l=1, \\ k,l \neq i,j}}^{n^r} \varepsilon^r_{kl} \cdot (T^r_{Min\_Ist,kl} - T_{\ddot{u}})) \cdot n^r_{TA,max} + \sum_{k,l=1}^{m} \varepsilon_{Seg,kl} \cdot (T_{Seg\_Min\_Ist,kl} - T_{\ddot{u}}) \cdot n_{Seg\_TA,max} \quad (A.7)$$

von Segment i nach Segment j:

$$T_{Seg\_Max\_Ist,ij} = T_{Seg\_Min\_Ist,ij} + \frac{sum}{n_{TM}} \, ,$$

$$sum = \sum_{r=1}^{s} (\sum_{k,l=1}^{n^r} \varepsilon^r_{kl} \cdot (T^r_{Min\_Ist,kl} - T_{\ddot{u}})) \cdot n^r_{TA,max} + \sum_{\substack{k,l=1, \\ k,l \neq i,j}}^{m} \varepsilon_{Seg,kl} \cdot (T_{Seg\_Min\_Ist,kl} - T_{\ddot{u}}) \cdot n_{Seg\_TA,max} \quad (A.8)$$

mit

$$\sum_{r=1}^{s} (\sum_{\substack{k,l=1, \\ k,l \neq i,j}}^{n^r} \epsilon_{kl}^{r} \cdot (T_{Min\_Ist,kl}^{r} - T_{\ddot{u}}))$$

Dauer der Ausführung des aktuellen Auftrags innerhalb des Segments r (gemittelter Wert, durch Subtraktion des betrachteten Transportauftrags (ij) korrigiert)

$$\sum_{k,l=1}^{m} \epsilon_{Seg,kl} \cdot (T_{Seg\_Min\_Ist,kl} - T_{\ddot{u}})$$

Dauer der Ausführung des aktuellen Auftrags zwischen Segmenten, zum Segment r (gemittelter Wert)

$$\sum_{\substack{k,l=1; \\ k,l \neq i,j}}^{m} \epsilon_{Seg,kl} \cdot (T_{Seg\_Min\_Ist,kl} - T_{\ddot{u}})$$

Dauer der Ausführung des aktuellen Auftrags zwischen Segmenten (gemittelter Wert, durch Subtraktion des betrachteten Transportauftrags (ij) korrigiert)

$$\sum_{r=1}^{s} (\sum_{k,l=1}^{n^r} \epsilon_{kl}^{r} \cdot (T_{Min\_Ist,kl}^{r} - T_{\ddot{u}}))$$

Dauer der Ausführung des aktuellen Auftrags innerhalb der Segmente (gemittelter Wert)

- **Abbildungsvariante 3** (s. Kapitel 4.4.2)

Der Gewichtungsfaktor zwischen Zellen in einem ablauf- oder produktorientierten Fertigungssegment ohne segmentinternen Transportsystem berechnet sich bei dieser Abbildungsvariante mit Formel (A.1) und mit segmentinternem Transportsystem mit Formel (4.3) (s. Kapitel 4.4.2). Der Gewichtungsfaktor zwischen Segmenten berechnet sich mit Formel (A.2). Genauso berechnen sich die Ist-Versorgezeiten mit schon bekannten Formeln: zwischen Zellen in einem ablauf- oder produktorientierten Fertigungssegment ohne segmentinternen Transportsystem der minimale Wert mit (A.3), der durchschnittliche mit (A.5), der maximale mit (A.7) und mit segmentinternem Transportsystem entsprechend mit (4.6), (4.7), (4.8) (s. Kapitel 4.4.2); zwischen Segmenten mit (A.4), (A.6) und (A.8). In den Formeln (A.1), (A.2), (A.5), (A.6), (A.7) und (A.8) ist hierbei der Parameter s mit der Anzahl der ablauf- und produktorientierten Fertigungssegmente ohne segmentinternen Transportsystem gleich zu setzen.

iwb Forschungsberichte

Berichte aus dem Institut für Werkzeugmaschinen und Betriebswissenschaften der Technischen Universität München

Herausgeber: Prof. Dr.-Ing. J. Milberg und Prof. Dr.-Ing. G. Reinhart

---

12 Reinhart, G.
Flexible Automatisierung der Konstruktion
und Fertigung elektrischer Leitungssätze
1988, 112 Abb. 197 Seiten, ISBN 3-540-19003-1   73,- DM

13 Bürstner, H.
Investitionsentscheidung in der rechnerintegrierten Produktion
1988, 77Abb. 190 Seiten, ISBN 3-540-19099-6   73,- DM

14 Groha, A.
Universelles Zellenrechnerkonzept für flexible Fertigungssysteme
1988, 74 Abb. 153 Seiten, ISBN 3-540-19182-8   73,- DM

15 Riese, K.
Klipsmontage mit Industrierobotern
1988, 92 Abb. 150 Seiten, ISBN 3-540-19183-6   73,- DM

16 Lutz, P.
Leitsysteme für rechnerintegrierte Auftragsabwicklung
1988, 44 Abb. 144 Seiten, ISBN 3-540-19260-3   73,- DM

17 Klippel, C.
Mobiler Roboter im Materialfluß eines flexiblen Fertigungssystems
1988, 86 Abb. 164 Seiten, ISBN 3-540-50468-0   73,- DM

18 Rascher, R.
Experimentelle Untersuchungen zur Technologie der Kugelherstellung
1989, 110 Abb. 200 Seiten, ISBN 3-540-51301-9   73,- DM

19 Heusler, H.-J.
Rechnerunterstützte Planung flexibler Montagesysteme
1989, 43 Abb. 154 Seiten, ISBN 3-540-51723-5   73,- DM

20 Kirchknopf, P.
Ermittlung modaler Parameter aus Übertragungsfrequenzgängen
1989, 57 Abb. 157 Seiten, ISBN 3-540-51724   73,- DM

21 Sauerer, Ch.
Beitrag für ein Zerspanprozeßmodell Metallbandsägen
1990, 89 Abb. 166 Seiten, ISBN 3-540-51868-1   78,- DM

22 Karstedt, K.
Positionsbestimmung von Objekten in der Montage-
und Fertigungsautomatisierung
1990, 92 Abb. 157 Seiten, ISBN 3-540-51879-7   78,- DM

23 Peiker, St.
Entwicklung eines integrierten NC-Planungssystems
1990, 66 Abb. 180 Seiten, ISBN 3-540-51880-0   78,- DM

24 Schugmann, R.
Nachgiebige Werkzeugaufhängungen für die automatische Montage
1990. 71 Abb. 155 Seiren, ISBN 3-540-52138-0   78,- DM

51 **Eubert, P.**
Digitale Zustandsregelung elektrischer Vorschubantriebe
1992, 89 Abb., 159 Seiten, ISBN 3-540-44441-2   88,– DM

52 **Glaas, W.**
Rechnerintegrierte Kabelsatzfertigung
1992, 67 Abb., 140 Seiten, ISBN 3-540-55749-0   88,– DM

53 **Helml, H.J.**
Ein Verfahren zur on-line Fehlererkennung und Diagnose
1992, 60 Abb., 153 Seiten, ISBN 3-540-55750-4   88,– DM

54 **Lang, Ch.**
Wissensbasierte Unterstützung der Verfügbarkeitsplanung
1992, 75 Abb., 150 Seiten, ISBN 3-540-55751-2   88,– DM

55 **Schuster, G.**
Rechnergestütztes Planungssystem für die flexibel
automatisierte Montage
1992, 67 Abb., 135 Seiten, ISBN 3-540-55830-6   88,– DM

56 **Bomm, H.**
Ein Ziel- und Kennzahlensystem zum Investitionscontrolling
komplexer Produktionssysteme
1992, 87 Abb., 195 Seiten, ISBN 3-540-55964-7   88,– DM

57 **Wendt, A.**
Qualitätssicherung in flexibel automatisierten Montagesystemen
1992, 74 Abb., 179 Seiten, ISBN 3-540-56044-0   88,– DM

58 **Hansmaier, H.**
Rechnergestütztes Verfahren zur Geräuschminderung
1993, 67 Abb., 156 Seiten, ISBN 3-540-56043-2   88,– DM

59 **Dilling, U.**
Planung von Fertigungssystemen unterstützt
durch Wirtschaftlichkeitssimulation
1993, 72 Abb., 146 Seiten, ISBN 3-540-56307-5   88,– DM

60 **Strohmayr, R.**
Rechnergestützte Auswahl und Konfiguration
von Zubringeeinrichtungen
1993, 80 Abb., 152 Seiten, ISBN 3-540-56652-X   88,– DM

61 **Glas, J.**
Standardisierter Aufbau anwendungsspezifischer
Zellenrechnersoftware
1993, 80 Abb., 145 Seiten, ISBN 3-540-56890-5   88,– DM

62 **Stetter, R.**
Rechnergestützte Simulationswerkzeuge zur
Effizienzsteigerung des Industrierobotereinsatzes
1994, 91 Abb., 146 Seiten, ISBN 3-540-568891   88,– DM

63 **Dirndorfer, A.**
Robotersysteme zur förderbandsynchronen Montage
1993, 76 Abb, 144 Seiten, ISBN 3-540-57031-4   88,– DM

64 **Wiedemann, M.**
Simulation des Schwingungsverhaltens spanender Werkzeugmaschinen
1993, 81 Abb., 137 Seiten, ISBN 3-540-57177-9   88,– DM

79 Zäh, M. F.
Dynamisches Prozeßmodell Kreissägen
1995, 95 Abb., 186 Seiten, ISBN 3-540-58624-5   88,– DM

80 Zwanzer, N.
Technologisches Prozeßmodell für die Kugelschleifbearbeitung
1995, 65 Abb., 150 Seiten, ISBN 3-540-58634-2   88,– DM

81 Romanow, P.
Konstruktionsbegleitende Kalkulation von Werkzeugmaschinen
1995, 66 Abb., 151 Seiten, ISBN 3-540-58771-3   88,– DM

82 Kahlenberg, R.
Integrierte Qualitätssicherung in flexiblen Fertigungszellen
1995, 71 Abb., 136 Seiten, ISBN 3-540-58772-1   88,– DM

83 Huber, A.
Arbeitsfolgenplannung mehrstufiger Prozesse in der Hartbearbeitung
1995, 87 Abb., 152 Seiten, ISBN 3-540-58773-X   88,– DM

84 Birkel, G.
Aufwandsminimierter Wissenserwerb für die Diagnose
in flexiblen Produktionszellen
1995, 64 Abb., 137 Seiten, ISBN 3-540-58869-8   88,– DM

85 Simon, D.
Fertingungsregelung durch zielgrößenorientierte Planung und
logistisches Störungsmanagment
1995, 77 Abb., 132 Seiten, ISBN 3-540-58942-2   88,– DM

Die Bände sind im Erscheinungsjahr und in den folgenden drei Kalenderjahren
zu beziehen durch den örtlichen Buchhandel
oder durch Lange & Springer, Otto-Suhr-Allee 26-28, 10585 Berlin